高等职业教育机电类专业新形态教材

先进制造技术
第 2 版

主　编　郭　琼
副主编　芦　敏
参　编　姚晓宁　史亚贝
主　审　姜　铭

机　械　工　业　出　版　社

本书是全国机械行业职业教育优质规划教材，经全国机械职业教育教学指导委员会审定。先进制造技术在国防建设和国民经济发展中占有重要战略地位，先进制造技术、信息技术、自动化技术以及人工智能技术的深度融合，形成了新一代智能制造技术。本书立足先进制造相关技术，介绍先进制造技术的内涵及其在当前智能工厂应用的先进技术应用案例，较为全面地介绍了先进制造技术的主要基础知识。全书共分为先进制造技术概述、现代设计技术、先进制造工艺技术、先进制造自动化、现代生产管理技术、先进制造技术应用案例6章。

本书可作为高等职业院校机电类及工业机器人技术等专业的教学用书，也可作为工程技术人员的自学教材和培训教材，以及相关技术人员的参考书。

本书配有电子课件，凡使用本书作教材的教师可登录机械工业出版社教育服务网（http://www.cmpedu.com），注册后免费下载。咨询电话：010-88379375。

图书在版编目（CIP）数据

先进制造技术/郭琼主编. —2 版. —北京：机械工业出版社，2024.1
（2024.9 重印）
高等职业教育机电类专业新形态教材
ISBN 978-7-111-74144-2

Ⅰ.①先…　Ⅱ.①郭…　Ⅲ.①机械制造工艺-高等职业教育-教材
Ⅳ.①TH16

中国国家版本馆 CIP 数据核字（2023）第 203343 号

机械工业出版社（北京市百万庄大街22号　邮政编码100037）
策划编辑：王英杰　　　　　　责任编辑：王英杰
责任校对：韩佳欣　张　薇　　封面设计：王　旭
责任印制：张　博
北京建宏印刷有限公司印刷
2024 年 9 月第 2 版第 3 次印刷
184mm×260mm · 13.5 印张 · 332 千字
标准书号：ISBN 978-7-111-74144-2
定价：43.50 元

电话服务　　　　　　　　网络服务
客服电话：010-88361066　机 工 官 网：www.cmpbook.com
　　　　　010-88379833　机 工 官 博：weibo.com/cmp1952
　　　　　010-68326294　金　书　网：www.golden-book.com
封底无防伪标均为盗版　机工教育服务网：www.cmpedu.com

前言

党的二十大报告中明确指出："坚持把发展经济的着力点放在实体经济上，推进新型工业化、加快建设制造强国、质量强国、航天强国、交通强国、网络强国、数字中国。"制造业是实体经济的主体，是国民经济的支柱，更是新形势下我国经济实现创新驱动、转型升级的主战场。随着新一代信息通信技术与先进制造技术的深度融合，全球兴起了以智能制造为代表的新一轮产业革命，美国的"再工业化"风潮、德国的"工业4.0"和"互联工厂"战略以及日、韩等国制造业转型都不是简单的传统制造业回归，而是伴随着生产效率的提升、生产模式的创新以及新兴产业的发展。数字化、网络化、智能化日益成为未来制造业发展的主要趋势，智能制造成为制造业变革的核心。

先进制造技术是一个多学科体系，是制造业不断吸收机械、电子、信息、能源及现代系统管理等方面的成果，并将其综合应用于市场分析、产品设计、制造加工、检测管理、销售服务以及回收的制造全过程，是自然科学和社会科学的有机融合，是通过生产方式的智能化和柔性化来提高企业的核心竞争力和对市场环境的反应能力。

"先进制造技术"课程着重介绍现代设计技术、先进制造工艺技术、制造自动化技术及现代生产和管理等先进技术在机械制造领域的应用，目的在于拓宽学生视野，紧跟当今先进制造发展步伐，适应现代制造企业，为先进制造企业输送人才。本课程内容丰富，学科交叉且动态发展，而课时又极其有限，通常情况下只能概括性地叙述每种技术的基础知识，导致学生接受新知识有一定的难度，严重影响学生学习的积极性和主动性，并且不能让学生真正了解所述先进技术的内涵及应用。为了保证课程内容的先进性和实用性，结合高职学生认知特点，课程开发团队将智能制造技术、3D打印技术、系统集成技术、可视化技术等先进技术及工业机器人、立体仓库等智能装备知识引入教材，并将近年智能工厂中一些先进的基于数字化、网络化或智能化的生产案例和研究成果纳入教材，选取与生产实际紧密结合的典型应用案例描述控制技术、智能设备等先进技术在制造业中的应用，增加了课程内容的直观性和实用性，使学生在了解先进制造技术的同时，也能了解先进制造技术在实际生产中的应用，满足高等职业教育技能技术人才的培养要求。

本书主要内容包括：先进制造技术概述、现代设计技术、先进制造工艺技术、先进制造自动化、现代生产管理技术、先进制造技术应用案例。

本书结构合理、内容新颖、图文并茂、突出应用，可作为高等职业院校机电类及工业机器人技术等专业的教学用书，也可作为工程技术人员的自学教材和培训教材，以及相关技术人员的参考书。

本书由无锡职业技术学院郭琼教授担任主编。郭琼和姚晓宁共同编写第1章，无锡职业技术学院芦敏编写第2章和第3章，郭琼、姚晓宁、河南工业职业技术学院史亚贝共同编写第4章、第5章和第6章。本书由扬州大学姜铭博士主审。

　　本书在编写过程中，无锡职业技术学院戴勇教授就本书内容的形成和改进提出了许多宝贵的意见和建议，在此深表谢意。

　　本书在编写过程中参考或引用了大量书籍、文献及手册资料，在此对相关作者深表感谢。由于时间仓促、编者水平有限，且先进制造技术本身也在随着制造、信息、系统集成等技术的发展而发展，书中难免有以偏概全或不恰当之处，敬请读者批评指正。

编　者

二维码索引

（续）

目录

第1章

先进制造技术概述

1.1 先进制造技术及其主要特点

1.1.1 制造业相关概念及发展概况

1. 制造

物质财富是人类社会生存与发展的基础，而"制造"是人类创造物质财富最基本的手段，是人类所有经济活动的基石，也是人类历史发展和文明进步的动力。

什么是制造？狭义的制造指的是机械加工和装配；广义的制造指的是机电产品寿命周期的各个环节，涉及制造工业中产品设计、物料选择、生产计划、生产过程、质量保证、经营管理、市场销售和服务的一系列相关活动和工作的总称。

人们通过制造，将材料、能源、设备、工具、资金、技术、信息和人力等各类资源，转化为可供人类使用和利用的各种工业品和生活消耗品。制造的过程产生了新的财富和价值，同时也积累了新的知识和技术。

2. 制造技术

制造技术是指以人们所需的产品为目的，运用知识和技能，利用客观物质工具，将原材料转化为产品过程中所需的一切技术手段的总和。制造技术是将研发、发明与发现等成果转化为实际应用的接口和桥梁，是提高企业产品竞争力的根本保证。在未来的竞争中，谁掌握了先进的制造技术，谁就掌握了市场。

制造技术在与自动化、信息等技术相结合的过程中得到了不断的发展。世界各国都把提高制造业的自动化程度作为发展制造技术的主要方向；在微电子技术飞速发展的今天，数控技术、计算机辅助设计与制造、工业机器人、柔性制造系统、计算机集成制造系统等已成为提高劳动生产率的强大手段，成为制造业现代化的标志。

3. 制造系统

制造系统是由制造过程中所涉及的硬件以及软件所组成的具有特定功能的有机整体。其中，硬件包括人员、生产设备、工具和材料、能源及各种辅助装置；软件包括制造理论、制造工艺和方法、各种制造信息等。制造系统是制造业中实现制造生产的有机整体，具有设计、生产、发运和销售的一体化功能。

4. 制造业

制造业是指将制造资源（物料、能源、设备、工具、资金、信息、人力等）利用制造技术，通过制造过程，转化为供人们使用或利用的工业品或生活消费品的行业。制造业是国民经济和综合国力的支柱产业，一方面创造价值，生产物质财富和新的知识，另一方面为国民经济各个部门包括国防和科学技术的进步提供先进的手段和装备。

从制造业的发展历史来看，主要有两类制造业：一类是装备制造业，另一类是加工制造业。装备制造业是为国民经济和国家安全提供技术装备的制造业的总称，它覆盖了机械、电子、武器弹药制造业中生产投资类的各个领域；而加工制造业是自行采购原材料（或按委托人提供的材料），进行大批量、标准化、生产线式的加工，大批量、标准化、生产线是加工制造业的最重要的特点。相对于装备制造业来说，加工制造业最基本的竞争方式就是成本价格的竞争。

制造业直接体现了一个国家的生产力水平，是区别发展中国家和发达国家的重要因素，制造业在世界发达国家（developed countries）的国民经济中占有重要份额。在发达国家中，制造业创造了约60%的社会财富、约45%的国民经济收入。

5. 制造业的发展

制造业大致经历了以下三个发展阶段：

1）机器代替手工，从作坊形成工厂。

2）从单件生产方式发展成大量生产方式。

3）柔性化、集成化、网络化和智能化的现代制造技术。

20世纪70年代末到80年代初，由于微电子技术的飞速进展，现代数字化制造技术和装备也获得了空前的发展和广泛应用，极大地推动了制造业劳动生产率的提高，使制造业的发展进入了一个新时代，即由主要依靠劳动能力的改善向主要依靠科技进步的转变。新技术的应用使制造业劳动生产率的增长速度大大加快。随着当代信息技术、先进制造技术和全球化的发展，制造业的发展技术、发展模式发生了较大的转变，出现了现代制造业，它区别于以往靠廉价劳动力、虚耗能源、大规模手工制作等发展起来的传统制造业。

一般来说，现代制造业主要有以下特征：一是充分应用和吸收当今世界先进制造技术，紧跟信息化的步伐，并呈现出制造业与服务业既分工又融合的特点；二是建立起与现代技术及全球化相适应的资源配置方式；三是利用现代信息技术，改造和集成业务流程，形成以价值链为基础的分工协作模式。

1.1.2　先进制造技术的定义

先进制造业是传统制造业在不断吸收现代管理和信息技术进步成果的基础上发展起来的制造模式，是世界制造业发展的一个新阶段。通常认为，第二次世界大战结束之前的制造技术可统称为传统的制造技术；进入20世纪下半叶以来，各个国家和地区，尤其是发达国家，由于发展经济和增强国防的需要，同时在激烈市场竞争的刺激下，纷纷将传统的制造技术与新发展起来的科技成果相结合，发展了先进制造技术（Advanced Manufacturing Technology，AMT）。

先进制造技术是一个相对的、动态的概念，是为了适应现代生产要求，对制造技术不断优化所形成的。从技术发展角度来看，以计算机为中心的新一代信息技术的发展，全面推进了制造技术的飞跃发展，使制造技术达到从未有过的高度，先进制造技术的提出也是这种进程的反映。

一般认为，先进制造技术是在传统制造技术基础上不断吸收机械、电子、信息、材料和现代管理科学等方面的成果，并将其综合应用于制造业中产品设计、制造、检测、管理、销售、使用、服务的制造全过程，以实现优质、高效、低耗、清洁、灵活的生产，提高对动态多变的产品市场的适应能力和竞争能力的制造技术总称，也是取得理想经济技术综合效果的制造技术的总称。

1.1.3 先进制造技术的特点

1-02
先进制造技术
的特点

先进制造技术具有传统制造技术无法比拟的优越性，其发展更是日新月异。为适应新世纪、新技术革命浪潮的冲击，迎接信息时代、制造全球化、贸易自由化、新型消费观念的挑战，先进制造技术必将朝着集成化、柔性化、网络化、信息化、虚拟化、智能化、绿色化、制造全球化等方向发展。

1. 集成化

集成化是以计算机技术为基础，综合运用现代管理技术、制造技术、信息技术、自动化技术、系统工程技术等，将企业全部生产活动中的信息流与物质流有机集成，并实现最优化。它强调信息的集成和共享，通过网络数据库使企业的所有生产活动紧密地联系在一起，充分发挥技术、管理和人的作用，全面提高企业的管理水平、产品质量和经济效益。

2. 柔性化

制造自动化系统发展大致过程是"刚性自动化—可编程自动化—综合自动化"，制造系统的柔性随着这个过程也变得越来越大。进一步的发展要求能快速实现制造系统的重组（包括企业内部制造设备与工具系统重组，以及企业间的重组）。模块化设计是提高企业制造自动化系统柔性的重要策略和方法，它可以有效改善设计工作的柔性和制造系统的柔性，并能够根据需要迅速实现制造系统的重组。

3. 网络化

网络通信技术的迅速发展和普及给企业的生产和经营活动带来革命性的变革，可实现市场开发、产品设计、物料选择、零件加工和产品销售等生产活动的异地和跨国界活动，极大地加快技术信息的交流，加强企业之间产品开发的生产合作，促进企业之间的优化和重组，缩短产品的生产周期，提高产品的市场竞争力。

4. 信息化

信息化是在信息技术条件下，将分布于世界各地的产品、设备、人员、资金、市场等企业资源有效地集成起来，采用各种类型的合作形式，建立以网络技术为基础的、高素质员工系统为核心的敏捷制造企业运作模式，打破小单位和行业的局限，深入开发、广泛利用信息资源，建立敏捷制造网络化工程，加速制造业数字化与网络化。这不仅对于制造业本身的改造、地区信息港的建设有十分重要的战略意义和现实意义，而且有利于开展异地设计与制造、网络服务、网上数据共享和网上培训等预期目标的实现，从而推进企业信息化进程。

5. 虚拟化

虚拟化指设计过程中的拟实技术和制造过程中的虚拟技术，它可以大大加快产品的开发速度和减少开发的风险。产品设计中的拟实技术是面向产品的结构和性能，以优化产品性能和降低成本为目标，包括产品的动力学分析、运动仿真、造型设计、强度和刚度的有限元计算等。制造过程中的虚拟技术是面向产品生产过程的模拟，检验产品的可加工性和加工工艺的合理性，并进行生产过程计划、组织管理、车间调度等活动的建模和仿真。虚拟化的核心是计算机仿真，通过仿真来模拟真实系统，及早发现产品设计开发制造过程中的缺陷，保证产品设计开发制造的合理性，并尽可能使其达到最佳。

6. 智能化

智能化制造系统的特点是具有极强的适应性和友好性。对于工作人员，强调安全性和友好性；对于工作环境，要做到无污染、省能源、资源回收和再利用；对于社会，则提倡合理的协作和竞争。智能制造的主要策略是综合利用各种学科、先进技术和方法，如人工智能、模糊控制、计算机技术、信息科学等来解决和处理制造系统中的各种问题。

7. 绿色化

日趋严酷的环境与资源约束，使绿色制造业显得越来越重要，绿色制造技术也将得到快速发展，主要包括绿色产品设计技术、绿色制造技术、产品的回收和循环再造，使产品在整个生命周期内符合环境保护、人类健康保护、能耗低、资源利用率高的要求，以及在制造过程中达到对环境负面影响小、废弃物和有害物质的排放最小等要求。

8. 制造全球化

目前世界经济已经步入全球化经济的时代，一方面国际和国内市场竞争越来越激烈，另一方面国内外企业间的合作也在不断加强，这就形成企业之间既合作又竞争的局面。上述两方面的相互作用，成为全球化制造业发展的强大动力。制造业和制造技术的全球化，是21世纪最重要的发展趋势之一。

1.2 先进制造技术的体系结构及分类

1.2.1 先进制造技术的体系结构

先进制造技术包括主体技术群、支撑技术群和制造基础设施三个部分，其内容如图1-1所示。

1. 主体技术群

主体技术群包括两个基本部分：面向制造的设计技术群和制造工艺技术群。

面向制造的设计技术群是指用于生产准备或制造准备的工具群和技术群。设计技术对新产品开发生产费用、产品质量以及新产品上市时间都有很大影响；产品和制造工艺的设计可以采用一系列工具，如计算机辅助设计（Computer Aided Design，CAD）以及工艺过程建模和仿真等，生产设施、装备和工具，甚至整个制造企业都可以采用先进技术更有效地进行设计。

制造工艺技术群是指有关加工和装配的技术，也是制造技术或称生产技术的传统领域，

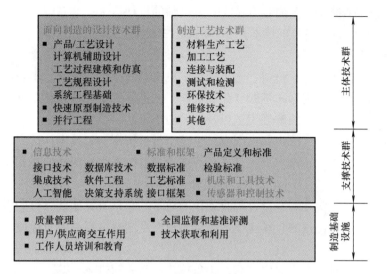

图 1-1 先进制造技术的体系结构

如模塑成型、铸造、冲压、磨削等。随着高新技术的不断渗入，传统的制造工艺和装备正在产生质的变化。

2. 支撑技术群

支撑技术群是指支持设计和制造工艺两方面取得进步的基础性的核心技术，是用于保证和改善主体技术的协调运行所需的技术，是工具、手段和系统集成的基础技术。支撑技术群包括：

1）信息技术，如接口技术、集成技术、数据库技术、决策支持系统等。

2）标准和框架，如数据标准、工艺标准、接口框架、检验标准等。

3）机床和工具技术，如金属切削机床、锻压机床、数控工具系统、新型刀具材料等。

4）传感器和控制技术，如对单机加工单元和过程的控制、执行机构等。

3. 制造基础设施

制造基础设施是指为了管理好各种技术群的开发并鼓励这些技术在整个国家工业内推广应用而采取的各种方案和机制。只有技术应用适当才会产生效用，所以技术基础设施的各要素和基本技术本身同样重要。这些要素包括车间工人、工程技术人员和管理人员在各种先进生产技术和方案方面的培训和教育，这将提高企业的生产竞争力。

制造技术的基础设施是使制造技术适应具体企业应用环境、充分发挥其功能、取得最佳效益的一系列措施，是使先进的制造技术与企业组织管理体制和使用技术的人员协调工作的系统工程，是先进制造技术不可分割的一个组成部分。

1.2.2 先进制造技术的分类

根据产品制造过程所依赖的技术群，先进制造技术可分为四大类，即先进设计技术、先进制造工艺技术、制造自动化技术及先进制造生产模式。

1. 先进设计技术

先进设计技术是研究实现设计目标的设计理论、方法、环境和手段。

先进设计技术研究的主要内容有：①计算机辅助设计技术；②有限元分析技术；③并行设计（Concurrent Design，CD）技术；④绿色设计技术等。

2. 先进制造工艺技术

机械制造工艺是将各种原材料、半成品加工成产品的方法和过程。随着社会经济和科学技术的发展，其内涵和表现形式不断变化和发展，先进制造工艺技术就是这种不断变化和发展的制造技术，包括优化后的常规工艺以及新型加工工艺。

先进制造工艺技术研究的主要内容有：①精密与超精密加工技术；②高速与超高速加工技术；③特种加工技术；④微细加工技术；⑤虚拟制造技术；⑥快速原型制造技术。

3. 制造自动化技术

制造自动化技术是实现制造全过程自动化的技术，它是研究制造过程的规划、运行、管理、组织、控制与协调优化的自动化技术，以实现产品制造过程高效、优质、低耗、及时和洁净的目标。

制造自动化技术研究的主要内容有：①数控技术与数控机床；②工业机器人技术；③计算机集成制造系统；④传感、自动控制及信号识别技术；⑤过程设备工况监测与控制技术。

4. 先进制造生产模式

先进制造生产模式是在生产制造过程中，依据不同的制造环境，通过有效地组织各种制造要素形成的，可以在特定环境中达到良好制造效果的先进生产方法，是应用于推广先进制造技术的组织形式。

先进制造生产模式研究的主要内容有：①智能制造（IM）；②精益生产（LP）；③敏捷制造（AM）；④虚拟制造（VM）；⑤柔性制造等。

1.2.3 先进制造的关键技术

1. 成组技术

成组技术（Group Technology，GT）是一门生产技术科学，它是利用事物之间的相似性，按照一定的准则分类成组，同组事物采用同一方法进行处理，以便提高效益的技术。它研究如何识别和发掘生产活动中有关事物的相似性，并对其进行充分利用，即把相似的问题归类成组，寻求解决这一组问题相对统一的最优方案，以取得所期望的经济效益。

2. 敏捷制造

敏捷制造（Agile Manufacturing，AM）是指制造业采用现代通信手段，通过快速配置各种资源（包括技术、管理和人），以有效、协调的方式响应用户的需求，实现制造的敏捷性。敏捷制造的目标是企业能够快速响应市场的变化，根据市场需求，能够在最短的时间内开发制造出满足市场需求的高质量的产品。敏捷制造包括产品制造机械系统的柔性、员工授权、制造商和供应商关系、总体品质管理及企业重构。

3. 并行工程

并行工程（Concurrent Engineering，CE）是对产品及其相关过程（包括制造过程和支持过程）进行并行、一体化设计的一种系统化的工作模式。在传统的串行开发过程中，设计中的问题或不足，要分别在加工、装配或售后服务中才能被发现，然后再修改设计、改进加工、装配或售后服务；而并行工程要求产品开发人员在一开始就考虑产品整个生命周期中从概念形成到产品报废的所有因素，包括质量、成本、进度计划和用户要求。并行工程的目标在于提高质量、降低成本、缩短产品开发周期和上市时间。

4. 快速原型制造技术

快速原型制造（Rapid Prototyping Manufacturing，RPM）技术，又称为快速成形技术，它不同于传统的用材料去除方式制造零件的方法，而是基于材料堆积法的一种高新制造技术，被认为是近20年来制造领域的一个重大成果。它利用所要制造零件的三维 CAD 模型数据，通过快速成型机，将材料层层堆积成实体原型，从而为零件原型制作、新设计思想的校验等提供了一种高效、低成本的实现手段。

5. 虚拟制造技术

虚拟制造（Virtual Manufacturing Technology，VMT）技术是以虚拟现实和仿真技术为基础，对产品的设计、生产过程统一建模，在计算机上实现产品从设计、加工和装配、检验、使用整个生命周期的模拟和仿真。这样，可以在产品的设计阶段就模拟出产品及其性能和制造过程，以此来优化产品开发周期，实现成本的最小化，产品设计质量和生产率的最优化，从而形成企业的市场竞争优势。

6. 智能制造

智能制造（Intelligent Manufacturing，IM）是制造技术、自动化技术、系统工程与人工智能等学科互相渗透、互相交织而形成的一门综合技术。其具体表现为智能设计、智能加工、机器人操作、智能控制、智能工艺规划、智能调度与管理、智能装配、智能测量与诊断等，强调通过智能设备和自治控制来构造新一代的智能制造系统模式。智能制造技术的研究与开发对于提高生产率和产品品质，降低成本，提高制造业市场应变能力、国家经济实力等具有重要的意义。

1.3　国内外先进制造技术的发展

当前，全球正处于以信息技术、智能制造为代表的新一轮技术创新浪潮之中，引发了新一轮工业革命的开端。欧美等发达国家和地区加快发展先进制造业步伐，积极抢占未来先进制造业制高点，以德国"工业4.0"和美国"工业互联网"最为典型，引起了全球制造业的产品开发、生产模式和制造价值实现方式的转变。

1.3.1　德国"工业4.0"

1."工业4.0"背景

德国是全球制造业最具竞争力的国家之一，为巩固其全球领先地位，在2011年的汉诺威工业博览会上正式提出了"工业4.0"战略。它描绘了制造业的未来愿景，提出继以蒸汽机的应用、规模化生产和电子信息技术为标志的三次工业革命后，人类将迎来以信息物理融合系统（Cyber-Physical Systems，CPS）为基础，以生产高度数字化、网络化、机器自组织为标志的第四次工业革命。

德国联邦贸易与投资署专家 Jerome Hull 在接受《时代周报》记者专访时表示，"工业4.0"是运用智能去创建更灵活的生产程序、支持制造业的革新以及更好地服务消费者，它代表着集中生产模式的转变。

"所谓的系统应用、智能生产工艺和工业制造，并不是简单的一种生产过程，而是产品和机器的沟通交流，产品来告诉机器该怎么做"。Jerome Hull 对《时代周报》记者说，"生产智能化在未来是可行的，将工厂、产品和智能服务通联起来，将是全球在新的制造业时代一件非常正常的事情"。

"工业 4.0"是以不同速度发展的渐进过程，涉及诸多不同企业、部门和领域，跨行业、跨部门的协作成为必然。在 2013 年汉诺威工业博览会上，由德国机械设备制造业联合会（VDMA）、德国电气和电子工业联合会（ZVEI）以及德国信息技术、电信和新媒体协会（BITKOM）三个专业协会共同建立的"工业 4.0"平台正式成立。

2. "工业 4.0"内容

德国"工业 4.0"战略是基于工业互联网的智能制造战略，其核心是建立虚拟网络-实体物理融合系统构建智能工厂，实现智能制造的目的。其主要内容可概括为"一个核心""两重战略""三大集成"和"八项举措"。

"智能 + 网络化"是德国"工业 4.0"的核心，它通过 CPS 建立智能工厂，实现智能制造的目的；基于 CPS，德国"工业 4.0"利用"领先的供应商战略""领先的市场战略"两重战略释放市场潜力、吸引各类企业的参与并实现快速的信息共享和最终达成有效的分工合作，以增强制造业的竞争力。

在实施过程中，整个系统需要实现纵向集成、端对端集成及横向集成，具体表现为：

1）关注产品的生产过程，力求在智能工厂内通过联网建成生产的纵向集成，为智能工厂中网络化制造、个性化定制、数字化生产提供支撑。

2）端对端集成关注产品整个生命周期的不同阶段，包括研发、生产、服务等产品全生命周期的所有工程活动，将全价值链上的、为客户需求而协作的不同公司等进行集成，实现各个不同阶段之间的信息共享。

3）横向集成关注全社会价值网络的实现，将各种处于不同制造阶段和进行不同商业计划的信息技术系统集成在一起，以供应链为主线，将企业间的物流、能源流、信息流结合在一起，以实现社会化协同生产，从而达成德国制造业的横向集成。

采取的"八项举措"包括：

1）实现技术标准化和开放标准的参考体系，使得不同系统、不同企业之间的网络连接和系统集成成为可能，是"工业 4.0"实现的基础保障。

2）建立模型来管理复杂的系统。适当的计划和解释性模型可以为管理日趋复杂的产品和制造系统提供基础。

3）提供一套综合的工业宽带基础设施。互联是"工业 4.0"的基础特征，可靠的通信网络是"工业 4.0"的关键要求。

4）建立安全保障机制。信息安全、网络安全、环境安全都是企业在实施"工业 4.0"最优先考虑的事情，也是"工业 4.0"实现的一大难题，所以安全和保障是"工业 4.0"的一个重要关键因素。

5）创新工作的组织和设计方式。"工业 4.0"使得企业工作内容、流程和环境都会发生变化，对管理工作也会提出新的要求，企业必须去调整并适应新的工作组织。

6）注重培训和持续的职业发展。通过建立终身学习体制和持续职业发展计划，帮助工人应对来自工作和技能的新要求。

7）健全规章制度。创新带来的诸如企业数据、责任、个人数据以及贸易限制等新问题，需要包括准则、示范合同、协议、审计等适当手段加以监管。

8）提升资源效率。需要考虑和权衡在原材料和能源上的大量消耗给环境和安全供应带来的诸多风险，同时也要考虑资源利用率的问题，这也是"工业4.0"要实现的目标。

"八项举措"是一个比较宏观的指导意见，需要国家、产业、企业每一个层面去具体落实和实践，设计出可操作的行动计划，只有这样才具备可行性。为了保障"工业4.0"的顺利实现，德国把标准化排在"八项举措"中的第一位。

"工业4.0"将通过自动控制、网络及计算把人、机器设备和信息连接在一起。就生产制造的流程而言，就是将这一切整合到一个数字化的企业平台，通过数据采集、分析、优化，得到最佳的工作和生产方式，从而实现更具效率的生产方式。未来工业的发展将进入一个智能通道，机器人将摆脱人工操作，从原材料到生产再到运输的各个环节都可以由各种智能设备控制，云技术则能把所有的要素都连接起来，生成大数据，自动修正生产中的问题。

德国制造业在全球制造装备领域拥有领头羊的地位，这在很大程度上源于德国专注于创新工业科技产品的科研和开发，以及对复杂工业过程的管理。德国拥有强大的设备和车间制造工业，在世界信息技术领域拥有很高的水平，在嵌入式系统和自动化工程方面也有很专业的技术，这些因素共同奠定了德国在制造工程工业上的领军地位。通过"工业4.0"战略的实施，德国将成为新一代工业生产技术的供应国和主导市场，在继续保持国内制造业发展的前提下再次提升它的全球竞争力。

1.3.2 美国"工业互联网"

1. 产生背景

近年来，虽然美国依旧在航空航天、芯片制造等先进制造领域占据全球领先地位，但其制造业内部空心化的局面及其在全球丢失的市场份额已经很难通过简单的政策调整或商业方式加以扭转。与德国渴望利用新的变革重塑领导地位类似，美国亦认为更有效的方法是一场具有变革性的制造业模式转变，这样才能使其从本质上突破现有的国际行业格局，再次实现在新的制造业中的复兴。与此同时，美国同样面临类似的人口结构问题和国际消费者对产品定制化、多样化的要求。内外因素促使美国利用其在信息产业的优势对制造业加以改造和提升。

2011年美国GE（通用电气）公司总裁伊梅尔特提出了工业互联网的概念。2012年美国国家科学和技术委员会发布了《先进制造业国家战略计划》报告，通过政策鼓励制造企业回归美国本土。报告包括两条主线，一是调整和提升传统制造业结构及竞争力，二是发展高新技术产业，提出发展包括先进生产技术平台、先进制造工艺及设计、数据基础设施等先进数字制造技术，鼓励创新，并通过信息技术来重塑工业格局，激活传统产业。

2. "工业互联网"的内容

美国制造业复兴战略的核心内容是依托其在ICT（Information Communication Technology）、新材料等通用技术领域长期积累的技术优势，加快促进人工智能、数字打印、3D打印、工业机器人等先进制造技术的突破和应用，推动全球工业生产体系向有利于美国技术和资源禀赋优势的个性化制造、自动化制造、智能化制造方向转变。

"工业互联网"主要包括三种关键元素：智能机器、高级分析、工作人员。智能机器是现实世界中的机器、设备、设施和系统及网络通过先进的传感器、控制器和软件应用程序以崭新的方式连接起来形成的集成系统；高级分析是使用基于物理的分析法、预测算法、关键学科的深厚专业知识来理解机器和大型系统运作方式的一种方法；建立各种工作场所的人员之间的实时连接，能够为更加智能的设计、操作、维护以及高质量的服务提供支持与安全保障。

与德国"工业4.0"强调的"硬"制造不同，软件和互联网发达的美国更侧重于在"软"服务方面推动新一轮工业革命，希望通过网络和数据的力量提升整个工业的价值创造能力。而在此过程中，除了美国政府的政策扶持外，行业联盟的率先组建成为发展的重要推手。

"工业互联网"的概念由 GE 公司提出后，美国五家行业龙头企业联手组建了工业互联网联盟（Industrial Internet Consortium，IIC），将这一概念大力推广。除了通用电气公司这样的制造业巨头，加入该联盟的还有 IBM 公司、思科公司、英特尔公司和 AT&T 公司等 IT 企业。

工业互联网联盟采用开放成员制，致力于发展一个"通用蓝图"，使各个厂商设备之间可以实现数据共享。该蓝图的标准不仅涉及 Internet 网络协议，还包括诸如 IT 系统中数据的存储容量、互联和非互联设备的功率大小、数据流量控制等指标。其目的在于通过制定通用标准，打破技术壁垒，利用互联网激活传统工业过程，更好地促进物理世界和数字世界的融合。

1.3.3　我国制造业的发展

1. 发展背景

2015 年 5 月国务院公布《中国制造 2025》，是我国实施制造强国战略第一个十年的行动纲领。

制造业是国民经济的主体，是立国之本、兴国之器、强国之基。经过几十年的快速发展，我国制造业规模跃居世界第一位，建立起门类齐全、独立完整的制造体系，成为支撑我国经济社会发展的重要基石和促进世界经济发展的重要力量。然而，与世界先进水平相比，我国制造业仍然大而不强，在自主创新能力、资源利用效率、产业结构水平、信息化程度、质量效益等方面差距明显，转型升级和跨越发展的任务紧迫而艰巨。

当前，新一轮科技革命和产业变革与我国加快转变经济发展方式形成历史性交汇，国际产业分工格局正在重塑。我国必须紧紧抓住这一重大历史机遇，按照"四个全面"战略布局要求，实施制造强国战略，加强统筹规划和前瞻部署，力争通过三个十年的努力，到新中国成立一百年时，把我国建设成为引领世界制造业发展的制造强国，为实现中华民族伟大复兴的中国梦打下坚实基础。

建设制造强国，必须抓住当前难得的战略机遇，积极应对挑战，加强统筹规划，突出创新驱动，制定特殊政策，发挥制度优势，动员全社会力量奋力拼搏，更多依靠中国装备，依托中国品牌，实现中国制造向中国创造的转变、中国速度向中国质量的转变、中国产品向中国品牌的转变，完成中国制造由大变强的战略任务。

2023年3月5日，习近平总书记在参加十四届全国人大一次会议江苏代表团审议时指出："要坚持把发展经济的着力点放在实体经济上，深入推进新型工业化，强化产业基础再造和重大技术装备攻关，推动制造业高端化、智能化、绿色化发展。"

2. 发展内容

"中国制造2025"指导思想是：全面贯彻党的十八大和十八届二中、三中、四中全会精神，坚持走中国特色新型工业化道路，以促进制造业创新发展为主题，以提质增效为中心，以加快新一代信息技术与制造业深度融合为主线，以推进智能制造为主攻方向，以满足经济社会发展和国防建设对重大技术装备的需求为目标，强化工业基础能力，提高综合集成水平，完善多层次多类型人才培养体系，促进产业转型升级，培育有中国特色的制造文化，实现制造业由大变强的历史跨越。

1-03 中国制造在海外

1-04 我国智能制造应用规模水平

实现制造强国的战略目标，必须坚持问题导向，统筹谋划，突出重点；必须凝聚全社会共识，加快制造业转型升级，全面提高发展质量和核心竞争力。"中国制造2025"的九大任务和"三步走"战略如图1-2所示，立足国情，立足现实，力争通过"三步走"战略实现制造强国的战略目标。

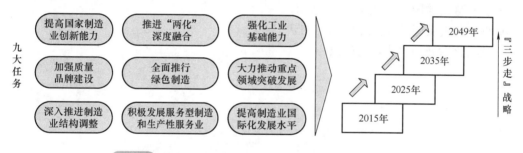

图1-2 "中国制造2025"的九大任务和"三步走"战略

第一步：力争用十年时间，迈入制造强国行列。

到2020年，基本实现工业化，制造业大国地位进一步巩固，制造业信息化水平大幅提升。掌握一批重点领域关键核心技术，优势领域竞争力进一步增强，产品质量有较大提高。制造业数字化、网络化、智能化取得明显进展。重点行业单位工业增加值能耗、物耗及污染物排放明显下降。

到2025年，制造业整体素质大幅提升，创新能力显著增强，全员劳动生产率明显提高，两化（工业化和信息化）融合迈上新台阶。重点行业单位工业增加值能耗、物耗及污染物排放达到世界先进水平。形成一批具有较强国际竞争力的跨国公司和产业集群，在全球产业分工和价值链中的地位明显提升。

第二步：到2035年，我国制造业整体达到世界制造强国阵营中等水平。创新能力大幅提升，重点领域发展取得重大突破，整体竞争力明显增强，优势行业形成全球创新引领能力，全面实现工业化。

第三步：新中国成立一百年时，制造业大国地位更加巩固，综合实力进入世界制造强国前列。制造业主要领域具有创新引领能力和明显竞争优势，建成全球领先的技术体系和产业

1-05
工信部-加快推进新型工业化

1-06
我国高技术制造业持续增长

体系。

"中国制造2025"提出了用三个十年左右的时间分步、有计划地完成从制造业大国向制造业强国的转变，目前是中国制造分三步走的第一个十年行动纲领，通过这十年的实施和努力，使我国能进入全球制造业强国的行列，并为后两步的实施奠定扎实的基础。

建设制造强国是我国经济迈向高质量发展的必然要求。中国要实现现代化强国目标，就必须大力发展制造业，推进新型工业化，促进数字经济和实体经济深度融合，加快绿色低碳、自主创新驱动等发展。

思考与练习

1. 先进制造技术有什么特点？
2. 试阐述先进制造技术的体系结构。
3. 先进制造技术可分为哪几类？
4. 先进制造有哪些关键技术？
5. 谈谈你对德国"工业4.0"的认识。
6. 谈谈你对美国"工业互联网"的认识。
7. 谈谈你对新型工业化的认识。

第2章

现代设计技术

2.1　概述

2.1.1　现代设计技术概述

现代设计理论与方法是一门基于思维科学、信息科学、系统工程、计算机技术等学科，研究产品设计规律、设计技术和工具、设计实施方法的工程技术科学。由于现代设计理论与方法种类繁多，国内外学者们对现代设计理论与方法的分类也各有不同，有的提出将现代设计理论分为哲理层和应用工具层，也有的提出设计过程理论、性能需求理论、知识流理论和多方利益协调理论的理论框架。一般认为，根据现代设计方法的主要特征，可以将现代设计方法概述为三大类型：综合动态优化设计、可视化设计和智能化设计。现代设计理论与方法的体系结构由设计理论基础层、设计工具和支持技术平台层、设计实施技术方法层三大部分内容所组成，三者之间相互交叉与融合。其中设计实施技术方法层包括面向基本共性问题的设计技术、基于 IT 技术的设计技术、面向学科领域产品的设计技术、基于环境资源的设计技术等四类具体的实施技术方法。

从现代产品设计的发展趋势看，智能设计、协同设计、虚拟设计、创新设计、资源节约设计、全生命周期设计等设计方法代表了现代产品设计模式的发展方向。现代设计理论与方法的主要特点体现在最优化、数字化、智能化、系统性、创新性和网络化。现代设计理论与方法从"传统"走向"现代"，体现了现代设计理论与方法的科学性、前沿性和与时俱进的品质。

2.1.2　设计发展的基本阶段

从人类发展的历史来看，设计经历了如下四个阶段：直觉设计阶段、经验设计阶段、半理论半经验设计阶段和现代设计阶段，如图 2-1 所示。

1. 直觉设计阶段

17 世纪以前，设计活动完全是靠人的直觉来进行的，这种设计为直觉设计，或称自发设计。由于人类认识世界的局限性，设计者往往是知其然而不知其所以然，在设计过程中基本上没有信息交流。这个阶段中全凭人的直观感觉来设计制作工具，设计方案存在于手工艺

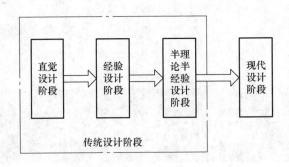

图 2-1 设计发展的基本阶段

人头脑中，无法记录表达，产品也比较简单。通常一个简单产品的问世周期很长，且一般无经验可以借鉴。

2. 经验设计阶段

到了 17 世纪，随着人们对自然的认识增强与生产的发展，产品的复杂性增加，对产品需求量也开始增加，单个手工艺人的经验或其头脑中的构思已难满足这些要求，因而促使一个个孤立的设计者必须联合起来，互相协作，设计信息的载体——图样出现，并逐渐开始用图样进行信息交流、设计及制造。另外，数学和力学得到了长足的发展，二者的结合初步形成了机械设计的雏形，从而使工程设计有了一定的理论指导。

1670 年前后首次出现了有关海船的图样。图样的出现既可使具有丰富经验的手工艺人通过图样将其经验或构思记录下来，传于他人，便于用图样对产品进行分析、改进和提高，促使设计工作向前发展；还可满足更多的人同时参加同一产品的生产活动，满足社会对产品的需求及生产率的要求。利用图样进行设计，使人类设计活动由直觉设计阶段进步到经验设计阶段，但是其设计过程仍是建立在经验与技巧能力的积累之上的。经验设计虽然较直觉设计前进了一步，但其周期长，质量也不易保证。

3. 半理论半经验设计阶段

20 世纪初以来，随着人类认识自然的程度进一步深入，特别是测试技术的发展，使得获取反映系统或机器制作过程内在规律的数据有了可能，于是开始采用局部试验、模拟试验等作为设计过程的辅助手段。通过中间试验取得较为可靠的数据，选择合适的结构，从而缩短试制周期，提高设计的可靠性。这个阶段称为半理论半经验设计阶段。在该阶段中，随着科技的进步、试验手段的加强，使设计水平得到进一步提高，取得了如下进展：

① 加强设计基础理论和各种专业产品设计机理的研究，从而为设计提供了大量信息，如包含大量设计数据的图表、图册和设计手册等。

② 加强关键零件的设计研究，大大提高了设计速度和成功率。

③ 加强了"三化"研究，即零件标准化、部件通用化、产品系列化的研究，后来又提出设计组合化，进一步提高了设计的速度、质量，降低了产品的成本。

本阶段由于加强了设计理论和方法的研究，与经验设计阶段相比，有效地提高了设计效率和质量，并降低了设计成本。

4. 现代设计阶段

20 世纪 60 年代以来，科学技术的迅猛发展，特别是计算机技术的发展、普及和应用，为进行有关设计中的理论分析、数值计算和物理模拟等提供了极为有利的条件，使设计工作产生了革命性的突变，使人类设计工作步入现代设计阶段。这个阶段的特点是：

① 设计是基于知识的设计。

② 设计中除了考虑产品本身以外，还要考虑对系统、环境和人机工效的影响。

③ 不仅要考虑技术领域，还要考虑经济效益和社会效益。

④ 不仅考虑当前，还需考虑长远发展。

2.1.3　现代设计理论与方法的主要内容及特点

在分析机械产品开发面临的变化和要求的基础上，首先讨论现代设计理论与方法体系结构的描述方法和主要特点，然后针对机械制造业发展的需要，主要分析和讲述与现代设计理论与方法的发展密切相关的 CAD/CAM 技术、有限元分析、并行设计、反求工程设计和绿色设计等专题。

1. 现代设计理论与方法的主要内容

一般来说，设计理论是对产品设计原理和机理的科学总结，设计方法是使产品满足设计要求以及判断产品是否满足设计原则所采用的手段。现代设计方法是基于现代设计理论形成的，因而更具科学性和逻辑性。实质上，现代设计理论与方法既是科学方法论在设计中的应用，也是设计领域中发展起来的一门新兴的多元交叉学科。

从 20 世纪 60 年代末开始，设计领域中相继出现一系列新兴理论与方法。为区别过去常用的传统设计理论与方法，把这些新兴理论与方法统称为现代设计理论与方法。表 2-1 列出了目前现代设计理论与方法的主要内容。不同于传统设计方法，在运用现代设计理论与方法进行产品及工程设计时一般都以计算机作为分析、计算、综合和决策的工具。

现代设计理论与方法的内容众多而丰富，有的学者把它们看作是由既相对独立又有机联系的"十一论"方法学构成，即功能论（可靠性为主体）、优化论、离散论、对应论、艺术论、系统论、信息论、控制论、突变论、智能论和模糊论。

综上所述，现代设计理论与方法的种类繁多，但并不是任何一个产品和一项工程的设计都需要采用全部设计方法，也不是每个产品零件或电子元件的设计均能采用上述每一种方法。由于不同的产品都有各自的特点，所以设计时常需综合运用各种设计方法。

表 2-1　现代设计理论与方法的主要内容

序　号	名　称	序　号	名　称	序　号	名　称
1	设计方法学	9	绿色设计	17	三次设计
2	优化设计	10	模块化设计	18	人机工程
3	可靠性设计	11	相似设计	19	健壮设计
4	计算机辅助设计	12	虚拟设计	20	精度设计
5	动态设计	13	疲劳设计	21	工程遗传算法
6	有限元法	14	智能工程	22	设计专家系统
7	反求工程设计	15	价值工程	23	摩擦学设计
8	工业造型设计	16	并行设计	24	人工神经元计算方法

2. 现代设计理论与方法的特点

现代设计理论与方法的特点是计算机、计算技术、应用数学和力学等学科的充分结合与应用，它使机械设计从经验的、静止的、随意性较大的传统设计逐步发展为基于知识的、动态的、自动化程度高的、设计周期短的、设计方案优越的、计算精度高的现代化设计，它应用系统工程的方法，将高度自动化的信息采集、产品订购、制造、管理、供销等一系列环节有机地结合起来，使产业结构、产品结构、生产方式和管理体制发生了深刻变化。现代设计理论与方法在机械设计领域的推广和应用，必将极大地促进机械产品设计的现代化，从而促进机械产品的不断现代化，提高企业的竞争力。

现代设计理论与方法的特点如下：

① 程式性。研究设计的全过程，要求设计者从产品规划、方案设计、技术设计、施工设计到试验、试制进行全面考虑，按步骤、有计划地进行设计。

② 创造性。突出人的创造性，发挥集体智慧，力求探寻更多的突破性方案，开发创新产品。

③ 系统性。强调用系统工程处理技术系统问题。设计时应分析各部分的有机联系，力求系统整体最优化同时考虑技术系统与外界的联系，即人-机-环境的大系统关系。

④ 最优性。设计的目的是得到功能全、性能好、成本低的价值最优和产品参数、性能的最优，更重要的是争取产品的技术系统整体最优。

⑤ 综合性。现代设计理论与方法是建立在系统工程、创造工程基础上，综合运用信息论、优化论、相似论、模糊论、可靠性理论等自然科学理论和价值工程、决策论、预测论等社会科学理论，同时采用集合、矩阵、图论等数学工具和电子计算机技术，总结设计规律，提供多种解决设计问题的科学途径。

⑥ 数字性。将计算机技术全面地引入设计过程，并运用程序库、数据库、知识库、信息库和网络技术服务于设计，实现了设计过程数字性，使计算机在设计计算和绘图、信息储存、评价决策、动态模拟、人工智能等方面充分发挥作用。

2.1.4　结束语

在市场全球化的今天，产品的竞争实质上就是设计的竞争，对于机械产品制造企业来说，重视设计也就是重视制造业的明天。我国与发达国家在现代设计理论与方法研究方面的差距直接反映在机械产品，尤其是大型复杂装备产品本身上的差距。因此，加强现代设计理论与方法的研究与应用，推动我国企业产品开发技术的现代化是学术界、工业界需要大力进行的工作。为推动我国从制造大国走向制造强国，我国政府正在采取强有力的政策导向，加大对应用基础技术研究的投入强度和对产学研合作模式的支持力度，以及加强企业自主创新能力的培养。通过广泛推广使用现代设计理论与方法，使机械产品设计方法由目前使用经验、类比、静态、串行设计向采用数字化建模、动态、优化、并行设计的方向发展，重要机械产品开发应实现由引进、仿制向消化、吸收、改进和创新转移。

经济的发展与人民生活水平的不断提高，要求从根本上提高我国机械产品的性能和质量，加强我国机械产品的自主创新能力，提升机械产品的国际市场竞争力。质量好、效率高、消耗低、价格便宜的先进的工业、军事与民用产品的需求越来越迫切，而产品设计是决定产品性能、质量、水平和经济效益的重要一环。与此同时，随着知识经济时代的到来与我国加入世界贸易组织（World Trade Organization，WTO），产品在国际市场是否具有竞争力，在很大程度上取决于产品的设计。在这种形势下，唯有提高产品的先进性及质量才能够参与国际竞争。为此，在产品设计中就必须大力推广目前已经广泛应用的先进设计理论与方法，以提高我国产品的设计水平。

随着科学技术的迅猛发展以及计算机技术的广泛应用，设计领域正在进行一场深刻的变革，各种现代设计理论与方法不断涌现，设计方法更为科学、系统、完善和先进。传统设计方法已经发展成为一门新兴的综合性、交叉性学科——现代设计理论与方法。现代设计理论与方法的广泛应用，必将为我国的工业生产带来巨大的经济效益，提供更丰富、更方便、更环保的产品，对提高我国工业产品的设计质量，缩短设计周期，推动设计工作的现代化、科学化方面将发挥重大的作用。

总之，现代设计技术在机械设计中的应用是一项综合的系统工程，具有长期性和复杂性。在机械设计中，为发挥现代设计技术的优越性，应重点把握其中的科学技术、数学知识和新概念方面的内容，面对机械设计日趋复杂的现状，不断探索现代设计技术在机械设计中的应用策略。只有这样，才能不断提高现代设计技术的应用水平，进而促进机械设计既好又快地发展。

2.2　计算机辅助设计技术

计算机辅助设计是 20 世纪 50 年代末发展起来的综合性计算机应用技术。它是以计算机为工具，处理产品设计过程中的图形和数据信息，辅助完成产品设计过程的技术。

CAD 技术包含的内容有：①利用计算机进行产品的造型、装配、工程图绘制，以及相关文档的设计；②进行产品渲染、动态显示；③对产品进行工程分析，如有限元分析、优化设计、可靠性设计、运动学及动力学仿真等。

2.2.1　计算机辅助设计概述

20 世纪 50 年代，以美国为代表的工业发达国家出于航空和汽车等工业的生产需要，开始将计算机技术应用于产品的设计过程，逐渐发展形成具有重大影响力的计算机辅助设计技术。其发展过程大致经历了如下几个阶段：

（1）20 世纪 50 年代——CAD 技术的萌芽期　1950 年，美国麻省理工学院（MIT）研制出旋风型图形显示设备，可以显示简单图形；50 年代后期推出了图形输入装置——光笔。1958 年，美国 GTCO CalComp 公司研制出滚筒式绘图仪，Gerber 公司研制出平板绘图仪。这些图形处理设备的问世，标志着 CAD 技术已处于交互式计算机图形系统的初期萌芽和诞生阶段。

（2）20 世纪 60 年代——CAD 技术的成长期　1962 年，美国 Ivan E. Sutherland 博士开发出了 Sketchpad 图形系统，并首次提出了计算机图形学、分层存储、交互设计等技术思想，这成为计算机辅助设计技术发展史上的重要里程碑。20 世纪 60 年代中期，CAD 概念开始为人们所接受，它超越了计算机绘图的范畴而强调了利用计算机进行设计的思想。1965 年，美国洛克希德公司推出第一套基于大型机的商用 CAD/CAM 软件系统——CADAM 软件系统；1966 年，贝尔电话公司开发了价格低廉的实用型交互式图形显示系统 GRAPHIC－1。许多与 CAD 技术相关的软硬件系统走出了实验室而逐渐趋于实用化，大大促进了计算机图形学和 CAD 技术的迅速发展。至 20 世纪 60 年代末，美国安装的 CAD 工作站已达 200 多套。

（3）20 世纪 70 年代——CAD 技术的发展期　进入 20 世纪 70 年代后，存储器、光笔、光栅扫描显示器、图形输入板等形式的图形输入设备开始进入商品化阶段；出现了面向中小企业的 CAD/CAM 商品化软件，可提供基于线框模型（Wireframe Model）的三维建模及绘图工具；曲面模型（Surface Model）得到初步应用；1979 年，初始化图形交换标准（Initial Graphics Exchange Specification，IGES）的发表，为 CAD 系统的标准化和可交换性创造了条件。20 世纪 70 年代是 CAD 技术发展的黄金时代，各种 CAD 功能模块已基本形成，各种建模方法及理论得到深入研究。但是，此时 CAD 各功能模块的数据结构尚不统一，集成性较差。

（4）20 世纪 80 年代——CAD 技术的普及期　在这个时期，基于计算机和工作站的 CAD 系统得到广泛使用；CAD 的新算法、新理论不断出现并迅速商品化，如基于昆氏（Coon）曲面、贝塞尔（Bezier）曲面、非统一有理 B 样条（Non‐Uniform Rational B‐Spline，NURBS）曲面等复杂曲面描述技术；实体建模（Solid Molding）技术趋于成熟，提供了统一的和确定的几何形体描述方法，并成为 CAD 软件系统的核心功能模块；采用统一的数据结构和工程数据库已成为 CAD 软件开发的趋势和现实；CAD 系统的应用已开始从大型骨干企业向中小企业扩展，从发达国家向发展中国家扩展。以美国为例，1981 年 CAD 系统安装数为 5000 套，1983 年超过 12000 套，1988 年达到 63000 套。

（5）20 世纪 90 年代——CAD 技术集成化期　计算机加微软的 Windows 操作系统、工作站加 UNIX 操作系统、以太网（Ethernet）为主体的网络环境构成了 CAD 系统的主流平台；CAD 系统图形功能日益增强，图形接口趋于标准化，图形核形系统（Graphical Kernel System，GKS）、初始化图形交换标准 IGES、通用网关接口（Common Gateway Interface，CGI）、产品模型数据交换标准（Standard for the Exchange of Product Model Data，STEP）等标准及规范得到广泛的应用，实现了 CAD 系统之间、CAD 与 CAM 之间，以及 CAD 与其他 CAX 系统的信息兼容和数据共享；CAD 软件系统由单一功能向集成功能转变，软结构和软总线技术得到普遍应用，并与企业其他计算机辅助技术有机结合，构成计算机集成制造系统（Computer Integrated Manufacturing System，CIMS）。

2.2.2　计算机辅助设计的关键技术

计算机辅助设计技术的特点和功能已被人们所接受，并广泛地应用于产品的设计和开发。而就 CAD 系统而言，其技术的实现涉及如下关键技术。

1. 产品的几何造型技术

CAD 的几何造型过程是对设计对象进行描述，并用合适的数据结构存储在计算机内，以建立计算机内部模型的过程。设计对象的造型建模技术的发展，经历了线框模型、表面（曲面）模型、实体模型、特征模型、特征模型、产品数据模型的演变过程，主要模型类型如图 2-2 所示。

（1）线框模型　线框模型由一系列空间直线、圆弧和点组合而成，用来描述产品的轮廓外形，如图 2-2a 所示。这种模型曾广泛应用于工厂或车间布局、三视图生成、运动机构的模拟和有限元网络的自动生成等方面，但无法生成剖视图、消除隐藏线，以及求解两个形体间的交线，用户也无法根据线框模型进行物性计算和数控加工指令的编制等作业。

（2）表面模型　表面模型的数据结构是在线框模型的基础上，增加了面的信息和棱边的连接方向等内容，如图 2-2b 所示。表面模型又分为多边平面造型和曲面造型两种。多边平面造型只能用于构建平面主体，描述能力不强，故较少采用。曲面造型则发展非常迅速，它可以用于构建具有复杂自由曲面和雕塑曲面的物体模型，如图2-3所示，因此广泛应用于汽车、飞机、船舶等制造工业中。常用的建模方法有贝塞尔（Beizer）曲面技术和B样条（B-Spline）曲面技术。表面模型能求解两个形体的交线、消除隐藏线等，但无法定义厚度及内部几何体，故无法生成形体的剖视图，以及进行物性计算。

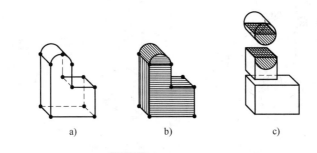

图 2-2　主要模型类型
a)线框模型　b）表面模型　c）实体模型

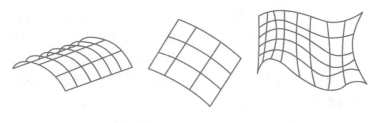

图 2-3　曲面造型典型模型

（3）实体模型　实体模型较完整地反映了三维实体的几何信息，如图2-2c所示。它既能消除隐藏线，产生有明暗效应的立体图像；又能进行物性计算，进行装配体或运动系统的空间干涉检查，进行有限元分析的前置和后置处理，以及多至5轴的数控编程等作业。

常用的实体造型方法有边界表示（Boundary Representation，B-Rep）法和构造实体几何（Constructive Solid Geometry，CSG）法。

边界表示法把一个物体看作是由有界的平面或曲面片子集构成的，每个面又由其边界边和顶点组成，经过各种几何运算和操作，达到构成物体的目的。边界表示法实体模型如图2-4所示。

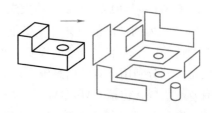

图 2-4　边界表示法实体模型

CSG法的基本思想是认为任何几何形体都是由简单的实体细胞组成的，这种实体细胞可称为体素。CAD系统中常用的体素有长方体、圆柱、圆锥、球、圆台、楔、椭圆锥等。系统通过布尔运算可以将这些几何体素组成所需要的物体。高档的CAD系统还允许用户根据需要自己定义一些参数化的几何体素。复杂的几何物体是由体素组成的，用户可通过正实体、负实体的定义，二维多边形的扫描、移动、旋转、挖切和镜像等操作来实现物体的创建。图2-5所示为用 CSG 法生成的实体模型。

线框模型、表面（曲面）模型和实体模型缺少产品后续制造过程所需的工艺信息和管理信息。为了便于 CAD 技术与其他 CAX 系统的集成，开发出了特征模型建模技术。

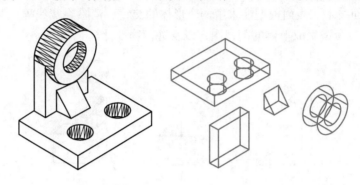

图 2-5　用 CSG 法生成的实体模型

（4）特征模型　所谓特征就是描述产品信息的集合，也是构成零部件设计与制造的基本几何体，它既能反映零件的几何信息，又能反映零件的加工工艺信息。常用的零件特征包括形状特征、精度特征、技术特征、材料特征和装配特征等。与实体模型相比较，特征造型具有：①能更好地表达统一完整的产品信息；②能更好地体现设计意图，使产品模型便于理解和组织生产；③有助于加强产品设计、分析、加工制造、检验等各部门之间的联系。

因此，基于特征的建模技术更适合于 CAD/CAM 的集成和 CIMS 的建模需要。

2. 单一数据库与相关性设计

单一数据库就是与设计相关的全部数据信息来自同一个数据库。所谓的相关性设计就是任何设计改动都将及时地反映到设计过程的其他相关环节上。例如，修改二维零件工程图样中某个尺寸，则与该零件工程图样相关联的产品装配图、加工该零件的数控程序等也将会自动跟随更新；修改二维图样的左视图中某个尺寸，其主视图、俯视图及三维实体模型中相应的尺寸和形状也会随之变化。

建立在单一数据库基础上的产品开发，可以实现产品的相关性设计。单一数据库和相关性设计技术的应用，有利于减少设计中差错，提高设计质量，缩短开发周期。

3. CAD 与其他 CAX 系统的集成技术

CAD 技术为产品的设计开发提供了基本的数据化模型，然而，它只是计算机参与产品生产制造的一个环节。为了使产品生产后续的作业环节中有效地利用 CAD 所构造的产品信息模型，充分利用已有的信息资源，提高综合生产率，必须将 CAD 技术与其他 CAX 技术进行有效的集成，包括 CAD/CAM 技术的集成、CAD 与 CIMS 其他功能系统的集成等。CAD 技术的主要功能是进行产品的设计造型，为其他功能系统提供共享的产品数据模型，成为 CIMS 或其他制造系统的基础和关键。

CAD 技术与其他 CAX 系统的集成，涉及产品的造型建模技术、工程数据的管理技术和数据交换接口技术等。CAD 技术的集成体现在以下几个方面：

1）CAD 与 CAE 集成、CAD 与 CAPP/CAM 的集成、CAD 与 PDM 的集成、CAD 与 ERP 等软件模块集成。CAD 与这些系统模块的集成为企业提供了产品生产制造一体化解决方案，推动了企业信息化进程。

2）将 CAD 技术的算法、功能模块以至整个系统，以专用芯片的形式加以固化，可提高 CAD 系统的运行效率，还可供其他系统直接调用。

3）CAD 在网络计算环境下实现异地、异构系统的企业间集成，如全球化设计、虚拟设计、虚拟制造及虚拟企业就是该集成层次的具体体现。

4. 标准化技术

由于 CAD 软件产品众多，为实现信息共享，相关软件必须支持异构、跨平台的工作环境。该问题的解决主要依靠 CAD 技术的标准化。国际标准化组织（International Standard Organization，ISO）制定了产品数据模型交换标准（STEP）。STEP 采用统一的数字化定义方法，涵盖了产品的整个生命周期，是 CAD 技术最新的国际标准。

目前，主流的 CAD 软件系统都支持 ISO 标准及其他工业标准，面向应用的标准构件及零部件库的标准化也成为 CAD 系统的必备内容，为实现信息共享创造了条件。

2.2.3 计算机辅助设计的主要特点

与传统的机械设计相比，无论在提高效率、改善设计质量方面，还是在降低成本、减轻劳动强度方面，CAD 技术都有着巨大的优越性。CAD 技术的主要特点如下：

（1）提高设计质量 计算机系统内存储了各种有关专业的综合性的技术知识、信息和资源，为产品设计提供科学基础。计算机与人交互作用，有利于发挥人和计算机各自的特长，使产品设计更加合理化。CAD 采用的优化设计方法有助于某些工艺参数和产品结构的优化。另外，由于不同部门可利用同一数据库中的信息，保证了数据一致性。

（2）节省时间，提高设计效率 设计计算和图样绘制的自动化大大缩短了设计时间，CAD 和 CAM 的一体化可以显著缩短从设计到制造的周期，与传统的设计方法相比，其设计效率至少可提高 3~5 倍。

（3）较大幅度地降低成本 计算机的高速运算和绘图机的自动工作大大节省了劳动力，同时优化设计带来了原材料的节省。CAD 经济效益有些可以估算，有些则难以估算。由于采用 CAD/CAM 技术，生产准备时间缩短，产品更新换代加快，大大增强了产品在市场上的竞争力。

（4）减少设计人员的工作量 将设计人员从烦琐的计算和绘图工作中解放出来，使其可以从事更多的创造性劳动。在产品设计中，绘图工作量约占全部工作量的 60%，在 CAD 过程中这一部分的工作由计算机完成，产生的效益十分显著。

当前，三维参数化 CAD 技术已成为广大科研人员的研究热门。三维 CAD 技术的主要特点是设计直接以三维概念开始，可以是具有颜色、材料、形状、尺寸、相关零件、制造工艺等相关概念的三维实体，甚至是带有相当复杂的运动关系的三维实体。这种三维 CAD 技术，除了可以将技术人员的设计思想以最真实的模型在计算机上表现出来之外，还可以自动计算出产品体积、面积、质量和惯性大小等，以利于对产品进行强度、应力等各类力学性能分析。其中的参数不只代表设计对象的外观尺寸，而且具有实质上的物理意义。可以将体积、表面积等系统参数或密度、厚度等用户自定义参数加入设计构思中，从而表达设计思想。三维参数化 CAD 技术不仅改变了设计的概念，并且将设计的便捷性向前推进了一大步。

2.2.4 计算机辅助设计（CAD）软件与应用

CAD 软件分为三个层次：系统软件、支撑软件和应用软件。系统软件与硬件、操作系统环境相关；支撑软件主要指各种工具软件；应用软件指以支撑软件为基础的各种面向工程应用的软件，其中多数由各行业的工程设计人员开发。

1. 系统软件

系统软件主要用于计算机管理、维护、控制和运行，以及计算机程序的翻译和执行，可分为以下几类：

（1）操作系统　操作系统的主要功能是管理文件及各种输入、输出设备。计算机常用的操作系统有 DOS 系统、Windows 系统、UNIX 系统和 OS/2 系统等。目前较为流行的是 Windows 系统，它是 32 位或 64 位多窗口、多任务操作系统，可提供对多媒体、网络的软件支持。工作站主要使用 UNIX 操作系统，提供支持 X 协议的多窗口环境。

（2）编译系统　编译系统将高级语言编制的程序转换成可执行指令的程序。我们所熟知的高级语言，如 FORTRAN 语言、BASIC 语言、PASCAL 语言、COBOL 语言、LISP 语言和 C/C++ 语言，都有相应的编译程序或集成开发环境。

（3）图形接口及接口标准　为实现图形向设备的输出，必须为高级语言提供相应的接口程序（函数库）。Windows 系统的 CGI 计算机图形接口编码，面向应用软件开发，先后推出了 GKS、GKS‐3D、程序员层次交互式图形系统（Programmer's Hierarchical Interactive Graphics System，PHIGS）和图形接口/开放式图形接口（Graphics Library/Open Graphics Library，GL/OPENGL）等图形接口标准。利用这些标准所提供的接口函数，应用程序可以方便地输出二维和三维图形。在各种以图形为基础的 CAD 软件相继推出后，为了满足不同应用系统产品数据模型的交换和共享需要，制定了 IGES、绘图交换文件（Drawing Interchange Format，DXF）和 STEP 等图形（产品）信息交换标准。

2. 支撑软件

支撑软件是在系统软件的基础上开发的满足 CAD 用户一些共同需要的通用软件或工具软件，是 CAD 软件系统的核心。

（1）计算机分析软件　计算机分析软件主要用于解决工程设计中的各种数值计算和分析，主要包括以下几种软件：

① 常用数学方法库及可视化软件。

② 有限元分析软件。目前，有限元理论和方法已趋于成熟，除用于弹性力学和流体力学外，也用于流动分析、电磁场分析等方面。商品化的有限元分析软件有很多，如 SAP‐5 软件、ADINA 软件、NASTRAN 软件、ANSYS 软件和 COSMOS 软件等，一些软件还具有较强的前置和后置处理功能。

③ 优化设计软件。优化设计建立在最优化数学理论和现代计算技术的基础上，通过迭代计算寻求设计的最优方案。目前已有不少成熟的优化程序库，如 IBM 公司的 ODL 程序库和我国自主版权的优化方法程序库 OPB‐2 等。

（2）集成化 CAD/CAM 软件　集成化 CAD/CAM 软件支持二维图形和三维图形方式下进行产品及其零件的定义。早期的软件主要致力于实现交互式绘图，如 CADAM 软件、

AutoCAD 软件、MEDUSA 软件的早期版本均主要以二维交互式绘图为主。20 世纪 80 年代中期开始，实体造型技术日趋完善，不少 CAD 系统转向采用实体造型技术定义产品零件的几何模型，进行分析、数控加工和输出工程图等。

目前较流行的 CAD 集成系统有美国参数技术公司（Parametric Technology Corporation，PTC）的 Creo（Pro/Engineer）软件、Siemens PLM Software 公司的 Siemens NX、软件、Autodesk 公司的 AutoCAD 软件及 MDT（Mechanical Desktop）软件。国内 CAD/CAM 软件主要有广州中望龙腾软件股份有限公司自主研发的中望 CAD 软件，苏州浩辰软件股份有限公司开发的浩辰 CAD 软件，北京数码大方科技有限公司自主开发 CAXA 软件，华中理工大学机械学院开发的开目 CAD 软件等。

（3）数据库管理系统（Database Management System，DBMS）　数据库管理系统用于管理庞大的数据信息，提供数据的增删、查询、共享和安全维护等操作，是用户与数据之间的接口。数据库管理系统使用三种数据模型，即层次模型、网状模型、关系模型。目前流行的数据库管理系统有 DBASE、FOXBASE、FOXPRO、ORACI. E 和 SYBASE 等。

（4）网络软件　采用微型计算机和工作站局域网形式的 CAD 系统已成为 20 世纪 90 年代 CAD 软硬件配置的首选方案。网络服务软件为这些系统在网络上传输和共享文件提供了条件。最常用网络服务软件的是 Novell 公司的 NETWARE 软件，它包括服务器操作系统、文件服务器软件和通信软件等。Microsoft 公司的 Windows 95 以上版本的操作系统下可直接支持绝大多数的网络互联服务。

3. 应用软件

应用软件是在系统软件、支撑软件的基础上，针对某一专门应用领域的需要而研制的软件。这类软件通常由用户结合当前设计工作需要自行开发，也称"二次开发"。例如，模具设计软件、电气设计软件、机械零件设计软件和飞机气流分析软件等均属应用软件。

专家系统也是一种应用软件。在设计过程中有相当一部分工作不是计算或绘图，而是依赖领域专家丰富的实践经验和专门知识，经过专家们思考、推理和判断才能够完成。使计算机模拟专家解决问题的工作过程而编制的智能型计算机程序称为专家系统。

2.2.5　CAD/CAPP/CAM 集成技术

CAD/CAPP/CAM 是 20 世纪 60 年代兴起的一门技术，它的发展十分迅速，国内外都在大力投入 CAD/CAPP/CAM 集成技术的研究。CAD/CAPP/CAM 集成技术是 CIMS 的核心技术，在 CIMS 中 CAD/CAPP/CAM 与管理信息系统（Management Information System，MIS）、制造自动化系统（Manufacturing Automation System，MAS）、计算机辅助质量保证（Computer Aided Quality – assurance，CAQ）系统实现集成，对提高产品质量、缩短产品开发周期、提高企业效益有重要作用。现在，计算机网络、数据库技术、专家系统和人工智能技术应用于 CAD/CAPP/CAM 系统中，极大地促进了该技术的发展。研制 CAD/CAPP/CAM 系统，用以改造传统制造业，对于增强我国的国际竞争力有着巨大的推动作用。

1. 计算机辅助工艺设计技术

计算机辅助工艺设计（Computer Aided Process Planning，CAPP），是指利用计算机技术实现工艺过程设计自动化。一般认为 CAPP 系统的功能包括毛坯设计、加工方法选择、工序设计、工艺路线制订和工时定额计算。在 CIMS 中，CAPP 的作用就是将加工过程变为实际的工艺过程和工艺参数描述，并将加工过程表示成实际的工序图描述。

（1）国内外 CAPP 研究动态

1）国外 CAPP 研究动态。20 世纪 60 年代，计算机技术的发展促进了 CAPP 的产生。世界上最早研究 CAPP 的国家是挪威。1965 年，Niebel 首次提出计算机辅助工艺设计这一概念。1969 年，挪威工业公司开发出历史上最早的 CAPP 系统——AUTOPROS（AUTOmated PROcess planning System）。IBM 公司也涉足这一领域，开发了 CAPP 系统，对 CAPP 技术做了进一步的研究。1976 年，派生式的 CAPP 系统在美国得到公开演示，该系统是国际计算机辅助制造组织开发出的，称为"Automated Process Planning"系统。这个系统的开发对 CAPP 的发展产生了深远影响，首先它是派生式的 CAPP 系统，其次这一系统的成功说明了 CAPP 系统开发的可行性。工艺过程的自动化设计开始成为制造领域的一个研究热点和重要研究方向。

20 世纪 60~80 年代开发出的 CAPP 系统大多都是派生式，在应用过程中派生式的 CAPP 系统存在很多的问题。到了 80 年代初，开始提出创成式的 CAPP 系统和智能式的 CAPP 系统的概念，并开始研究。

1981 年，法国的 Y. Descotte 和 J. C. Latombe 开发了自动生成加工工艺的知识系统 GARI。该系统的原理是采用专家系统中的产生式规则，由结构模型信息推理出零件的加工方法，反复应用产生式规则，一步一步推导出加工过程。其适用范围很窄，只能对平面、平面上的孔、平面上的凹槽做处理。

1982 年，日本东京大学的 K. Matsushima，N. Okada，T. Sata 开发了 TOM 知识系统。该系统的原理是采用专家系统中的产生式规则，并且可以反向推理和回溯搜索，它是集成制造系统的尝试。

英国曼彻斯特理工大学（UMIST）的 A. J. Wright，I. L. Darbyshire 等从 1981 年起，在原开发的 AUTOCAP 系统的基础上，开始开发它的知识基系统，称为 EXCAP。刚开始的 EX-CAP 版本能够处理的问题很有限，随着对系统的不断改进升级，先后开发了 EXCAP - Y 和 EXCAP - P，开始用元素描述表面类型，用链表示各个元素之间的关系，加工工序采用反向设计法。

1985 年，日本神户大学的 K. Lwata 和 N. Sugimura 开发了一种 CAD/CAPP 集成系统。这个系统是为研究计算机集成制造系统的一些问题而开发出来的实验性系统。该系统的原理是采用专家系统中的产生式规则表示，排列加工工序使用分枝界限技术。

美国马里兰大学的 D. A. Nau，M. Gray 和普渡大学的 T. C. Chang 于 1985 年和 1986 年先后开发了基于知识的 CAPP 系统 SIPP 和 SIPS，使用统一的分级框架结构表示零件要求及工艺知识。SIPS 改进了 SIPP 的分级框架结构，增强了各级间的"遗传性"，采用了最小费用优先的分支界限法安排加工计划。美国纽约州立大学的 H. P. Wang 和宾州大学的 R. A. Wysk 于 1987 年报告了所开发的一种智能性 CAPP 系统，称为 TURBO - CAPP 系统。该系统的原理是通过知识表达产生式规则和框架结构同时使用。框架结构表示的是陈述性知识，如零件及设备信息；产生式规则表示的是过程性知识，如工艺排序和加工方法的选择。这些知识又被分成不同的层次，通过框架逐层推理最后生成工艺规程，这个系统比之前的系统更加先进的方面是可以生成数控程序。

最近一二十年，国外开发出的 CAPP 系统智能化程度有了很大的改善。这些系统可以处理共享数据库对象，从而创建比较详细、完善的工艺设计规程；取代"填卡式"的工作指令；工艺卡片的生成具有智能功能。表 2-2 是国外一些著名的 CAPP 系统。

表 2-2　国外一些著名的 CAPP 系统

系 统 名 称	适用零件类型	系 统 功 能	开 发 者	时 间
CAPP	回转体、菱形	工艺过程	美国 CAM－I	1976
MIPLAN	回转体、菱形	工艺过程、数据程序	荷兰	1980
TIPPS	菱形	工艺过程	美国普渡大学	1984
IDEF	回转体	工艺过程	西班牙赫罗纳大学	2007

2）国内 CAPP 研究动态。从 20 世纪 80 年代初期开始，同济大学推出了派生式系统 TOJICAPP，国内部分研究所和高校先后开发出以回转体、箱体为对象的 CAPP 系统。这些系统实际上大多还是以检索式和派生式为主导，创成式的系统也是以专家系统中的产生式规则来描述工艺知识，以最佳优先搜索和启发式搜索作为推理逻辑。

① 武汉开目 CAPP 软件。武汉开目 CAPP 软件是基于知识决策的智能化工艺设计软件，其功能主要有：系统中有数据库和知识决策；整合了数据库、表格、图形、文字编辑功能；提供二次开发的接口和工具，开放的工艺数据库。

② 清华天河 CAPP 软件系统。这个系统采用交互式的设计方式，对于数据的管理和集成更加重视。清华天河 CAPP 软件具有的功能包括：所有的数据都放在开放的数据库中，能够与企业资源计划（Enterprise Resource Planning，ERP）这样的系统进行数据和文档的集成；工艺数据多层次使用管理；输出的物料清单（Bill of Material，BOM）表形式多样。

③ 金叶 CAPP 系统。金叶 CAPP 系统是陕西金叶西工大软件股份有限公司推出的集成化 CAPP 软件，金叶 CAPP 系统是以结构化、模型化的产品工艺数据为核心，工艺设计与管理一体化的 CAPP 系统，有基于产品数据管理（Product Data Management，PDM）的工艺信息管理、专业化工艺设计、基于对象与工程数据库动态集成共享、体系开放、方便扩充等特点。其功能包括工艺信息管理与建模、工艺审核、工艺文档管理、制造资源的管理、工艺知识管理和工艺卡的制订等。

④ 武汉天喻软件股份有限公司的 Inte CAPP 系统及上海思普信息技术有限公司的 SIPM－CAPP 系统等，在研究深度和广度上都不断取得了进展。

⑤ 山东山大华天软件有限公司的 WIT－CAPP 系统。采用"以产品数据为基础、交互式设计为手段、工艺知识库为核心、实现企业信息集成为目标，面向产品的工艺设计与管理"的应用模式，规范企业的工艺流程，提高工艺设计效率及规范性，提升工艺管理水平。

综合分析，CAPP 系统的研究无论在横向还是纵向方面都取得了很多成果。从 CAPP 系统所研究的对象来讲，包括从回转体到箱体，从简单的小零件到复杂的飞机结构等；从工艺范围上来讲，涉及普通机加工工艺、复杂数控工艺、装配工艺等；从所采取的系统模式来讲，有最开始的检索式，到后来的派生式，再到创成式，以及现在很主流的智能 CAPP 系统。

（2）CAPP 系统基本原理　CAPP 系统是根据企业特点、产品类别、生产组织、工艺基础以及资源条件等各种因素进行开发和应用的工艺设计系统。不同的 CAPP 系统有不同的工作原理。目前常用的 CAPP 系统按其组成原理可分为派生式、创成式和综合式三大类型。

1）派生式 CAPP 系统。派生式 CAPP 系统是利用零件的相似性来检索已有工艺规程的一种软件系统。该系统是建立在成组技术基础上，按照零件几何形状或工艺的相似性将各个零件归类成族，根据每个零件族的结构和形状特征，归纳出主样件，然后建立各个主样件的工艺规程后进行存储，包括各零件族加工所需的加工方法、加工设备、工夹量具及其加工工序等。图 2-6 所示为派生式 CAPP 系统的工作原理。应用派生式 CAPP 系统对某零件进行工艺设计时，先对该零件进行成组编码并输入系统，然后根据零件编码通过与零件族特征矩阵库的匹配以确定其所属零件族，检索并调用该族零件的标准工艺，再通过对该标准工艺规程进行编辑、修改，最终获得该零件的加工工艺规程。

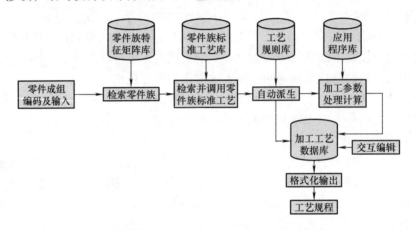

图 2-6　派生式 CAPP 系统的工作原理

2）创成式 CAPP 系统。创成式 CAPP 系统是一种能综合零件加工信息，自动为一个新零件创造工艺规程的软件系统。如图 2-7 所示，创成式 CAPP 系统能够根据零件数字模型和工艺数据库信息，在没有人工干预条件下，自动生成零件加工所需要的工艺流程和各个加工工序，自动提取加工制造知识，完成机床、刀具的选择和加工过程的优化，通过应用决策逻辑，模拟工艺设计人员的决策过程，自动创成新的零件加工工艺规程。

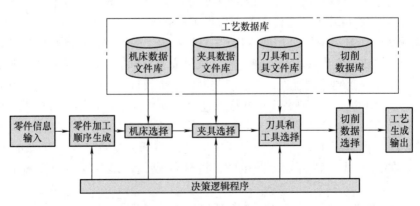

图 2-7　创成式 CAPP 系统的工作原理

3）综合式 CAPP 系统。综合式 CAPP 系统也称半创成式 CAPP 系统，它综合了派生式 CAPP 系统与创成式 CAPP 系统的方法和原理，采取派生与自动决策相结合的方法生成工艺规程，即采用派生法生成零件加工工艺流程，采用创成法自动进行各加工工序的决策。如图 2-8 所示，在对一个新零件进行工艺规程设计时，先通过计算机检索它所属零件族的标准工艺，然后根据零件具体情况和加工条件，对标准工艺进行修改。在工序设计时采用系统自动决策方法生成各加工工序。

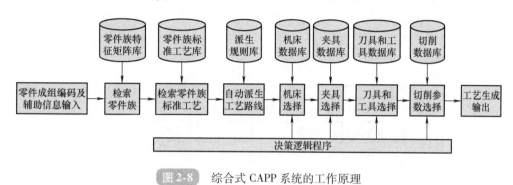

图 2-8　综合式 CAPP 系统的工作原理

（3）CAPP 系统的发展趋势

1）集成化、网络化的 CAPP。集成包括：与产品设计实现双向的信息交换与传递；与生产计划调度系统实现有效集成；与质量控制系统建立内在联系。网络化是现代系统集成应用的必然要求，CAPP 要想更有效的实现功能，网络化是必不可少的技术支撑。

2）工具化、工程化的 CAPP。开发具有独立功能的工具型 CAPP 系统，用户根据自己要求，开发适合本企业的 CAPP 系统，可提高 CAPP 系统柔性，改善研制周期长，适应性开放性差的缺点。根据国际标准、国家标准和先进技术的分析，结合企业工艺需求，引导企业工艺活动从而促进 CAPP 系统工程化发展。

3）智能化、知识化的 CAPP。利用工艺专家的经验和知识积累作为知识化 CAPP 系统，将多种智能技术（专家系统、模糊技术、遗传算法、人工神经网络等）同时应用在智能化的 CAPP 中。

2. 计算机辅助制造技术

计算机辅助制造（Computer Aided Manufacturing，CAM），是指利用计算机进行生产设备管理控制和操作，完成产品的加工制造。CAM 技术有狭义和广义的两个概念。狭义 CAM 技术指的是从产品设计到加工制造之间的一切生产准备活动，它包括 CAPP 技术、NC 编程、工时定额的计算、生产计划的制订和资源需求计划的制订等。这是最初 CAM 技术的狭义概念。到今天，CAM 技术的狭义概念甚至更进一步缩小为数控加工程序的编制与数控加工过程控制。CAPP 系统已被作为一个专门的子系统，而工时定额的计算、生产计划的制订和资源需求计划的制订则由 MRP II/ERP 系统来完成。广义的 CAM 技术指利用计算机辅助从毛坯到产品制造全过程的所有直接与间接的活动，包括工艺准备、生产作业计划、物流过程的运行控制、生产控制、质量控制、物料需求计划、成本控制和库存控制等。

CAM 技术往往是以一个部件或一种产品为对象，具有加工、检验、调度、储运装配和性能测试等功能。CAM 系统提供基于计算机的数控自动编程及加工仿真两方面的功能。它接收 CAD 系统提供的零件模型及 CAPP 系统提供的工艺信息，对其进行处理，输出刀位文件，再经后置处理，生成数控加工代码。

3. CAD/ CAM 集成系统

（1）CAD/CAM 集成系统体系结构 CAD/CAM 集成系统将 CAD、CAE、CAPP、CAM 等各种不同功能的单元进行有机的结合，用统一的控制程序来组织各种信息的提取、交换、共享和处理，保证系统内信息顺畅地流动并协调、高效地运行。

CAD/CAM 集成系统有不同的集成方式．有多种结构形式。图 2-9 所示为一种典型的 CAD/CAM 集成系统体系结构，整个系统分为应用系统层、基本功能层和产品数据管理层三个层次。

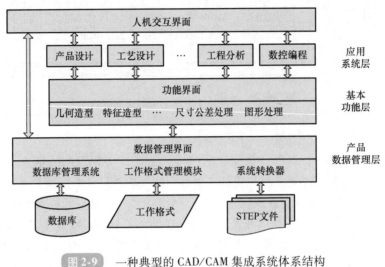

图 2-9 一种典型的 CAD/CAM 集成系统体系结构

位于最底层的产品数据管理层，它以 STEP 产品模型定义为基础，提供了数据库交换方式、工作格式交换方式和 STEP 文件交换方式，分别用数据库管理系统、工作格式管理模块以及系统转换器来实现。系统运行时，通过数据管理界面按选定的数据交换方式进行产品数据的交换。

中间层为系统的基本功能层，包括几何造型、特征造型、尺寸公差处理和图形处理等许多基本功能模块。这些功能模块在应用上具有一定的通用性，即每个功能模块可被不同的应用系统所调用。该层为 CAD/CAM 应用系统提供了一个开发环境，应用系统可以通过功能界面来调用系统的各个具体功能。

系统的顶层为应用系统层，包括产品设计、工艺设计、工程分析和数控编程等各种不同的应用系统，可以完成从产品设计、分析到加工、装配等产品制造整个过程的各项生产作业任务。用户可通过人机交互界面直接使用系统所提供的各种应用功能，并可调用系统的基本功能层和数据管理层中的各个功能模块。

由于在系统的数据管理底层采用了统一的数据管理方法，因此当产品模型发生改变时，数据的管理方式可保持不变。由于系统采用分层的体系结构，各层具有相对的独立性．并拥有自身的标准界面，因此对某层进行功能扩展时，对其他各层的影响较小。

（2）CAD/CAM 系统集成方式 CAD/CAM 系统集成并非是各应用系统的简单叠加，而是需要运用各种集成技术将 CAD/CAM 系统中各功能单元连接成一个信息共享和交换的整体，这涉及网络集成、功能集成和信息集成等诸多方面。通过网络集成可解决异构分布环境下的网络设备互连、传输介质互用、网络软件互操作等问题，通过功能集成可保证各种应用系统互通互换，通过信息集成可实现异构分布环境下的数据共享。

为了实现不同系统的集成，有如下几种常见的 CAD/CAM 系统集成方式：

① 专用数据交换接口方式。专用数据交换接口方式是通过专用数据交换接口实现两个应用系统间的数据交换的。

② 中性文件数据交换接口方式。中性文件数据交换接口方式采用标准格式的中性数据文件实现各集成系统间数据的交换，如 IGES 和 STEP 标准格式文件。

③ 基于工程数据库的集成方式。这是一种较高水平层次的数据共享和集成方法，各集成系统通过用户接口按工程数据库要求直接存取或操作数据库，与数据文件交换形式的集成方法相比，大大提高了系统的集成化程度和运行速度，真正使集成系统做到数据的一致性、准确性、及时性和共享性，如图 2-10 所示。随着高速信息网络和网络多媒体数据库的出现，以及远程设计、并行设计、虚拟制造环境的建立，工程数据库将对异地系统间的信息资源共享和集成提供更多的技术支持。

图 2-10　基于工程数据库的集成方式

④ 基于 PDM 系统的集成方式。PDM 系统是一个管理所有与产品相关的信息和过程的计算机软件系统。以 PDM 系统作为 CAD/CAM 系统集成平台，可以集成或封装 CAD、CAE、CAPP 和 CAM 等多种环境和工具，使 CAD、CAE、CAPP 和 CAM 从 PDM 中提取所需信息，各自处理结果再放回 PDM 中，无须在这些应用系统之间发生直接的信息联系，从而达到 CAD/CAM 集成目的。

这种基于 PDM 系统的集成方式，将设计、分析、工艺、数控加工、数据库管理和网络通信等多种功能软件集成在一个统一的平台上，不仅能够实现分布式环境下产品数据的统一管理，还为人与计算机系统的集成以及并行工程的实施提供了良好的支撑环境，使不同地点、不同部门的人员可以在同一数字化产品模型上协同作业。

图 2-11 所示为基于 PDM 平台的 CAD/CAM 集成系统体系结构。由图可见，在系统底层有异构网络化计算机硬件和分布式数据库支持系统，为集成系统提供分布式计算机环境下的

系统通信手段和数据管理能力；在系统内部封装了各类应用系统和相关数据库；系统顶层包含有 PDM 图形化用户界面和相关接口，为 CAD、CAPP、CAM、CAE、CAQ 和 ERP 等不同用户提供友好的集成操作环境。

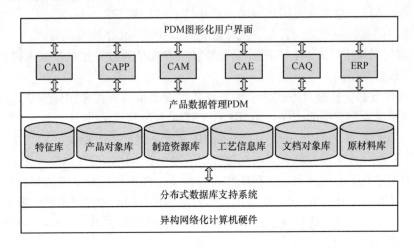

图 2-11 基于 PDM 平台的 CAD/CAM 集成系统体系结构

在上述系统环境的支持下，CAD 作业可从 PDM 中获取设计任务书、技术参数和设计资料等信息，进行产品的设计和分析，生成工程图样、三维模型、产品装配树和产品版本等信息，再交由 PDM 系统来管理。CAPP 作业也可从 PDM 系统中获取产品数据模型、原材料和设备资源等信息，生成如工艺路线、工序、工步、工装夹具设计要求以及对产品设计修改意见等信息，也交付给 PDM 系统进行管理。同样，CAM 系统将其生成的刀位文件、NC 代码交由 PDM 管理，同时从 PDM 系统中获取产品数据模型和加工工艺等信息。

（3）CAD/CAM 系统集成的关键技术　CAD/CAM 系统集成的目的是使产品设计、工程分析、工艺设计和数控编程等各类设计作业过程具有协调一致性，相互间信息处理和交换直接在计算机间进行传递。为此，需要解决如下关键技术问题：

1）产品建模技术。一个完善的产品数据模型是 CAD/CAM 系统进行信息集成的基础，也是 CAD/CAM 系统数据共享的核心。就目前而言，基于特征的产品数据模型是解决产品建模这一关键技术比较有效的途径。传统的基于实体造型的 CAD/CAM 系统仅仅局限于对产品几何信息的描述，缺乏产品生产制造过程所需的生产工艺信息，难以实现 CAD/CAM 系统的集成。将具有工程语义的特征概念引入 CAD/CAM 造型系统，建立基于特征的产品数据模型，这不仅支持从产品设计到加工制造各个产品生产阶段所需的产品信息，包括几何信息和工艺信息，而且还提供了符合人们思维方式的工程描述语言特征，能够较方便地实现 CAD/CAM 之间的数据交换和共享。此外，基于特征的参数化技术以其强有力的草图绘制、尺寸驱动等功能，为产品建模和系列化设计提供了更有效的手段，已成为新一代 CAD/CAM 集成系统的核心内容。

2）产品数据交换接口技术。CAD/CAM 系统集成要求在不同计算机、不同操作系统、不同数据库以及不同应用系统之间进行数据的通信，因此需要解决各应用系统间的接口问题。CAD、CAPP 和 CAM 等各应用系统是根据各自的任务要求独立发展起来的，各系统内的数据表示不可能一致，这必然造成数据交换的困难，影响各系统功能的发挥。解决产品数据交换技术的途径，是制定国际性的数据交换规范和网络协议，开发各类系统数据文换接口，保证数据交换和传输能在各种环境下迅速、流畅地进行，这是 CAD/CAM 系统集成的一个重要基础。

3）产品数据管理技术。CAD/CAM 集成系统所涉及的数据类型多，数据处理工作量大，除了一些结构型数据之外，还有大量图形、图像甚至语音等非结构型数据；除了产品几何数据外，还有大量的工艺数据、加工装配数据和生产管理数据等。因此，CAD/CAM 系统的集成必须解决大量众多类型产品数据的管理问题。工程数据库系统能够处理复杂数据类型和复杂数据结构，具有对工程数据的动态定义和动态建模功能，支持网络分布式设计环境，支持所有应用系统对全局数据的存取。因此，工程数据库管理技术是解决 CAD/CAM 集成问题的核心，已成为开发新一代 CAD/CAM 集成系统的主流技术。

（4）产品数据交换标准　随着 CAD/CAM 技术的发展和广泛应用，建立一个统一的、支持不同系统的产品数据描述和交换标准，是 CAD/CAM 技术进一步发展的需要，也是 CAD/CAM 系统集成的重要基础。为此，一些工业化国家以及国际标准化组织先后推出了一系列产品数据交换标准，如初始化图形交换标准（IGES）、产品定义数据接口（Product Data Definition Interface，PDDI）、产品数据交换规范（Product Data Exchange Specification，PDES）、法国宇航局制定的数据交换规范（Standard d'Exchange et de Transfer，SET）、产品模型数据交换标准（STEP）等。其中 IGES 和 STEP 的应用较为广泛。

1）IGES。IGES 是由美国国家标准局制定的图形交换标准，也是国际上产生最早、应用最成熟的数据交换标准。自 1980 年 IGES1.0 版本推出以来，经多次版本的更新，直至最近的 IGES5.3 版本，其内容日益丰富，几乎所有 CAX 系统均配有 IGES 接口，成为目前应用最广泛的数据交换标准。

IGES 接口是一种中性数据文件，通过中性数据文件可在不同 CAD/CAM 系统之间进行数据的交换。其原理如图 2-12 所示，当系统 A 与系统 B 进行数据交换时，首先出系统 A 将自身内部模型经前处理器处理，转换成 IGES 中性文件输出，系统 B 经后处理器读入该中性文件，并将之转换为系统 B 的内部模型，从而完成两者的数据交换过程。反之亦然。

图 2-12　IGES 数据交换标准原理

2）STEP。STEP 是由国际标准化组织在美国 PDES 基础上制定发布的产品模型数据交换标准。它规定了产品设计、分析、制造以至产品全生命周期内所需的有关产品形状、解析模型、材料、加工方法和装配顺序等产品信息的描述和定义，提供了一种不依赖任何具体系统的中性机制的数据交换规范。STEP1.0 版本发布于 1991 年，目前许多 CAD/CAM 系统均提供了 STEP 格式的数据交换接口，直接采用 STEP 定义产品数据模型是当今 CAD/CAM 系统开发的发展方向。

（5）CAD/CAM 系统支撑软件简介

1）国外软件主要有以下几种：

① UG 软件。UG 软件是 Siemens PLM Software 公司出品的一种产品工程解决方案，它为用户的产品设计及加工过程提供了数字化造型和验证手段。UG NX 软件针对用户的虚拟产品设计和工艺设计的需求，提供经过实践验证的解决方案。

UG 软件最早应用于美国麦克唐纳-道格拉斯公司（McDonnell‐Douglas Corporation）。它是从二维绘图、数控加工编程和曲面造型等功能发展起来的软件。20 世纪 90 年代初，美国通用汽车公司选中 UG 软件作为全公司的 CAD/CAE/CAM/CIM 主导系统，这进一步推动了UG 软件的发展。1997 年 10 月 Unigraphics Solutions 公司与 Intergraph 公司签约，合并了后者的机械 CAD 产品，将微型计算机版的 SolidEdge 软件统一到 Parasolid 平台上，由此形成了一个从低端到高端，兼有 UNIX 工作站版和 Windows NT 微型计算机版的较完善的企业级 CAD/CAE/CAM/PDM 集成系统。

② Pro/Engineer（Creo）。Pro/Engineer 软件是美国 PTC 公司的产品。PTC 公司提出的单一数据库、参数化、基于特征和全相关的概念改变了机械 CAD/CAE/CAM 的传统观念，这种全新的概念已成为当今世界机械 CAD/CAE/CAM 领域的新标准。利用该概念开发出来的第三代机械 CAD/CAE/CAM 产品 Pro/Engineer 软件能将设计至生产全过程集成到一起，让所有的用户能够同时进行同一产品的设计制造工作，即实现了所谓的并行工程。Pro/Engineer 软件包含 70 多个专用功能模块，如特征造型、产品数据管理、有限元分析和装配等，被称为新一代的 CAD/CAM 系统。

2010 年 10 月 29 日，PTC 公司宣布推出 Creo 设计软件，也就是说 Pro/Engineer 软件正式更名为 Creo 软件。

③ AutoCAD 软件及 MDT 软件。AutoCAD 软件是 Autodesk 公司的主导产品。Autodesk 公司是世界领先的设计软件公司和数字内容创建公司。目前在 CAD/CAE/CAM 工业领域内，该公司是拥有全球用户量最多的软件供应商，也是全球规模最大的基于计算机平台的 CAD 和动画及可视化软件企业。Autodesk 公司的软件产品已被广泛地应用于机械设计、建筑设计、影视制作、视频游戏开发及 Web 网的数据开发等重大领域。

AutoCAD 软件是国际上广为流行的二维绘图软件，它在二维绘图领域拥有广泛的用户群。AutoCAD 软件具有强大的二维功能，如绘图、编辑、剖面线、图案绘制、尺寸标注及二次开发等功能，同时有部分三维功能。AutoCAD 软件提供 AutoLISP 软件、ADS 软件、ARX软件作为二次开发的工具，是目前世界上应用最广的 CAD 软件。

MDT 软件是 Autodesk 公司在机械行业推出的基于参数化特征实体造型和曲面造型的微型计算机 CAD/CAM 软件。它将三维造型和二维绘图集成到一个环境下，以三维设计为基础，集设计、分析、制造及文档管理等多种功能于一体，为用户提供从设计到制造一体化的解决方案，是介于大型 CAD/CAM 系统与二维绘图系统之间的一种产品。

MDT 软件的主要功能特点如下：

a. 基于特征的参数化实体造型。用户可以十分方便地完成复杂三维实体造型，可以对模型进行灵活的编辑和修改。

b. 基于 NURBS 的曲面造型。可以构造各种各样的复杂曲面，以满足如模具设计等方面对复杂曲面的要求。

c. 可以比较方便地完成几百甚至上千个零件的大型装配。

d. MDT 软件提供相关联的绘图和草图功能，提供完整的模型和绘图的双向连接。

MDT 软件的推出受到广大用户的普遍欢迎。至今为止，全世界累计销售已达 7 万套，国内已销售近千套。由于该软件与 AutoCAD 同时出自 Autodesk 公司，因此两者完全融为一体，用户可以方便地实现三维向二维的转换。MDT 软件为 AutoCAD 用户向三维升级提供了一个较好的选择。

④ I－DEAS 软件。I－DEAS 软件是美国机械软件行业先驱 SDRC 公司的产品，它集产品设计、工程分析、数控加工、塑料模具仿真分析、样机测试及产品数据管理于一体，是高度集成化的 CAD/CAE/CAM 一体化工具，在国内也有不少用户。该公司近年推出的 Master 系列产品在变量几何参数化功能方面及技术上有新的突破。

⑤ SolidWorks 软件。SolidWorks 软件是达索系统（Dassault Systemes）公司推出的基于 Windows 的机械设计软件。生信国际有限公司是一家专业化的信息高速技术服务公司，在信息和技术方面一直保持与国际 CAD/CAE/CAM/PDM 市场同步。该公司的基于 Windows 的 CAD/CAE/CAM/PDM 桌面集成系统是以 Windows 为平台，以 SolidWorks 软件为核心的各种应用的集成，包括结构分析、运动分析、工程数据管理和数控加工等，为中国企业提供了梦寐以求的解决方案。

SolidWorks 软件是微型计算机版参数化特征造型软件的新秀，旨在以工作站版的相应软件价格的 1/4 ~ 1/5 向广大机械设计人员提供用户界面更友好、运行环境更大众化的实体造型实用功能。

SolidWorks 软件是基于 Windows 平台的全参数化特征造型软件，它可以十分方便地实现复杂的三维零件实体造型、复杂装配并生成工程图。图形界面友好，用户上手快。该软件可以应用于以规则几何形体为主的机械产品设计及生产准备工作中，价位适中。

⑥ SolidEdge 软件。SolidEdge 软件是真正的 Windows 软件。它不是将工作站软件生硬地搬到 Windows 平台上，而是充分利用 Windows 基于组件对象模型（Component Object Model，COM）的先进技术重写代码。SolidEdge 软件与 Microsoft Office 软件兼容，与 Windows 系统的对象连接与嵌入（Object Linking and Embedding，OLE）技术兼容，这使得设计师们在使用 CAD 系统时，能够进行 Windows 文字处理、电子报表和数据库操作等。

SolidEdge 软件具有友好的用户界面，它采用一种称为 Smart Ribbon 的界面技术，用户只要按下一个命令按钮，即可以在 Smart Ribbon 上看到该命令的具体内容和详细步骤，同时状态条提示用户下一步该做什么。

SolidEdge 软件是基于参数和特征实体造型的新一代机械设计 CAD 系统，它是为设计人员专门开发的、易于理解和操作的实体造型系统。

⑦ Cimatron 软件。Cimatron CAD/CAM 系统是以色列 Cimatron 公司的 CAD/CAM/PDM 产品，是较早在微型计算机平台上实现三维 CAD/CAM 全功能的系统。该系统提供了比较灵活的用户界面，优良的三维造型和工程绘图功能，全面的数控加工技术，各种通用、专用数据接口，以及集成化的产品数据管理系统。

Cimatron CAD/CAM 系统自从 20 世纪 80 年代进入市场以来，在国际上的模具制造业备受欢迎。近年来，Cimatron 公司为了在设计制造领域发展，着力增加了许多适合设计的功能模块，每年都会推出新版本，市场销售份额增长很快。1994 年北京宇航计算机软件有限公司开始在国内推广 Cimatron 软件，从 8.0 版本起进行了汉化，以满足国内企业不同层次技术人员应用需求，用户覆盖机械、铁路、科研、教育等领域，目前已销售 200 多套，市场前景看好。

2）国内软件主要有以下几种：

① 中望CAD。中望CAD 是广州中望龙腾软件股份有限公司自主研发的第三代二维 CAD 平台软件，凭借良好的运行速度和稳定性，完美兼容主流 CAD 文件格式，界面友好易用，操作方便，帮助用户高效顺畅完成设计绘图。中望 CAD 因为简单易用，操作习惯跟 Auto-CAD 保持一致；而且软件价格合理，采用一次采购永久授权的买断方式，所以制造行业正版用户最喜欢采购中望 CAD 软件。

② 浩辰CAD。浩辰CAD 是苏州浩辰软件股份有限公司开发的一款拥有自主核心技术的 2D CAD 平台软件产品。经过公司几十年的持续迭代更新，软件部分关键指标已达国际领先水平。浩辰 CAD 软件自带天正接口插件，可以直接兼容天正建筑 CAD 软件各版本图纸对象，图纸显示精准；软件使用习惯与天正建筑 CAD 软件保持一致，建筑工程师可轻松上手，所以浩辰 CAD 更受工程设计行业用户喜爱。

③ CAXA。CAXA 是北京数码大方科技股份有限公司自主开发拥有完全自主知识产权的系列化的 CAD、CAPP、CAM、DNC、PDM、MPM 等软件产品和解决方案，覆盖了设计、工艺、制造和管理四大领域，公司客户覆盖航空航天、机械装备、汽车、电子电器、建筑、教育等行业。

④ 开目CAD。开目CAD 是华中理工大学机械学院开发的具有自主版权的基于微机平台的 CAD 和图样管理软件，是中国最早的商品化 CAD 软件之一，也是全球唯一一款完全基于画法几何设计理念的工程设计绘图软件；凭借绘图快、学习快、见效快等显著特点，迅速在机械、机床、纺机、汽车、航天、装备、机车等行业得到了广泛的普及和应用。它面向工程实际，模拟人的设计绘图思路，操作简便，机械绘图效率比 AutoCAD 高得多。开目 CAD 支持多种几何约束种类及多视图同时驱动，具有局部参数化功能，能够处理设计中的过约束和欠约束的情况。开目 CAD 实现了 CAD、CAPP、CAM 的集成，适合我国设计人员习惯，经过工程实际的长期检验，被公认为我国应用效果最好的 CAD 软件之一，受到企业广泛欢迎。开目 CAD 软件，易学易用，基于"长对正、宽相等、高平齐"的画法几何设计理念，最大限度地切合工程设计师绘图习惯，容易快速掌握。软件的宜人化设计，使得使用成本达到最低。

2.3 有限元分析

2-01
有限元分析（曲面加工分析）

有限元分析是一种用数值方法求解工程中所遇到的各种问题（力学问题、场问题等）的最有效的方法，是求解具有已知边界条件和初始条件（或两个条件之一）的偏微分方程组的一种通用的数值解法，属于连续介质微分法。

有限元法是利用计算机进行的一种数值近似计算分析方法，它是通过对连续问题进行有限数目的单元离散来近似的，是分析复杂结构和复杂问题的一种强有力的分析工具。目前，有限元分析在技术领域中的应用十分广泛，几乎所有的弹塑性结构静力学和动力学问题都可用它求得满意的数值近似结果。

2.3.1　有限元法概述

1. 有限元法的发展概况

有限元法基本思想的提出，可以追溯到 Courant 在 1943 年的工作，他第一次尝试应用定义在三角形区域的分片连续函数和最小势能原理求解圣维南（St. Venant）扭转问题。但由于当时没有计算机这一工具，这种方法没能用来分析工程实际问题，因而未得到重视和发展。

现代有限元法第一个成功的尝试，是将刚架位移法推广应用于弹性力学平面问题，这是 Turner、Clough 等人在分析飞机结构时于 1956 年得到的成果。他们第一次给出了用三角形单元求平面应力问题的正确解答，他们的研究打开了用计算机求解复杂问题的新局面。1960 年，Clough 将这种方法命名为有限元法。

1963 年至 1964 年间，Besseling、Melosh 和 Jones 等人证明了有限元法是基于变分原理的里兹（Ritz）法的另一种形式，从而使里兹法分析的所有理论基础都适用于有限元法，确认了有限元法是处理连续介质问题的一种普遍方法。利用变分原理建立有限元方程和经典里兹法的主要区别是：有限元法假设的近似函数不是在全求解域上规定的，而是在单元上规定的，而且事先不要求满足任何边界条件，因此它可以用来处理很复杂的连续介质问题。

有限元法在工程中应用的巨大成功，引起了数学界的关注。20 世纪 60 ~ 70 年代，数学工作者对有限元的误差、解的收敛性和稳定性等方面进行了卓有成效的研究，从而巩固了有限元法的数学基础。我国数学家冯康在 20 世纪 60 年代研究变分问题的差分格式时，也独立地提出了分片插值的思想，为有限元法的创立做出了贡献。

40 多年来，有限元法的应用范围已由弹性力学平面问题扩展到空间问题、板壳问题，由静力平衡问题扩展到稳定问题、动力问题和波动问题。分析的对象从弹性材料扩展到塑性材料、黏弹性材料、黏塑性材料和复合材料等，从固体力学扩展到流体力学、传热学等连续介质力学领域。有限元法在工程分析中的作用已从分析和校核扩展到优化设计，并和计算机辅助设计技术相结合。可以预计，随着现代力学、计算数学和计算机技术等学科的发展，有限元法作为一个具有巩固理论基础和广泛应用效力的数值分析工具，必将在国民经济建设和科学技术发展中发挥更大的作用，其自身亦将得到进一步的发展和完善。

2. 有限元法的概念

对于大多数的工程技术问题，由于物体的结构形状复杂或者某些特征是非线性的，很少有解析解。这类问题的求解方法通常有两种：一是引入简化假设，将方程和边界条件简化为能够处理的问题，从而得到它在简化状态下的解，但过多的简化可能导致不正确的甚至错误的解；二是人们在广泛吸收现代数学和力学理论的基础上，借助于现代科学技术的产物——计算机及现代数值分析技术来获得满足工程技术要求的数值解，数值模拟技术是现代工程学形成和发展的重要推动力之一。

目前在工程技术领域内常用的数值模拟方法有有限元法、边界元法、离散单元法和有限差分法。有限元法是目前 CAE 工程分析系统中使用最多、分析计算能力最强、应用领域最广的一种方法。有限元法是求解数理方程的一种数值计算方法，是解决工程实际问题的一种有力的数据计算工具。

有限元法（Finite Element Method，FEM），也称为有限单元法或有限元素法，它是将物体（即连续求解域）离散成有限个且按一定方式相互连接在一起的单元组合，来模拟或逼近原来的物体，从而将一个连续的无限自由度问题简化为离散的有限自由度问题求解的数值分析法。

物体被离散后，通过对其中各个单元进行单元分析，最终得到对整个物体的分析。网格划分中每个小的块体称为单元。确定单元形状、单元之间相互连接的点称为节点。单元上节点处的结构内力称为节点力，外力（有集中力、分布力等）为节点载荷。

有限元法是20世纪中叶电子计算机诞生之后，在计算数学、计算力学和计算工程科学领域里最有效的计算方法。经过50年的发展，有限元方法不仅种类相当丰富，而且其理论基础也相当完善。近年来，由于电子计算机应用的日益发展，数值分析在弹性力学中的作用显得更为突出，使得一些复杂的问题能够得到数值解。起初这种方法被用来研究复杂的飞机结构中的应力问题，它是将弹性理论、计算数学和计算机软件有机地结合在一起的一种数值分析技术；后来这一方法的灵活、快速和有效性使其迅速发展成为求解各领域的数理方程的一种通用近似计算方法。目前，有限元法在许多学科领域和实际工程问题中都得到了广泛的应用，因此在工科院校和工业界受到普遍的重视。

2.3.2 有限元法的分析过程

有限元法把求解区域看作由许多小的在节点处相互连接的子域（单元）所构成，其模型给出基本方程的分片（子）近似解。由于单元可以被分割成各种形状和大小不同的尺寸，所以它能很好地适应复杂的几何形状、复杂的材料特性和复杂的边界条件。再加上有成熟的大型软件系统支持，使有限元法逐渐成为一种非常受欢迎的、应用范围极广的数值计算方法。有限元法分析计算的思路和做法可归纳如下：

1. 物体离散化

将某个工程结构离散为由各种单元组成的计算模型，这一步称作单元剖分。离散后单元与单元之间通过单元的节点相互连接起来；单元节点的设置、性质和数目等应根据问题的性质、描述变形形态的需要和计算进度而定。一般情况下，单元划分越细，则描述变形情况越精确，即越接近实际变形，但计算量越大。因此，有限元中分析的结构已不是原有的物体或结构，而是由众多单元以一定方式连接成的离散物体。这样，用有限元分析计算所获得的结果只是近似的。如果划分单元数目非常多而又合理，则所获得的结果就与实际情况相符合。

2. 单元特性分析

（1）选择位移模式 在有限元法中，选择节点位移作为基本未知量时称为位移法，选择节点力作为基本未知量时称为力法，取一部分节点力和一部分节点位移作为基本未知量时称为混合法。位移法易于实现计算自动化，所以在有限元法中应用范围最广。

（2）分析单元的力学性质 根据单元的材料性质、形状、尺寸、节点数目、位置及其含义等，找出单元节点力和节点位移的关系式，这是单元分析中的关键一步。此时需要应用弹性力学中的几何方程和物理方程来建立力和位移的方程式，从而导出单元刚度矩阵，这是有限元法的基本步骤之一。

（3）计算等效节点力　物体离散化后，假定力是通过节点从一个单元传递到另一个单元的。但是，对于实际的连续体，力是从单元的公共边传递到另一个单元中去的。因此，这种作用在单元边界上的表面力、体积力和集中力都需要等效地移到节点上去，也就是用等效的节点力来代替所有作用在单元上的力。

2.3.3　有限元法的分类

1. 线弹性有限元法

线弹性有限元法以理想弹性体为研究对象，所考虑的变形建立在小变形假设的基础上。在这类问题中，材料的应力与应变成线性关系，满足广义胡克定律；应变与位移也是成线性关系。线弹性有限元问题归结为求解线性方程组问题，所以只需要较少的计算时间。如果采用高效的代数方程组求解方法，也有助于降低有限元分析的时间。

线弹性有限元分析一般包括线弹性静力分析与线弹性动力分析两个主要内容。学习这些内容需具备材料力学、弹性力学、结构力学、数值方法、矩阵代数、算法语言、振动力学和弹性动力学等方面的知识。

2. 非线性有限元法

非线性有限元问题与线弹性有限元问题有很大不同，主要表现在如下三方面：

① 非线性问题的方程是非线性的，因此一般需要迭代求解。

② 非线性问题不能采用叠加原理。

③ 非线性问题不总有一致解，有时甚至没有解。

以上三方面的因素使非线性问题的求解过程比线弹性问题更加复杂、费用更高和更具有不可预知性。

2.3.4　用 ANSYS 软件进行有限元分析

ANSYS 软件是融结构分析、流体分析、电场分析、磁场分析和声场分析于一体的大型通用有限元分析软件。它能与多数 CAD 软件接口，实现数据的共享和交换，如 Creo（Pro/Engineer）软件、NASTRAN 软件、Alogor 软件、I－DEAS 软件和 AutoCAD 软件等，是现代产品设计中的高级 CAE 工具之一，如图 2-13 和图 2-14 所示。

ANSYS 有限元软件包是一个多用途的有限元法计算机设计程序，可以用来求解结构、流体、电力、电磁场及碰撞等问题。因此它可应用于航空航天、汽车工业、生物医学、桥梁、建筑、电子产品、重型机械、微机电系统和运动器械等工业领域。

1. 软件部分

软件主要包括三个部分：前处理模块、分析计算模块和后处理模块。

前处理模块提供了一个强大的实体建模及网格划分工具，用户可以方便地构造有限元模型；分析计算模块包括结构分析（可进行线性分析、非线性分析和高度非线性分析）、流体动力学分析、电磁场分析、声场分析、压电分析以及多物理场的耦合分析，可模拟多种物理介质的相互作用，具有灵敏度分析及优化分析功能；后处理模块可将计算结果以彩色等值线显示、梯度显示、矢量显示、粒子流迹显示、立体切片显示、透明及半透明显示（可看到结构内部）等图形方式显示出来，也可将计算结果以图表和曲线形式显示或输出。

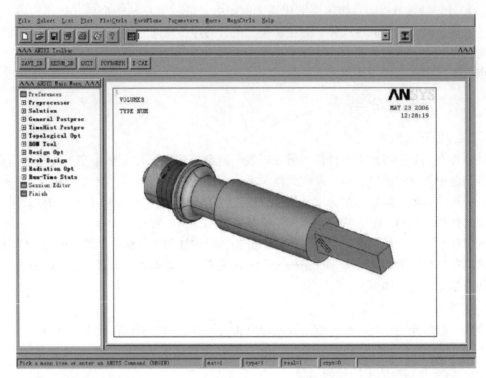

a)

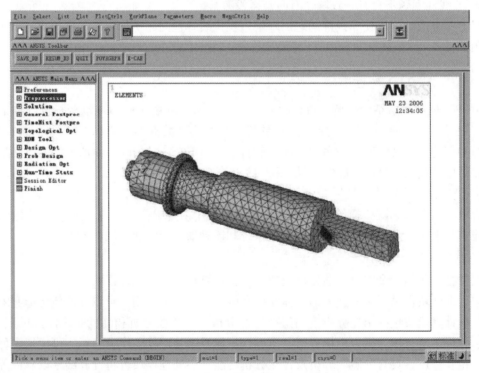

b)

图 2-13 用 ANSYS 软件进行有限元分析

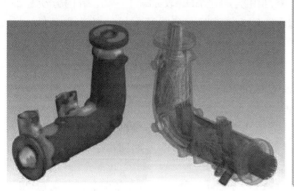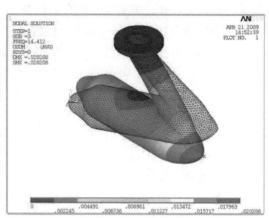

图2-14 ANSYS 软件应用于分析

ANSYS 软件提供了100 种以上的单元类型，用来模拟工程中的各种结构和材料。该软件有多种不同版本，可以运行在从个人计算机到大型计算机的多种计算机设备上，如个人计算机、SGI、HP、SUN、DEC、IBM 工作站及 CRAY 超级计算机等。

（1）前处理

1）实体建模。ANSYS 程序提供两种实体建模方法：自顶向下与自底向上。自顶向下进行实体建模时，用户定义一个模型的最高级图元，如球、棱柱，称为基元，程序则自动定义相关的面、线及关键点。用户利用这些高级图元直接构造几何模型，如二维的圆和矩形以及三维的块、球、锥和柱。无论使用自顶向下还是自底向上的方法建模，用户均能使用布尔运算来组合数据集，从而"雕塑出"一个实体模型。ANSYS 程序提供完整的布尔运算，如相加、相减、相交、分割、粘结和重叠。在创建复杂实体模型时，对线、面、体、基元的布尔操作可减少相当可观的建模工作量。ANSYS 程序还提供拖拉、延伸、旋转、移动、延伸和复制实体模型图元的功能。附加的功能还包括圆弧构造、切线构造、通过拖拉与旋转生成面和体、线与面的自动相交运算、自动倒角生成以及用于网格划分的硬点的建立、移动、复制和删除。自底向上进行实体建模时，用户从最低级的图元向上构造模型，即用户首先定义关键点，然后依次是相关的线、面、体。

2）网格划分。ANSYS 程序提供便捷、高质量的对 CAD 模型进行网格划分的功能。共有四种网格划分方法：延伸网格划分、映像网格划分、自由网格划分和自适应网格划分。延伸网格划分可将一个二维网格延伸成一个三维网格。映像网格划分允许用户将几何模型分解成简单的几部分，然后选择合适的单元属性和网格控制，生成映像网格。ANSYS 程序的自由网格划分功能是十分强大的，可对复杂模型直接划分，避免用户对各个部分分别划分然后进行组装时各部分网格不匹配带来的麻烦。自适应网格划分是在生成具有边界条件的实体模型以后，用户指示程序自动地生成有限元网格，分析、估计网格的离散误差，然后重新定义网格大小，再次分析计算、估计网格的离散误差，直至误差低于用户定义的值或达到用户定义的求解次数。

3）施加载荷。在 ANSYS 软件中，载荷包括边界条件和外部或内部作用力函数，在不同的分析领域中有不同的表征，但基本上可以分为六大类：自由度约束、力（集中载荷）、面载荷、体载荷、惯性载荷以及耦合场载荷。

自由度约束（DOF Constraints）：将给定的自由度用已知量表示。例如在结构分析中约束是指位移和对称边界条件，而在热力学分析中则指的是温度和热通量平行的边界条件。

力（集中载荷）（Force）：施加于模型节点上的集中载荷或者施加于实体模型边界上的载荷，如结构分析中的力和力矩，热力分析中的热流速度，磁场分析中的电流段。

面载荷（Surface Load）：施加于某个面上的分布载荷，如结构分析中的压力，热力学分析中的对流和热通量。

体载荷（Body Load）：体积或场载荷，如需要考虑的重力，热力分析中的热生成速度。

惯性载荷（Inertia Loads）：由物体的惯性而引起的载荷，如重力加速度、角速度、角加速度引起的惯性力。

耦合场载荷（Coupled - field Loads）：一种特殊的载荷，是考虑到一种分析的结果，并将该结果作为另外一个分析的载荷。例如将磁场分析中计算得到的磁力作为结构分析中的力载荷。

（2）后处理　ANSYS程序提供两种后处理器：通用后处理器和时间历程后处理器。

1）通用后处理器又称为POST1，用于分析处理整个模型在某个载荷步的某个子步、某个结果序列或者某特定时间或频率下的结果，如结构静力求解中载荷步2的最后一个子步的压力或者瞬态动力学求解中时间等于6s时的位移、速度与加速度等。

2）时间历程后处理器又称为POST26，用于分析处理指定时间范围内模型指定节点上的某结果项随时间或频率的变化情况，如在瞬态动力学分析中结构某节点上的位移、速度和加速度在0～10s之间的变化规律。

后处理器可以处理的数据类型有两种：一种数据是基本数据，是指每个节点求解所得自由度解，结构求解中为位移张量，其他类型的求解还有热求解中的温度、磁场求解中的磁势等，这些结果项称为节点解。另一种数据是派生数据，是指根据基本数据导出的结果数据，通常是计算每个单元的所有节点、所有积分点或质心上的派生数据，所以也称为单元解。不同分析类型有不同的单元解，对于结构求解有应力和应变等，其他如热求解中的热梯度和热流量、磁场求解中的磁通量等。

2. 分析类型

（1）结构静力学分析　结构静力学分析用来求解外载荷引起的位移、应力和力。静力学分析很适合求解惯性和阻尼对结构的影响并不显著的问题。ANSYS程序中的静力学分析不仅可以进行线性分析，而且也可以进行非线性分析，如塑性分析、蠕变分析、膨胀分析、大变形分析、大应变分析及接触分析。

（2）结构动力学分析　结构动力学分析用来求解随时间变化的载荷对结构或部件的影响。与静力学分析不同，结构动力学分析要考虑随时间变化的力载荷以及它对阻尼和惯性的影响。ANSYS程序可进行的结构动力学分析类型包括瞬态动力学分析、模态分析、谐波响应分析及随机振动响应分析。

（3）结构非线性分析　结构非线性导致结构或部件的响应随外载荷不成比例变化。ANSYS程序可用于求解静态和瞬态非线性问题，包括材料非线性分析、几何非线性分析和单元非线性分析。

（4）动力学分析　ANSYS程序可用于分析大型三维柔体运动。当运动的积累影响起主要作用时，可使用这些功能分析复杂结构在空间中的运动特性，并确定结构中由此产生的应力、应变和变形。

（5）热分析　ANSYS 程序可处理热传递的三种基本类型：传导、对流和辐射，对这三种类型的热传递均可进行稳态和瞬态分析、线性和非线性分析。热分析还具有可以模拟材料固化和熔解过程的相变分析功能以及模拟热与结构应力之间的热-结构耦合分析功能。

（6）电磁场分析　ANSYS 软件可用于电磁场问题的分析，如对电感、电容、磁通量密度、涡流、电场分布、磁力线分布、力、运动效应、电路和能量损失等的分析。还可用于螺线管、调节器、发电机、变换器、磁体、加速器、电解槽及无损检测装置等的设计和分析领域。

（7）流体动力学分析　利用 ANSYS 流体单元能进行流体动力学分析，分析类型可以为瞬态或稳态，分析结果可以是每个节点的压力和通过每个单元的流率。并且可以利用后处理功能生成压力、流率和温度分布的图形显示。另外，还可以使用三维表面效应单元和热-流管单元模拟结构的流体绕流并包括对流换热效应。

（8）声场分析　ANSYS 程序的声学功能可用来研究在含有流体的介质中声波的传播，或分析浸在流体中的固体结构的动态特性。这些功能可用来确定音响传声器的频率响应，研究音乐大厅的声场强度分布，或预测水对振动船体的阻尼效应。

（9）压电分析　ANSYS 软件可用于分析二维或三维结构对 AC（交流）、DC（直流）或任意随时间变化的电流或机械载荷的响应。这种分析类型可用于换热器、振荡器、谐振器、麦克风等部件及其他电子设备的结构动态性能分析。可进行四种类型的分析：静态分析、模态分析、谐波响应分析和瞬态响应分析。

2.3.5　有限元分析的发展趋势

目前，有限元结构分析趋向于分析系统，而不仅仅局限于零部件的分析。更高性能的计算机和更强大的有限元软件的出现，使工程师们能够建立更大、更精确、更复杂的模型，从而为用户提供及时、费用低廉、准确、信息化的解决方案。随着计算机技术的发展，特别是有限元高精度理论的完善和应用，有限元分析由静态向动态、线性向非线性、简单模型向复杂系统，逐步地扩大应用范围。

1. 求解能力更强大

增加有限元模型的几何细节会加强模拟模型与实际结构之间的联系。在实际中，模拟所需要的计算机资源较大，决定有限元模拟规模大小的因素是几何离散化程度（节点数和单元数等）和所用材料模型的计算复杂性。20 世纪 90 年代，国外有人对发动机曲轴进行了大约 80 万自由度线性分析，2001 年则采用了 500 万自由度的模型对活塞组件做非线性模拟。随着计算机技术和有限元技术的发展，在不久的将来，模型自由度可以达到 1 亿甚至更大。

2. 分析的分界线越来越模糊

在应力和运动的模拟分析之间，传统的分界线将越来越模糊。可做运动模拟分析的软件也可用于分析结构，如 ANSYS 软件就是集结构、动力学、温度场、流体力学和磁场于一体的分析软件。同时，相同模型用于多种分析将引起人们的重视。在汽车工业中，相同模型可用于结构静力学和动力学分析，耦合场分析是这种趋势的最明显体现。

3. 系统分析

系统分析的出现，使得整个系统、子系统和零部件之间的关系需要综合考虑，它们之间的影响具有层次性，各零部件之间的影响将表现在整个系统分析中。分析某一零件时，为考虑其他零件刚度的影响和力的传递，在计算模型中应该包括相关的其他零件。另外，为了达到对系统整体性能了解的目的，还应该进行系统内部装配件分析。

2.4　并行设计

2.4.1　并行设计的发展历程

美国是世界上最早提出并行设计概念的国家，也是应用最成功的国家。美国对并行设计的应用可以追溯到第二次世界大战前，美国福特汽车公司最先在产品设计中采用了类似现代并行设计的小型、集成化的多功能设计团队。公司创始人福特亲自领导一支短小精悍的设计队伍，设计了著名的 T 形汽车。它可以说是当时一些先进技术和制造技术的完美结合。第二次世界大战期间，福特汽车公司又把这样的设计哲学应用到军工生产领域，完成了许多人认为是不可能的设计任务。福特的孙子亨利·福特二世领导一支包括公司里顶尖制造人员的短小精干的设计队伍，设计了世界上第一台低成本、集成化缸体的 V8 发动机。通过这些实践，确定了并行工程的概念在福特汽车公司里的地位。并行设计概念也在其他许多公司得到了成功的实施。例如克莱斯勒汽车公司采用面向制造的小型设计团队，成功地设计了包括 M1A2 主战坦克在内的许多优秀军工产品。原北美航空公司（North American Aviation Corporation）应用并行设计的概念，仅用 102 天就完成著名的 P-51 野马战斗机的设计和制造。其成功的诀窍就是小的设计队伍和具有丰富经验的领导力量。德国人基于同样的照念，设计了易于制造的 Me-109 型战斗机，全部制造时间只有 4000h，而与之相当的英国喷火式战斗机的制造时间是 13000h。

虽然并行设计的概念很早就萌芽了，而且其实践也在第二次世界大战时期获得了极大的成功，但由于种种原因，它们在战后却被搁置起来，20 世纪 90 年代以来才得到系统研究。并行设计发展大致可以分成以下几个阶段。

（1）第一阶段　这是并行设计概念的复兴阶段，其代表性的工作当推 Boothroyd 在 20 世纪 80 年代初提出的关于"面向装配的设计"的概念和方法。虽然该方法仍然属于由"应该和不应该"经验规则组成的"手册式"的理论，但它首次提出了定量评定可装配性的方法。应用面向装配设计成功的典型产品当属 IBM 公司的 Pro/Printer 针式打印机，该产品的最大特点是成功地消除了全部螺钉装配，代之以适合机器人垂直方向装配动作的卡式结构。与日本的同类产品相比，该产品的零件数量减少 65%，装配时间减少了 90%。受到面向装配设计概念成功的启发，出现了一系列的"面向……的设计"的概念，进一步扩大并行设计的内涵。因此，这一阶段也许可以称为并行设计的"DFX 阶段"，因为它可以说是这一阶段并行设计的主流技术。

（2）第二阶段　可以说是并行设计的"CAX 阶段"，其特点是并行设计技术开始和计算机科学，特别是智能技术结合起来，出现了一大批实施并行设计的专家系统。

（3）第三阶段　有两个特点。一方面，并行设计概念被进一步推广应用到企业全部业务范围，形成并行工程的概念；另一方面，并行设计的发展得到现代设计理论与方法学的指导，超越传统的手册模式，其科学性大大加强，形成了比较系统和完整的并行设计学科领域。

（4）当前阶段 其发展目标是围绕并行设计的自动化，建立集成化、智能化的支撑环境，使并行设计最终成为一种包括人机集成和系统功能集成在内的整体优化的集成工作方式。

需要注意的是，这里并没有对这些阶段的时间进行划分。实际上，这些阶段在时间上是互相重叠的，其发展过程也是互相平行和互相交错的，因此这里的划分主要是从各种技术发展的阶段性着眼。像任何理论的发展都是实践发展的产物一样，并行设计的重新崛起和发展是现代制造技术，特别是集成制造技术实践发展的产物。并行设计概念复兴和发展的背景可以概括如下：

1）现代制造工业面对的是多品种、小批量和日益集成的生产环境。它要求从产品设计一开始，就考虑到产品生产周期的各个过程（设计、制造、装配到产品销售和使用），但目前大多数企业从设计到制造等的工作过程是串行或顺序进行的。设计和生产呈现相对分离的状态，在缩短产品开发周期、降低成本等方面难以实现预期的目标。

2）现代工业产品日趋复杂。由于复杂产品开发活动中信息的多样化和复杂性，任何一个设计人员都不可能参与产品生命周期中所经历的完整过程。因此，需要众多专家协作，体现群体智慧在完成复杂工程设计中的作用。

3）在制造业的发展历程中，集中式的工业自动化系统只能适应信息量较少的简单系统，而分布式的工业自动化系统中各个子系统相互独立，软、硬件的异构性造成信息交流与资源共享的困难，限制了效益与效率的进一步提高。

4）工业发达国家在对 21 世纪制造业的发展战略和工程实施研究中，最引人注目的是计算机集成制造系统、智能制造系统、精益生产、敏捷制造等先进生产模式。并行设计的思想是实现这些生产模式的一种有效方法。

2.4.2 并行设计的基本概念

并行设计是一种对产品及其相关过程（包括设计制造过程和相关的支持过程）进行并行和集成设计的系统化工作模式。与传统的串行设计相比，并行设计更强调在产品开发的初期阶段，要求产品的设计开发者从一开始就考虑产品整个生命周期（从产品的工艺规划、制造、装配、检验、销售、使用、维修到产品的报废为止）的所有环节，建立产品生命周期中各个阶段性能的继承和约束关系，以及产品各个方面属性间的关系，以追求产品在生命周期全过程中其性能最优。通过产品每个功能设计小组，使设计更加协调，使产品性能更加完善，从而更好地满足客户对产品综合性能的要求，并减少开发过程中产品的反复，提高产品的质量，缩短开发周期，大大地降低产品的成本，最终达到增强企业竞争力的目的。

在并行设计中，产品开发过程的各阶段工作交叉进行，可以及早发现与其相关过程不相匹配的地方，及时评估、决策，以达到缩短新产品开发周期、提高产品质量、降低生产成本的目的。并行设计模式如图 2-15 所示，每一个设计步骤都可以在前面的步骤完成之前就开始进行，尽管这时所得到的信息并不完备，但相互之间的设计输出与传送是持续的。设计的每一阶段完成后，就将信息输出给下一个阶段，使得设计在全过程中逐步得到完善，以避免或减少产品开发到后期才发现设计中的问题,以致再返回到设计初期进行修改。与传统的串行设计模式相比,并行设计中同一时刻内可容纳更多的设计活动,使设计活动尽可能地并行进行,以此来减少整个设计过程的时间。

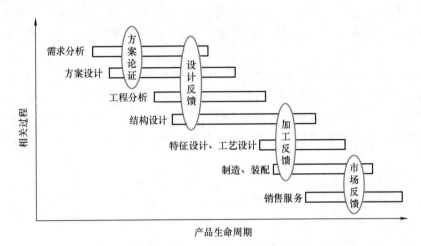

图 2-15　并行设计模式

并行设计是由各学科、专业和职能部门人员组成多功能产品开发小组的组织模式,在产品开发过程中采用群体协同工作方式进行产品开发。在设计过程中,从不同的角度及时对方案设计、工程设计、详细设计进行评价和决策,及时产生阶段性结论,并及时反馈评估结论信息,产品开发多功能小组将根据反馈信息及时修改设计。并行设计方法正是通过多次的"设计—评估—再设计"的循环来获得最终产品及其过程的设计。

产品设计是制造过程中首要和关键的环节,产品设计可决定产品最终成本的80%以上。产品缺乏创新、设计质量不高、产品开发时间冗长、设计过程缺乏各方面的参与、设计过程与制造过程脱节等问题使得产品上市时间长、产品功能不能适应市场变化,这些问题是企业缺乏竞争力的主要原因,也恰恰是并行设计所要解决的问题。建立面向产品并行设计的综合评价系统,对并行设计做综合评价与分析,为产品并行设计的决策提供理论依据,增强并行设计的可操作性,从而使得产品设计更有助于企业提高产品质量、缩短产品研制开发周期、降低产品整个生命周期的成本、提高产品的市场竞争力,具有十分重要的理论意义和现实意义。

2.4.3　并行设计的关键技术

1. 并行设计的建模与仿真

并行设计与传统产品开发方式的本质区别在于它把产品开发的各个活动视为一个集成的过程,从全局优化的角度出发对该集成过程进行管理和控制,并且对已有的产品开发过程进行不断的改进与提高。这种方法被称为产品开发过程重组(Product development process re-engineering)。将产品开发过程从传统的串行产品开发过程转变成集成的、并行的产品开发过程,首先要有一套对产品开发过程进行形式化描述的建模方法。这个模型应该能描述产品开发过程的各个活动,还有这些活动涉及的产品、资源和组织情况,以及它们之间的联系。

设计者用这个模型来描述现行的串行产品开发过程和未来的并行产品开发过程，即并行化过程重组的工作内容和目标。并行工程过程建模是并行工程实施的重要基础。

2. 多功能团队的协同工作

传统的按功能部门划分的组织形式与并行设计的思想是相悖的。并行设计要求打破部门间的界限，组成跨部门多专业的集成产品开发团队（Integrated Product Team，IPT）。集成产品开发团队是企业为了完成特定的产品开发任务而组成的多功能型团队。它包括来自市场、设计、工艺、生产技术准备、制造、采购、销售、维修、服务等各部门的人员，有时还包括顾客、供应商或协作厂的代表。总之，只要是与产品整个生命周期有关的，而且对该产品的本次设计有影响的人员都需要参加，并任命团队领导，由其负责整个产品开发工作。

3. 产品数据交换技术

随着计算机技术的迅速发展，CAD 系统、CAPP 系统、CAM 系统在过去的几十年中在各自的领域得到了广泛的应用。为了进一步提高产品设计制造的自动化程度，缩短开发周期，需要实现 CAD 系统、CAPP 系统和 CAM 系统的集成。而实现这些系统集成的关键是 CAD 系统、CAPP 系统、CAM 系统间的产品数据交换和数据共享。因此，有必要建立一个统一的、支持不同应用系统的产品信息描述和交换标准，即产品描述和交换规范。为了解决产品信息交换中存在的问题，国际标准化组织制定了产品数据表达与交换标准 STEP。

4. 产品数据管理

企业信息化是将企业的生产过程、物料移动、事务处理、现金流动、客户交互等业务过程数字化，通过信息系统和网络环境加工生成新的信息资源，提供给各层次的人们，以做出有利于生产要素组合优化的决策，使企业资源合理配置，适应瞬息万变的市场经济竞争环境，以达到获取最大经济效益的目的。产品数据管理技术是企业信息化的重要组成部分，它在提高企业效率、提高企业竞争力方面的杰出表现，使得越来越多的企业开始应用或者准备实施 PDM。

5. 面向应用领域的设计评价技术

DFX 是 Design for X（面向生命周期各环节的设计）的缩写。其中 X 可以代表产品生命周期中某一环节，如装配、加工、使用、维护、回收、报废等；也可以代表产品竞争或决定产品竞争力的因素，如质量、成本、时间等。典型的 DFX 方法包括面向装配的设计（Design for Assembly，DFA）、面向制造的设计（Design for Manufacturing，DFM）、面向成本的设计（Design for Cost，DFC），面向环保的设计（Design for Environment，DFE）等。

2.5　绿色设计

随着自然资源消耗及环境破坏的加剧，国际上兴起一种"绿色设计"的潮流。绿色设计也可以称为"生态设计""可持续设计""为自然环境而设计"。对产品设计而言，绿色设计就是最大限度地减少产品生产加工中消耗的自然资源，并降低产品生产过程中有害

2-02
制造业绿色化

物质的排放，实现产品的重新利用。对现代社会而言，绿色产品设计是实现可持续发展的重

要措施，也是促进我国经济稳步提升的重要举措。根据联合国关于可持续发展的相关要求，绿色设计已逐步在机械产品的设计和制造中得到广泛的应用与发展。实施机械产品的绿色设计和制造，能在有效利用资源的同时降低废弃物的生成，提高产业效率，降低成本，减少污染，避免制造业的恶性循环，形成可持续发展的生产模式。

2.5.1 绿色设计概述

绿色设计的理念起源于"绿色思潮"。美国学者沃格特的《生存之路》一书中提出，人们应该面对资源环境，调整自身的生活方式，用人去适应环境，而不是让环境适应人。美国海洋生物学家蕾切尔·卡逊在《寂静的春天》中提出，工业时代到来以后，人们开始大量使用化学杀虫剂，给河流、海洋、土地、植物带来巨大的危害，自然生态平衡受到严重的破坏。这些理念的提出促使绿色产品设计理念逐渐形成。20世纪60年代，越来越多的设计师开始从更深层次的方向分析人类发展与工业设计的关系，希望通过设计活动的完善来改善人、环境和社会之间的关系，以实现人、环境和社会三者的可持续发展。在此之前，工业设计虽然为人们创造了良好的生活环境，但也急剧加快了资源的消耗，严重地破坏了地球生态平衡。1972年，联合国召开人类环境大会，并在会议上提出了工业活动对自然环境的影响，倡导人们正确地看待生态环境，将环境保护与社会发展统一起来。在这种情况下，绿色产品设计理念应运而生。目前，绿色产品设计已经成为工业设计发展的主要趋势。

绿色设计是一种基于产品整个生命周期，并以产品的环境资源属性为核心的现代设计理念和方法（图2-16）。在绿色设计中，除考虑产品的功能、性能、寿命、成本等技术、经济属性外，还要重点考虑产品在生产、使用、废弃和回收的过程中对资源、环境产生的影响。绿色设计主要体现在以下几点：

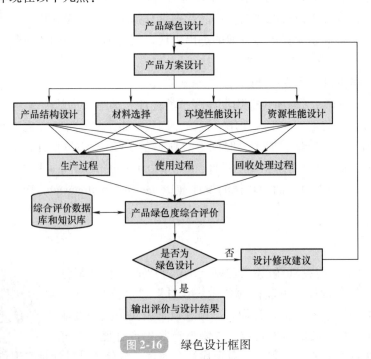

图2-16 绿色设计框图

① 绿色设计中,在产品设计的全过程,产品的技术性能属性与环境资源属性、经济属性并重,且环境资源属性优先。

② 绿色设计中产品的设计阶段,应充分考虑产品在使用废弃后的可拆性和回收利用性。

③ 绿色设计中对设计者和生产企业在环境保护、节约资源等方面应承担的社会责任提出了要求,企业不但要生产产品,同时还应在可能的范围内承担产品回收和再利用的义务。

④ 绿色设计是对传统设计方法、设计理念的发展和创新,体现了人类对机械产品设计认识的深化。

综上所述,绿色设计与传统设计的根本区别在于:

(1) 绿色设计要求设计人员在设计构思阶段就要把降低能耗、使产品易于拆卸并在报废后能再生利用,以及保护生态环境与保证产品的性能、质量、寿命、成本的要求列为同等的设计目标,并保证在生产过程中能够顺利实现设计目标。

(2) 绿色设计所具有的特点都是基于对自然环境和资源的保护,同时也是为了使用者的安全和便利。毕竟无害、天然的材料以及用这种材料所生产的既安全又高质的产品,无论对人类还是自然都是有利的,这也是遵循可持续发展理论的体现。

(3) 可持续发展理论对于工业设计的影响渗透到工业设计的每一个环节和细节之中,作为工业设计师,其有责任和义务接好历史所交的接力棒,让大自然发展与工业设计发展相协调。

2.5.2　绿色设计原则

(1) 资源最佳利用原则　资源最佳利用原则主要包括两个方面的内容:一是在选用资源时,应从可持续发展的观念出发,考虑资源的再生能力和跨时段配置问题,不能因资源的不合理使用而加剧枯竭危机,尽可能使用可再生资源;二是在设计时尽可能保证所选用的资源在产品的整个生命周期中得到最大限度的利用。

(2) 能量消耗最少原则　能量消耗最少原则主要包括两个方面的内容:一是在选用能源类型时,应尽可能选用太阳能、风能等清洁型可再生一次能源,而不是汽油等不可再生二次能源,这样可有效地缓解能源危机;二是从设计上力求产品整个生命周期循环中能源消耗最少,并减少能源的浪费,避免这些浪费的能源可能转化为振动、噪声、热辐射以及电磁波等。

(3) "零污染"原则　绿色设计应彻底抛弃传统的"先污染,后处理"的末端治理环境的方式,而要实施"预防为主,治理为辅"的环境保护策略。

(4) "零损害"原则　绿色设计应该确保产品在生命周期内对劳动者(生产者和使用者)具有良好的保护功能,在设计上不仅要从产品制造、使用环境以及产品的质量和可靠性等方面考虑如何确保生产者和使用者的安全,而且要使产品符合人机工程学和美学等有关原理,以免对人们的身心健康造成危害。

(5) 技术先进原则　绿色设计要使设计出的产品为"绿色",要求采用最先进的技术,而且要求设计者有创造性,使产品具有最佳的市场竞争力。

(6) 生态经济效益最佳原则　绿色设计不仅要考虑产品所创造的经济效益,而且要从可持续发展的观点出发,考虑产品在生命周期内的环境行为对生态环境和社会所造成的影响带来的环境生态效益和社会效益的损失。也就是说，要使绿色产品生产者不仅能取得好的环境效益，而且能取得好的经济效益，即取得最佳的生态经济效益。

2.5.3 绿色设计在机械设计中的应用

机械设计的关键在于的前期设计方案，对于绿色的机械设计而言，要求以先进的技术以及设计理论为依托，适应自然环境，节约资源，实现资源节约型、环境友好型的可持续发展。其主要目的在于从综合的角度出发，考虑其环境性、实用性以及经济性等。为了满足以上绿色设计的要求，绿色的机械设计需要至少从以下几个方面进行：

首先，进行成本需求分析。绿色的机械产品制造前期需要进行合理的设计，尤其是在产品的初期，要考虑到产品后期回收、再利用等方面的问题。因此，绿色理念下的机械产品成本分析要考虑到产品的回收、再利用成本、污染物处理以及代替等。

其次，进行再利用以及可拆装设计分析。绿色理念的机械设计对于机械的可拆装性有了很大程度上的改善。为了节约成本，减少资源浪费，绿色理念的机械设计对于机械产品采用可回收性、便于拆装性的设计理念，充分利用可用资源，实现绿色的设计理念。

最后，建立完善的数据库。数据库是一种能够充分掌控设计数据的方式。在数据库中，设计人员可以将机械制造过程中所需要的所有相关数据都备份下来。设计数据通过系统化的存储与分析，就能够将机械设计中的相关开支以及资源的选用等进行数据化的呈现，以此作为绿色设计的理论基础。

2.5.4 绿色设计在机械制造中的应用

1. 材料选择

选材在机械设计中占据非常重要的地位。对于材料的选择，首先是要确保其环保与健康。因为在机械的设计与制造过程中，总会出现一些含有特殊化学物质的材料，如铅、汞等这些有害物质，这些物质的选用必然会对未来生态环境埋下隐患。如果后期处理不当，对于环境的伤害非常大。因此，对于材料的选择要非常慎重，这也是绿色机械设计理念中最为重要的一个环节。此外，对于机械设计的绿色选材要保证以下三项基本要求：

① 材料的选择首先要满足机械的基本设计性能要求，这是对于材料的最基本的要求。

② 材料的结构以及形状要有相应的可实现性，即要求产品成形后要能够与相关工艺有所联系，确保材料的可用性。

③ 根据机械产品工作环境的需求，选择的材料一定要具有最基本的高温性能、耐蚀性、抗冲击性能等。

2. 生产过程中的"三废"控制

在机械产品的制造生产过程中，往往会有"三废"（废料、废水、废气）的产生。废料、废水、废气往往会产生较为严重的环境污染。机械产品生产企业应该努力通过技术改造，加大对废料、废水、废气的改造力度和回收力度，实现无污染排放的闭环生产设计。

3. 减振、除噪、除尘，提高作业环境的清洁性

振动和粉尘是机械产品运行过程中经常出现的污染，这种污染对于设备使用者具有较大的影响。因此，在机械产品的设计中选用噪声低、传动效率高的传动机构或部件，选择减振

效果好的材料。同时，在机械产品的设计制造过程中，应该采用优化结构设计，在易产生振动的部件采用各种隔振性能好的弹性支承，提高机械产品的动态性能。

4. 防止泄漏发生，提高密封性能

机械产品的润滑和传动都需要润滑油，泄漏现象是普遍存在的。润滑油的泄漏往往会产生以下两个方面的影响。一方面，润滑油往往会产生较大的环境污染，且润滑油的泄漏也是一种较大的资源浪费。另一方面，润滑油的缺失使机械产品润滑不良，加剧机械部件的磨损，无形中降低机械产品的使用寿命。因此，在机械产品的设计制造中，应该选择性能优良、可靠的密封技术，有效降低机械产品的泄漏率。同时，也应该制订专门的设备维护制度，提高机械产品的日常维护水平，及时发现机械产品润滑油的泄漏，降低润滑油的泄漏概率。

5. 减少不必要的维修时间和次数，提高故障诊断技术

在机械产品的日常运行过程中，维护工作是必需的。但过多的维修往往是一种资源浪费，会造成极大的人员及资源浪费。因此，在机械产品的设计制造过程中，应该采用模块化设计理念，对各类零件的设计应该要充分考虑零件的可回收和可修复再利用性，这样可以降低设备的维修成本。同时，应该在机械产品的维修过程中，采用先进的故障诊断技术，这样可以精确定位故障发生部位，使得在设备维修过程中做到有的放矢，降低设备的维修成本和维修工作量。

6. 注重绿色视觉环境的外观造型的设计

在机械产品的设计过程中，采用绿色视觉环境的外观造型的设计，使产品外形具有加强的绿色亲和性和环境亲和性。

2.5.5　绿色设计的发展趋势

在产品设计中，必须注入绿色设计的理念，这样才能适应时代的需求，满足市场发展的要求。在产品的全生命周期内，设计人员要认真分析产品消耗自然资源的数量，以及对环境的影响，最大限度地将绿色元素体现在产品设计中，实现人、自然环境、社会三者的和谐发展。今后，绿色产品设计将会朝着以下两个方面发展：

① 使用天然材料进行设计生产与人工材料相比，天然材料减少了很多加工工序。在实际生产中，人工加工材料有很多环节会对环境造成危害，而天然材料的使用能够减少这些环节带来的环境破坏，减少环境污染。因此，在今后天然材料将会得到广泛的应用，以此来满足生态环境和谐发展的需求。

② 产品设计简洁化。对绿色产品设计，时代赋予了其"少就是多、小就是美"的称号。目前，有很多设计师在进行产品设计时，倡导尽可能少地使用材料，做到产品简洁化、创新化，产品设计不再是为了外观，而是为了产品本身的功能。简洁化的产品极大地降低了人力、物力的消耗，减少了产品对环境的污染。因此，今后的产品设计将会朝着简洁化的方向发展。

2.5.6　结束语

绿色产品设计是实现可持续发展的重要措施，在新环境下，必须保证产品设计的绿色化，这样才能促进社会文明、环境文明的和谐发展，实现人与自然的和谐相处。绿色设计理念的提出，是人类在探索实现可持续发展途径过程中的一个重要成果，作为社会经济发展的产业大军，制造业必然要紧跟时代发展的潮流，将绿色设计理念融入机械设计与制造的过程中，这既是时代的要求，也是技术的一次革新和飞跃。

思考与练习

1. 试论述现代设计理论与方法的特点。
2. 计算机辅助设计技术包括哪些主要内容？分析其中的关键技术。
3. 试论述 CAD/CAM 集成系统体系结构。
4. 叙述 ANSYS 软件的分析类型。
5. 试论述并行工程的基本概念与设计方法。
6. 叙述绿色设计的原则。
7. 绿色设计与传统设计有什么区别？

第3章

先进制造工艺技术

3.1 精密与超精密加工技术

3.1.1 精密与超精密加工技术概述

超精密加工技术是现代高技术竞争的重要支撑技术，是现代高科技产业和科学技术的发展基础，是现代制造科学的发展方向。超精密加工技术一般不是指某种特定的加工方法或是加工精度比某一个给定的加工精度更高的一种加工技术，而是在机械加工领域中，在一个时期内能够达到最高加工精度的各种加工方法的总称。目前的超精密加工，以不改变工件材料物理特性为前提，以获得极限的形状精度、尺寸精度、表面粗糙度、表面完整性（无或极少的表面损伤，包括微裂纹等缺陷、残余应力、组织变化）为目标。

超精密加工的研究内容，即影响超精密加工精度的各种因素包括超精密加工机理、被加工材料、超精密加工设备、超精密加工工具、超精密加工夹具、超精密加工的检测与误差补偿、超精密加工环境（包括恒温、隔振、洁净控制等）和超精密加工工艺等。

超精密加工的发展经历了如下三个阶段。

（1）20世纪50~80年代为技术开创期　20世纪50年代末，出于航天、国防等尖端技术发展的需要，美国率先发展超精密加工技术，开发出金刚石刀具超精密切削——单点金刚石切削（Single Point Diamond Turning，SPDT）技术，又称为"微英寸技术"，用于加工激光核聚变反射镜、战术导弹及载人飞船用球面、非球面大型零件等。从1966年起，美国的Union Carbide公司、荷兰的Philips公司和美国的劳伦斯利弗莫尔国家实验室（Lawrence Livermore National Laboratory）陆续推出各自的超精密金刚石车床，但其应用限于少数大公司与研究单位的试验研究，并以国防用途或科学研究用途的产品加工为主。这一时期，金刚石车床主要用于铜、铝等软质金属的加工，也可用于形状较复杂的工件加工，但只限于轴对称形状的工件，如非球面镜等。

（2）20世纪80~90年代为民间工业应用初期　在20世纪80年代，美国政府推动数家民间公司，如Moore Special Tool公司和Pneumo Precision公司开始超精密加工设备的商品化，日本的一些公司，如Toshiba公司和Hitachi公司，以及英国的克兰菲尔德精密工程研究所（CUPE）等也陆续推出这类设备，超精密加工设备开始面向一般民间工业光学组件产品的制造。但此时的超精密加工设备依然昂贵而稀少，主要以专用机的形式定做。在这一时期，除了加工软质金属的金刚石车床外，还开发出可加工硬质金属和硬脆性材料的超精密金刚石磨削技术。该项技术的特点是使用高刚度机构，以极小的切削深度对硬脆性材料进行延性研磨，可使硬质金属和脆性材料获得纳米级表面粗糙度值。当然，其加工效率和机构的复杂性无法和金刚石车床相比。20世纪80年代后期，美国通过能源部"激光核聚变项目"和陆、海、空三军"先进制造技术开发计划"，对超精密金刚石切削机床的开发研究投入了巨额资金和大量人力，实现了大型零件的微英寸超精密加工。美国的劳伦斯利弗莫尔国家实验室研制出的大型光学金刚石车床（Large Optics Diamond Turning Machine，LODTM）成为超精密加工史上的经典之作。这是一台最大加工直径为 $\phi 1.625\mathrm{m}$ 的立式车床，定位精度可达28nm，借助在线误差补偿能力，可实现长度超过1m而直线度误差在 $\pm 25\mathrm{nm}$ 范围内的加工。图3-1所示为金刚石车床。

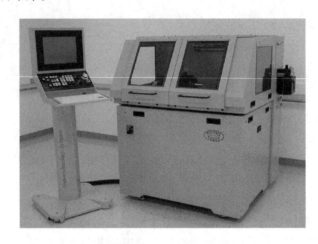

图 3-1　金刚石车床

（3）20世纪90年代至今为民间工业应用成熟期　从1990年起，由于汽车、能源、医疗器材、信息、光电和通信等产业的蓬勃发展，超精密加工机床的需求急剧增加，在工业界的应用包括非球面光学镜片加工、Fresnel镜片加工、超精密模具加工、磁盘驱动器磁头加工、磁盘基板加工、半导体晶片切割等。在这一时期，超精密加工设备的相关技术，如控制器技术、激光干涉仪技术、空气轴承精密主轴技术、空气轴承导轨技术、油压轴承导轨技术、摩擦驱动进给轴技术也逐渐成熟，超精密加工设备成为工业界常见的生产机器设备，许多公司，甚至是小公司也纷纷推出量产型设备。此外，设备精度也逐渐接近纳米级水平，加工行程变得更大，加工应用也日益广泛，除金刚石车床和超精密研磨外，超精密5轴铣削和飞切技术也被开发出来，并且可以加工非轴对称、非球面的光学镜片。

1983年，日本的Taniguchi教授在考察了许多超精密加工实例的基础上对超精密加工的现状进行了完整的综述，并对其发展趋势进行了预测。他把精密和超精密加工的过去、现状和未来系统地归纳为图3-2所示的发展曲线。根据目前技术水平及国内外专家的观点，将中小型零件的加工形状误差 Δ 和表面粗糙度值 Ra 的数量级可分为以下档次：精密加工，$\Delta = 1.0 \sim 0.1\mu\mathrm{m}$，$Ra = 0.1 \sim 0.03\mu\mathrm{m}$；超精密加工，$\Delta = 0.1 \sim 0.01\mu\mathrm{m}$，$Ra = 0.03 \sim 0.005\mu\mathrm{m}$；微纳米加工，$\Delta < 0.01\mu\mathrm{m}$，$Ra < 0.005\mu\mathrm{m}$。

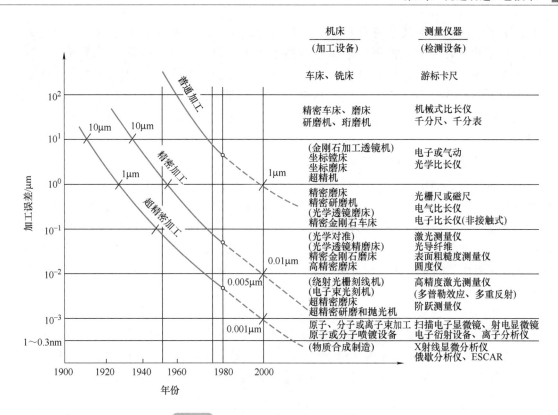

图 3-2　加工精度在不同时期的发展曲线

3.1.2　精密加工技术

1. 精密镜面磨削和平面研磨技术

（1）精密镜面磨削技术　采用电解在线修整（Electrolytic in-process dressing, ELID）砂轮技术的镜面磨削新工艺，可以对多种不同材料（如钢、硬质合金、陶瓷、光学玻璃、硅片等）零件的平面、外圆和内孔进行磨削，获得镜面。图 3-3 所示为采用 ELID 技术的镜面磨削原理。使用专门制作的铁基结合剂的细粒度金刚石（或 CBN）砂轮，可在磨削时在线电解修整砂轮，电解修整砂轮用的电解液同时用作切削液，要求电解液不腐蚀机床。采用 ELID 技术的镜面磨削新工艺可以磨出不同试件：光学玻璃平面、硅片平面和陶瓷内孔，磨削表面质量可以达到镜面（表面粗糙度值 $Ra = 0.02 \sim 0.005\,\mu m$）。这是一项极有生产应用前景的精密磨削新工艺。

采用 ELID 技术的镜面磨削技术成功地解决了铸铁纤维、铸铁结合剂（CIB）超硬磨料进行在线电解修整磨削的技术，解决了铸铁基砂轮整形、修锐等难题，而且使得超微细金刚石、CBN 磨料（粒径为 $\phi 5\,nm$ 至几微米）能够应用于超精密镜面磨削。

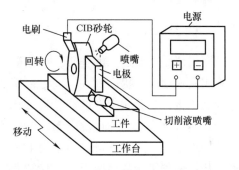

图 3-3　采用 ELID 技术的镜面磨削原理

（2）精密平面研磨技术的发展　精密平面研磨技术近年来有不小进展，特别是精研大直径硅基片（用于大规模集成电路）的技术水平有很大提高。硅基片要求极严，不仅要求表面粗糙度值极小、没有划伤、平面度好，而且要求表面没有加工变质层。我国现在已能生产 8～10in（1in＝25.4mm）的硅基片，正研制加工 12in 的硅基片，但都是采用国外引进的工艺，使用进口的设备，亟待自主研究开发 10～12in 硅基片的制造工艺和生产设备。

2. 非球曲面和自由曲面精密加工技术

（1）非球曲面磨削技术　高精度非球曲面和自由曲面现在应用广泛，相应的加工制造技术也发展迅速。高精度非球曲面和自由曲面可以用磨削方法加工。日本以超精密车床为基础，结合采用 ELID 技术的镜面磨削技术，发展了加工回转体非球曲面的 ELID 精密数控镜面磨床；后来又发展了三坐标联动数控 ELID 精密镜面磨床，可加工精密自由曲面，达到镜面。现在国外生产的超精密数控金刚石车床一般都带有磨头，可以用磨头代替金刚石车刀来磨制回转体非球曲面。

（2）精密自由曲面抛光技术　高精度自由曲面现在多数最后使用抛光工艺。国外已有多种带在线测量系统的多坐标数控研磨抛光机床，日本佳能（Canon）公司的一台用于最后抛光曲面光学镜片的精密曲面抛光机床，具有三坐标数控系统，使用在线测量。用其加工曲面时，可根据实测的镜片曲面的误差控制抛光头的抛光时间和压力，使曲面抛光工艺达到半自动化。

美国研制出的大型六轴数控精密研磨机，用于加工大型光学反射镜。不久前美国在南卡罗来纳州研制成功了直径为 $\phi8.4m$ 的大型光学反射镜。制造该大型光学反射镜时，没有使用大型研磨抛光机床，而是采用现场光学玻璃熔化铸造，在现场用多路激光对型面进行在线精度检测，根据测得的形状误差，用带研磨头的小设备进行局部研磨抛光。

此外，国外还发展了磁流体抛光、气囊抛光和应力盘抛光等几种曲面精密研磨抛光方法。

（3）高精度自由曲面的检测　高精度自由曲面的检测是一个技术难题，对它的研究近年来有较大进展，现在常用非接触式激光干涉形貌测量法测量。例如使用非接触式的激光干涉形貌测量仪，其测量分辨力为 0.1nm，测高量程为 8mm，在低分辨率测量档时，测量范围更大。用精密的激光干涉形貌测量仪测出表面廓形上各点的坐标尺寸，再将测量结果转化为三维立体彩色图形。

3.1.3　精密机床技术

精密机床是精密加工的基础。现代精密机床技术的发展方向是：在继续提高精度的基础上，采用高速切削以提高效率，同时采用数控使其自动化。瑞士 DIXI 公司以生产卧式坐标镗床闻名于世，该公司生产的高精度镗床 DHP40 已配备多轴数控系统成为加工中心，同时为使用高速切削，其主轴最高转速已提高到 24000r/min。瑞士米克朗公司生产的高速精密 5 轴加工中心，其主轴最高转速为 42000r/min，定位精度为 $5\mu m$，已达到过去坐标镗床的精度。从这两种机床的性能看，现代精密机床、加工中心和高速切削机床已不再有严格的区分界限。

3.1.4 超精密加工材料

为满足高精度、高可靠性、高稳定性等品质需求，众多金属及其合金、陶瓷材料、光学玻璃等需要经过超精密加工才能达到特定的形状、精度和表面完整性。先进陶瓷材料已经成为高精密机械、航空航天、军事、光电信息发展的基础之一。根据其性能和应用范围不同，可将先进陶瓷大致分为功能陶瓷和结构陶瓷两类。

功能陶瓷主要指利用材料的电、光、磁、化学或生物等方面直接或耦合的效应以实现特定功能的陶瓷，在电子、通信、计算机、激光和航空航天等技术领域有着广泛的应用。结构陶瓷具有优良的耐高温性和耐磨性，作为高性能机械结构零件新材料显示出广阔的应用前景。表3-1列出了一些典型先进陶瓷材料及其用途。

表 3-1 典型先进陶瓷材料及其用途

材 料		举 例	用 途
功能陶瓷	半导体材料	第一代 Si、Ge	晶体管 集成电路 电力电子器件 光电子器件
		第二代 GaAs、InP、GaP、InAs、AlP	
		第三代 GaN、SiC、金刚石	
	磁性材料	$SrO \cdot 6Fe_2O_3$、$ZnFe_2O$	计算机磁芯 磁记录的磁头与磁介质
	压电材料	水晶（$\alpha-SiO_2$） $LiNbO_3$、$LiTaO_3$ $BaTiO_3$、PZT	谐振器，阻尼器 滤波器，换能器 传感器，驱动器
	光学晶体	蓝宝石（$\alpha-Al_2O_3$）	滤光片，激光红外窗口，半导体衬底片
	电光晶体	GaN GaAs、CdTe	半导体照明 蓝光激光器 红外激光器
工程陶瓷		Si_3N_4 Al_2O_3 SiC ZrO_2	精密耐磨轴承、刀具 发动机部件、喷嘴阀芯、密封环 陶瓷装甲

3.1.5 超精密加工精度

加工精度是由工艺系统——机床、工具、工件和它们之间的相互作用所产生的加工现象四个因素决定，其中哪个因素占支配地位，随着加工方法及工艺参数的不同而不同。

在超精密加工技术中，所谓原材料，多半是经过加工的、具有较高精度的半成品。从加工的几何学观点看，工件的尺寸和形状、是由刀具的切削刃相对于工件的运动轨迹所决定的，因此加工精度由给定的轨迹精度、加工机械的运动精度和定位精度所决定。从理论上讲，只要加工机械本身具有很高的运动精度和定位精度，按照误差复映原则就应该加工出所要求的几何形状和尺寸的工件，但实际上所得到的工件精度与加工机械的精度并不一致，也就是会产生加工误差。由于产生加工误差的因素很复杂，且各因素存在相互作用，所以要不断地测量误差和进行适应控制，才可以使加工出的工件达到设计要求。归纳起来，决定加工精度的主要因素如下：

① 给定的精度指标，包括几何公差、尺寸精度、表面粗糙度和加工变质层等。

② 加工机械的直线运动和回转运动精度。

③ 加工机械的定位精度，包括夹具的定位精度。

④ 加工机械、工具和工件的刚度。

⑤ 加工机械、工具和工件的振动。

⑥ 加工机械、工具和工件的热变形。

⑦ 工具的尺寸及形状精度。

⑧ 加工机械、工具和工件的磨损和磨伤。

⑨ 工具和工件的定位安装精度。

⑩ 工件在前道工序加工中的尺寸、形状误差及其误差分散的程度。

⑪ 工件材质及其物理和力学性能。

⑫ 工件的形状和尺寸。

⑬ 工件材料的不均匀性。

⑭ 加工单位的大小（去除、结合、变形等）。

⑮ 测量技术与数据处理，包括尺寸、形状、表面粗糙度、性能的测量。

⑯ 加工者的知识及技术熟练程度。

⑰ 加工环境的力、振动、热和清洁程度。

上述各项因素都不是孤立地起作用，而是互相影响或互相制约的，其中每项因素都会导致产生工件误差。

3.1.6 超精密加工技术

1. 超精密切削

超精密切削加工是适应现代技术发展的一种机械加工新工艺，在国防和尖端技术的发展中起着重要的作用。超精密切削是借助锋利的金刚石刀具对工件进行车削或铣削，主要用于加工低表面粗糙度值和高形状精度的有色金属零件和非金属零件。由于超精密切削可以代替研磨等费工的手工精加工工序，不仅节省工时，同时还能提高加工精度和加工表面质量。

超精密切削以单点金刚石切削（Simple Point Diamond Turming，SPDT）技术开始。该技术以空气轴承主轴、气动滑板、高刚度和高精度工具、反馈控制及环境温度控制为支撑，可获得纳米级表面粗糙度值。所用刀具为大块金刚石单晶，刀具刃口半径极小，约为20nm。超精密切削最先用于铜的平面和非球面光学元件的加工。随后，其加工材料拓展至有机玻璃、塑料制品（如照相机的塑料镜片、隐形眼镜镜片等）、陶瓷及复合材料等。超精密切削技术也由单点金刚石切削拓展至多点金刚石铣削。

由于金刚石刀具在切削钢材时会产生严重的磨损现象，因此有些研究尝试使用单晶CBN刀具、超细晶粒硬金属刀具、陶瓷刀具来解决此问题。未来的发展趋势是利用镀膜技术来降低金刚石刀具在加工硬化钢材时的磨耗。此外，微机电系统（Micro‐Electro‐Mechanical System，MEMS）组件等微小零件的加工需要微小刀具，目前微小刀具的直径可达 $\phi50 \sim \phi100\mu m$，但如果加工几何特征大小为亚微米甚至纳米级，刀具直径必须再小一些。超精密切削用刀具的发展趋势是利用纳米材料，如纳米碳管，来制作超小直径的车刀或铣刀。

超精密切削脆性材料时，加工表面不会产生脆性破裂痕迹而得到镜面，这涉及极薄切削时脆性材料塑性切削的脆塑转换问题。

2. 超精密磨削

超精密磨削技术是在一般精密磨削的基础上发展起来的。超精密磨削不仅要提供镜面级的表面质量，而且还要保证获得精确的几何形状和尺寸。为此，除了要考虑各种工艺因素外，还必须配备高精度、高刚度及高阻尼特征的基准部件以消除各种动态误差的影响，并采取高精度检测手段和补偿手段。随着超硬磨料砂轮及砂轮修整技术的发展，超精密磨削技术逐渐成形并迅速发展。

3. 超精密研磨与抛光

精密研磨和抛光技术是指使用超细粒度的自由磨料，在研具的作用和带动下加工工件表面，产生压痕和微裂纹，依次去除表面的微细突出处，加工出表面粗糙度值为 $Ra0.02 \sim 0.01\mu m$ 的镜面。

当磨削后的工件表面反射光的能力达到一定程度时，该磨削过程称为镜面磨削。镜面磨削的工件材料不局限于脆性材料，它也包括金属材料，如钢、铝和钼等。

超精密研磨包括机械研磨、化学机械研磨、浮动研磨、弹性发射加工（Elastic Emission Machine，EEM）及磁力研磨等加工方法。超精密研磨加工的表面粗糙度值可达 $Ra0.003\mu m$。利用弹性发射加工可加工出无变质层的镜面，表面粗糙度值可达 $Ra0.5nm$。超精密研磨的关键条件是几乎无振动的研磨运动、精密的温度控制、洁净的环境及细小而均匀的研磨剂。此外，高精度检测方法也必不可少。超精密研磨主要用于加工高表面质量与高平面度的集成电路芯片光学平面及蓝宝石窗口等。

近年来，出现了许多新的研磨和抛光方法，如磁性研磨、电解研磨、软质粒子抛光、磁流体抛光、离子束抛光、超精研抛等。到目前为止，应用最为广泛、技术最为成熟的是化学机械抛光（Chemical Mechanical Polishing，CMP）方法。

超精密加工的精度不仅随时代变化，即使在同一时期，工件的尺寸、形状、材质、用途和加工难度不同，超精密加工的精度也不同。对上述几种典型的超精密加工方法可进行定性比较，见表3-2。

表3-2　几种典型的超精密加工方法对比

加 工 方 法	材料去除率	表面粗糙度值	对设备要求	同一批可加工工件
SPDT 方法	较高	高	高	单
ELID 磨削	高	高	高	多
平面研磨	中	较高	中	较多
CMP 方法	低	较高	低	较多
离子束抛光	低	较高	专用	单

3.1.7 超精密加工设备

当今主流的超精密加工设备主要是指确定性超精密加工设备，按照设备精度、加工方式和加工工艺可以分为两大类。这两类设备采用不同的超精密工艺，都能达到亚微米或更高的精度。

第一类是指利用轨迹可控的刀具（如单晶金刚石刀具、砂轮等），以极高的空间运动精度完成光学元件或部件加工的超精密加工设备，典型的设备如单晶金刚石超精密车床、超精密铣床、超精密磨床等。这类超精密加工设备的主轴及导轨均采用液体静压轴承或空气静压轴承，一般主轴回转精度小于 $0.1\mu m$，导轨运动直线度误差为（$0.1\sim0.3$）$\mu m/300mm$，运动分辨力可达到 1nm。此类设备也可称为运动复印型设备，即将设备的运动精度复制到被加工工件上。需要控制影响部件精度的各因素达到超精密数控机床最终的精度，而这些影响因素通常要求做到极限，如机床的机械功能部件、机床位置检测反馈系统、伺服运动控制系统以及设备总体等必须具有极高的精度、极好的动静态特性、极高的数据处理和实时控制能力、极高的稳定性、极严格的环境要求等。

第二类是指基于计算机控制光学表面成形（Computer Controlled Optical Surfacing, CCOS）技术的超精密加工设备。这类超精密加工设备与第一类相比，精度要求较低，主轴及导轨一般均采用机械滚动轴承，运动精度及定位精度均为 0.01mm 量级。典型的基于 CCOS 技术的超精密研抛设备有小磨头抛光设备、应力盘抛光设备、气囊抛光设备、磁流变抛光设备、离子束抛光设备等。在此类设备上进行的超精密加工工艺是随着测量测试、计算机控制等先进技术的发展，从 20 世纪 70 年代开始相继发展的。用数学模型描述工艺过程、以计算机数控技术为主导的先进光学制造技术，其原理是利用可控的去除函数，在相对确定的位置进行确定量的材料去除，从而得到高精度、高表面质量的产品。

上述两类设备构成当今通用超精密数控加工设备的主体，也代表一个国家超精密加工技术研究和应用的水平。通用精密加工设备一般由各大机床制造厂商提供货架式商品，用户根据加工需求进行选择订购。如果用户有特殊加工需求，如对零件的规格尺寸、材料、工艺等方面有特殊要求，可以由机床厂商为其量身设计制造专用设备。对于超精密加工设备，也有类似情况。与精密加工设备相比，生产通用超精密加工设备的厂商较少，在全世界范围内仅有几十家，大部分集中在美国、欧洲和日本。美国 Moore 公司和 Precitech 公司等生产的超精密切削设备，SatisLoh 公司和 Optech 公司生产的光学铣、磨、抛光设备等都属于通用设备，这些机床具备齐全的功能和较高的精度，但价格较昂贵。而专用的超精密加工机床，如磁盘车床、KDP 晶体超精密飞切加工机床、大口径非球面反射镜研抛机等，其结构较为简单，价格相对便宜，但功能单一，可加工零件种类较少，而且需要单独专门设计，研制周期长，不能快速响应用户的需求。

3.1.8 超精密加工环境

超精密加工环境是达到超精密加工质量的必要条件，主要有洁净度、气流和压力，以及振动等方面的要求。工作环境的任何微小变化都可能影响加工精度的变化，使超精密加工达不到精度要求。因此，超精密加工必须在超稳定的环境下进行。超稳定环境主要是指恒温、超净和防振三个方面。

由于零件的加工精度和加工方式不同，对超精密加工环境的要求也有所不同，必须建立符合各自要求的特定环境。构成超精密加工环境的基本条件如图3-4所示。

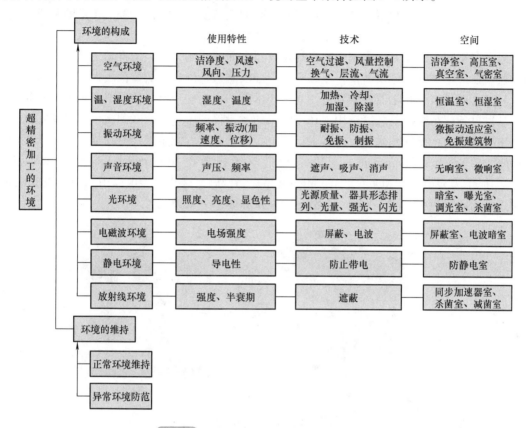

图3-4　构成超精密加工环境的基本条件

超精密加工一般应在多层恒温条件下进行，不仅放置机床的房间应保持恒温，还要严格控制各机器设备及部件的发热量。一般要求加工区温度和室温保持在（20±0.06）℃的范围内。

超精密加工应在高洁净度室内进行，因为环境中的硬粒子会严重影响被加工表面的质量。例如加工硅晶片要求环境的净化为1ft³⊖空气内直径大于$\phi0.1\mu m$的尘埃数要小于10个。

外界振动对超精密加工的精度和表面粗糙度影响甚大。采用带防振沟的隔振地基和把机床安装在专用的隔振设备上，都是极有效的防振措施。

3.1.9　超精密加工精度的在线检测及计量测试

关于超精密加工精度，可以采取两种减少加工误差的策略。一种是所谓误差预防策略，

⊖　1ft³ = 0.028m³。

即通过提高机床制造精度、保证加工环境的稳定性等方法来减少误差源，从而使加工误差消失或减小；另一种是所谓误差补偿策略，是指对加工误差进行在线检测，实时建模与动态分析预报，再根据预报数据对误差源进行补偿，从而消除或减小加工误差。实践证明，若加工精度高出某一要求后，利用误差预防技术来提高加工精度要比用误差补偿技术的费用高出很多。从这个意义上讲，误差补偿技术必将成为超精密加工的主导方向。

近十多年间，工业发达国家在精密计量仪器方面的研制，极大地推动了超精密加工技术的发展。在大距离的测量仪器中，双频激光干涉仪测量精度高，测量范围大，但是对环境的要求较高。近年来微光学器件的发展使光栅技术有了很大的进步。德国 Heidenhain 超精密光栅尺被世界各超精密设备厂家选用。在小距离的测量仪器中，电容式测微仪和电感式测微仪仍是主要的设备，光纤测微仪也发展很快。更小测量范围的测量仪器有扫描隧道电子显微镜（Scanning Tunneling Microscope，STM）、扫描电子显微镜（Scanning Electron Microscope，SEM）、原子力显微镜（Atomic Force Microscope，AFM），这些仪器可以用于纳米级的测量，常用于表面质量检测。图 3-5 所示为激光干涉仪和原子力显微镜。

a)　　　　　　　　　　　　　　　　　b)

图 3-5　激光干涉仪和原子力显微镜

a）激光干涉仪　b）原子力显微镜

3.1.10　超精密加工的发展趋势

（1）高精度、高效率　高精度与高效率是超精密加工永恒的主题。例如，固着磨粒加工不断追求着游离磨粒的加工精度，而游离磨粒加工不断追求的是固着磨粒加工的效率。在众多超精密加工技术中，CMP、EEM 等技术可获得极高的表面质量和表面完整性，但加工效率低，而超精密切削、磨削技术虽然加工效率高，但加工精度低于 CMP、EEM。探索兼顾效率与精度的加工方法，成为超精密加工领域的研究趋势。半固着磨粒加工方法的出现即体现了这一趋势。另外，这种研究趋势还表现为电解磁力研磨、磁流变磨料流加工等复合加工方法的诞生。

（2）工艺整合化　当今企业间的竞争趋于白热化，高生产率越来越成为企业赖以生存的条件。在这样的背景下，出现了"以磨代研"，甚至"以磨代抛"的呼声。另外，使用一台设备完成多种加工（如车削、钻削、铣削、磨削、光整）的趋势越来越明显。

（3）大型化、微型化　为加工航空航天等领域需要的大型光电子器件（如大型天体望远镜上的反射镜），需要建立大型超精密加工设备。为加工微型电子机械、光电信息等领域需要的微型器件（如微型传感器、微型驱动元件等），需要微型超精密加工设备。当然，这并不是说加工微小型器件一定需要微小型加工设备。

（4）在线检测　尽管现在超精密加工方法多种多样，但都尚未发展成熟。例如，虽然CMP等加工方法已成功应用于工业生产，但其加工机理尚未明确。主要原因之一是超精密加工检测技术还不完善，特别是在线检测技术。从实际生产角度讲，开发加工精度在线检测技术是保证产品质量和提高生产率的重要手段。

（5）智能化　超精密加工中的工艺过程控制策略与控制方法也是目前的研究热点之一。以智能化设备降低加工结果对人工经验的依赖性一直是制造领域追求的目标。加工设备的智能化程度直接关系到加工的稳定性与加工效率，这一点在超精密加工中体现得更为明显。目前部分半导体工厂中，生产过程中关键的操作依然由工人在现场手工完成。

（6）绿色化　磨料加工是超精密加工的主要手段，磨料本身的制造、磨料在加工中的消耗、加工中造成的能源及材料的消耗，以及加工中大量使用的切削液等对环境造成了极大的负担。我国是磨料、磨具产量及消耗的第一大国，大幅提高磨削加工的绿色化程度已成为当务之急，发达国家及我国台湾地区均对半导体生产厂家的废液、废气排量及标准实施严格管制，各国研究人员对CMP加工产生的废液、废气回收处理展开了研究。绿色化的超精密加工技术在降低环境负担的同时，提高了自身的生命力。

3.2　高速与超高速加工技术

3.2.1　高速与超高速加工技术概述

1. 高速切削理论

德国切削物理学家萨洛蒙（Carl Salomon）博士于1931年提出了著名高速切削理论，他认为一定的工件材料对应有一个临界切削速度，在该切削速度下切削温度最高。图3-6所示为萨洛蒙曲线，在常规切削速度范围内（对应于图3-6中A区）切削温度随着切削速度的增大而提高；当切削速度达到临界切削速度后，切削温度随着切削速度的增大反而下降。萨洛蒙的切削理论给人们一个重要的启示：如果切削速度能超越切削"死谷"（图3-6中B

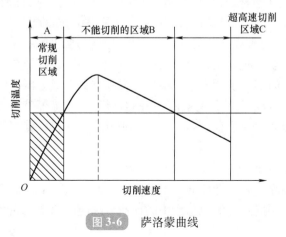

图3-6　萨洛蒙曲线

区）在超高速区域内（图 3-6 中 C 区）进行切削，则有可能用现有的刀具进行高速切削，从而可大大减少切削工时，使机床的生产率成倍地提高。

高速切削是一个相对概念，目前尚无统一定义，一般指采用超硬刀具材料，通过大幅度地提高切削速度和进给速度来提高材料切除率和加工质量的现代切削加工技术。

超高速加工是指高于常规切削速度 5 倍乃至十几倍条件下所进行的切削加工。例如在实验室中，铝合金加工的切削速度已达 6000m/min，在实际生产中也达到了 1500～5500m/min；在实验室中，单层电镀砂轮磨削速度达 300m/s，目前正探索 500m/s 速度的磨削，实际生产中的单层电镀砂轮磨削速度也达到了 250m/s。超高速加工不但可以大幅度提高零件的加工效率、缩短加工时间、降低加工成本，而且可以使零件的表面加工质量和加工精度达到更高的水平。

2. 超高速切削的特点

（1）工件热变形减小、加工精度较高　在超高速加工中，由于切屑在极短瞬间被切除，切削热绝大部分被切屑带走，来不及传递给工件，因而工件温度并不高，不仅工件受热变形的可能性减小，而且可避免热应力、热裂纹等表面缺陷，有利于加工精度的提高。特别对大型的框架件、薄板件、薄壁槽形件的高精度、高效率加工，超高速铣削是目前唯一有效的加工方法。

（2）有利于保证零件的尺寸精度和形位精度　在超高速加工中，单位切削力由于切削层材料软化而减小，从而可减小零件加工中的变形。这对于加工刚性差的薄壁类零件特别有利。

（3）可获得较好的已加工表面质量和较小的表面粗糙度值　超高速加工可减小表面硬化层深度，减小表面残余应力及表面层微观组织的热损伤，从而减小工件表面层材质的力学、物理及化学性能产生变化的可能性，保证已加工表面的内在质量，确保零件的使用性能。超高速加工中，不仅可以进行粗、精加工工序复合加工，而且不需要在加工后消除内应力。例如，模具表面采用超速硬铣削时可获得较好的表面质量，因而可以部分取代电火花成形加工。

（4）工艺系统振动减小　在超高速加工中，由于机床主轴转速很高，激励振动的频率远离机床固有振动频率，因而使工艺系统振动减小，提高加工质量。

（5）显著提高材料切除率、提高生产率　在提高切削速度的同时可提高进给速度，从而显著提高材料切除率。例如，超高速铣削时，当保持切削厚度不变（每齿进给量和切削深度不变），进给速度可比常规铣削提高 5～10 倍，从而达到很高的材料切除率。超高速铣削已广泛用于汽车业、航空航天业和模具制造业，加工铝、镁等轻金属合金，以及钢材和铸铁。超高速加工能加工的零件包括汽车发动机缸体和缸盖、减速器壳体、飞机的整体铝合金薄壁零件，所涉及的材料包括淬硬模具钢、镍基合金和钛合金等难加工材料。提高材料切除率的策略已由强力缓慢转向快速而轻便，机床由强力型（提高力学特性参数）转向高速型（提高速度特性参数）。

（6）加工能耗低，节省制造资源　超高速切削时，单位功率的金属切除率显著增加。由于单位功率的金属切除率高、能耗低、工件的在制时间短，从而提高了能源和设备的利用率，降低了切削加工在制造系统资源总量中的比例，故超高速切削完全符合可持续发展战略的要求。

3.2.2 超高速切削技术

超高速切削是一种综合性的高新技术，它的推广应用是多项相关技术发展到与之相匹配的程度而产生的综合效应。超高速切削的相关技术如图3-7所示。下面就超高速切削中的刀具技术、高速主轴技术、直线滚动导轨和直线驱动技术、高速数控技术、机床结构等进行详述。

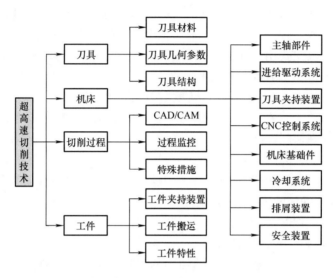

图 3-7 超高速切削的相关技术

1. 超高速切削的刀具技术

（1）超高速切削的刀具材料 切削刀具材料的迅速发展是超高速切削得以实施的工艺基础。超高速切削加工要求刀具材料与被加工材料的化学亲和力小，并且具有优异的力学性能、热稳定性、抗冲击性和耐磨性。目前适合于超高速切削的刀具主要有涂层刀具、金属陶瓷刀具、陶瓷刀具、立方氮化硼刀具、聚晶金刚石（PCD）刀具等。特别是聚晶金刚石刀具和聚晶立方氮化硼（PCBN）刀具的发展，推动了超高速切削走向更广泛的应用领域。

① 涂层刀具材料。涂层刀具是通过在刀具基体上涂覆金属化合物薄膜，以获得远高于基体的表面硬度和优良的切削性能。常用的刀具基体材料主要有高速工具钢、硬质合金、金属陶瓷、陶瓷等；涂层既可以是单涂层、双涂层或多涂层，也可以是由几种涂层材料复合而成的复合涂层。硬涂层刀具的涂层材料主要有氮化钛（TiN）、碳氮化钛（TiCN）、氮化铝钛（TiAlN）、碳氮化铝钛（TiAlCN）等，其中 TiAlN 涂层在超高速切削中性能优异，其最高工作温度可达 $800℃$。软涂层刀具（如采用硫族化合物 MoS_2、WS_2 作为涂层材料的高速钢刀具）主要用于加工高强度铝合金、钛合金或贵金属材料。

② 金属陶瓷刀具材料。金属陶瓷具有较高的室温硬度、高温硬度及良好的耐磨性。金属陶瓷材料主要包括高耐磨性 TiC 基硬质合金（TiC + Ni 或 TiC + Mo）、高韧性 TiC 基硬质合金（TiC + TaC + WC）、强韧性 TiN 基硬质合金（以 TiN 为主体）、高强韧性 TiCN 基硬质合金（TiC N + NbC）等。金属陶瓷刀具可在 $300 \sim 500m/min$ 的切削速度范围内高速精车钢和铸铁。

③ 陶瓷刀具材料。陶瓷刀具材料主要有氧化铝基和氮化硅基两大类，是通过在氧化铝或氮化硅基体中分别加入碳化物、氮化物、硼化物、氧化物等得到的，此外还有多相陶瓷材料。目前国外开发的氧化铝基陶瓷刀具有 20 余个品种，约占陶瓷刀具总量的 2/3；氮化硅基陶瓷刀具有 10 余个品种，约占陶瓷刀具总量的 1/3。陶瓷刀具可在 200~1000m/min 的切削速度范围内高速切削软钢（如 Q235 钢）、淬硬钢、铸铁等。

④ PCD 刀具材料。PCD 是在高温高压条件下通过金属结合剂将金刚石微粉聚合而成的多晶材料。虽然它的硬度低于单晶金刚石，但有较高的抗弯强度和韧性；PCD 材料还具有高导热性和低摩擦因数；另外，其价格只有天然金刚石的几十分之一至十几分之一，因此得以广泛应用。PCD 刀具主要用于加工耐磨有色金属和非金属，与硬质合金刀具相比能在切削过程中保持锋利刃口和切削效率，使用寿命一般高于硬质合金刀具 10~500 倍。

⑤ CBN 刀具材料。立方氮化硼的硬度仅次于金刚石，它的突出优点是热稳定性（140℃）好，化学惰性大，在 1200~1300℃ 下也不发生化学反应。CBN 刀具具有极高的硬度及热硬性，可承受高切削速度，适用于超高速加工钢铁类零件，也是超高速精加工或半精加工淬火钢、冷硬铸铁、高温合金等的理想刀具。

PCBN 的制造方法与 PCD 相同。PCBN 刀具主要用于加工黑色金属等难加工材料，特别适于切削 45~65HRC 的淬硬钢、耐热合金、高速钢（HSS）、灰铸铁等。PCBN 刀具和 PCD 刀具是超高速切削中工作寿命最长的刀具，但它们对振动比较敏感，在应用中机床结构和工件夹持状况对刀具寿命有很大影响。

（2）超高速切削的刀具结构　超高速切削的刀具结构主要从加工精度、安全性、高效方面考虑，如超高速刀具的几何结构设计和刀具的装夹结构。

为了使刀具具有足够的使用寿命和低的切削力，对刀具的几何角度必须选择最佳数值。例如，超高速切削铝合金时，刀具最佳前角为 12°~15°，最佳后角为 13°~15°；超高速切削钢材时，刀具的最佳前角为 0°~5°，最佳后角为 12°~16°；切削铸铁时，刀具的最佳前角为 0°，最佳后角为 12°；切削铜合金时，刀具的最佳前角为 8°，最佳后角为 16°；超高速切削纤维强化复合材料时，刀具的最佳前角为 20°，最佳后角为 15°~20°。

用于高速（$n>6000r/min$）切削的可转位面铣刀，由于其刀体和可转位刀片均受很大的离心力作用，通常不允许采用摩擦力夹紧方式，而必须采用带中心孔的刀片，用螺钉夹紧，并控制螺钉在静止状态下夹紧刀片时所受预应力的大小；刀片、刀座的夹紧力方向最好与离心力方向一致。

刀体的设计应遵循减轻重量，减小直径，增加高度，选用密度小、强度高材料的原则。对于铣刀结构，应尽量避免采用贯通式刀槽，减少尖角，防止应力集中；还应减少机夹零件的数量；刀体结构应对称于回转轴，重心通过铣刀轴线；对超高速回转刀具还应提出动平衡的要求。

高速切削不仅要求刀具本身具有良好的刚性、柔性、动平衡性和可操作性，同时对刀具与机床主轴间的连接刚度、精度和可靠性都提出了严格的要求。当主轴转速超过 15000r/min 时，由于离心力的作用将使主轴锥孔扩张，刀柄与主轴的连接刚度会明显降低，径向圆跳动精度会急剧下降，甚至出现颤振。为了满足高速旋转下不降低刀柄接触精度的要求，开发出了一种新型的双定位刀柄，这种刀柄的锥部和端面同时与主轴保持面接触，定位精度明显提高，轴向定位重复精度可达 0.001mm；而且，这种刀柄结构在高速转动的离心力作用下会更加牢固地锁紧，在整个转速范围内保持较高的静态和动态刚性。图 3-8 所示的德国 HSK 刀柄就是采用的这种结构。

HSK 刀柄结构采用 1：10 锥度，刀柄为中空短柄，如图 3-8a 所示。其工作原理是靠锁紧力及主轴内孔的弹性膨胀补偿端面间隙。由于中空刀柄自身有较大的弹性变形，因此对刀柄的制造精度要求可低一些。但中空刀柄结构也使其刚度和强度受到一定影响。HSK 整体式刀柄采用平衡式设计，刀柄结构有 A 型、B 型、C 型、D 型、E 型、F 型六种形式，如图 3-8b 所示。

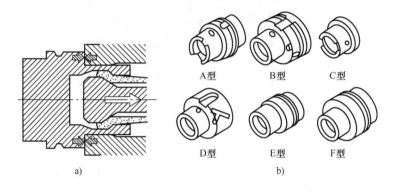

图 3-8　HSK 刀柄结构
a）刀柄结构原理　b）刀柄结构形式

由于 HSK 刀柄系统的重量轻、刚性高、可承受转矩大、重复精度好、连接锥面短，可以缩短换刀时间，因此适应主轴高速运转，有利于实现高速自动换刀装置（Automatic Tool Changer，ATC）及机床小型化。目前采用这种中空短锥二面接触强力 HSK 刀柄的机床已突破 6000 台。

2. 超高速切削机床

（1）超高速切削机床的主轴单元　超高速主轴单元是超高速加工机床最关键的基础部件。超高速主轴单元的设计，是实现超高速加工最关键的技术领域之一。超高速主轴单元包括主轴动力源、主轴、轴承和机架四个主要部分。超高速主轴单元在结构上分为两类，即分离式高速主轴单元与内装式电主轴单元。

分离式主轴采用带传动，其核心技术主要是主轴单元的结构设计，主轴轴承的合理选择、装配及调整，主轴单元冷却系统的设计及主轴单元的试制等。

内装式电主轴采用电动机直接驱动方式，主轴电动机与机床主轴合二为一，将电动机的空心转子直接套装在机床主轴上，带有冷却套的定子则安装在主轴单元的壳体内。这样，电动机的转子就是机床的主轴，机床主轴单元的壳体就是电动机座，从而实现了变频电动机与机床主轴的一体化。由于内装式电主轴没有从主电动机到机床主轴之间的一切中间传动环节，使主传动链的长度缩短为零。这种新型的驱动与传动方式称为"零传动"。图 3-9 所示为超高速电主轴的结构。

这种集成式的电主轴振动小，由于直接传动，减少了高精密齿轮等关键零件，消除了齿轮的传动误差。同时，高速主轴也简化了机床设计中的一些关键性的工作，如简化了机床外形设计，容易实现超高速加工中快速换刀时的主轴定位等。

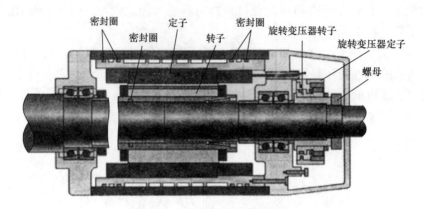

图 3-9　超高速电主轴的结构

超高速电主轴和以前用于内圆磨床的电动机内装式主轴有很大的区别，主要表现如下：
① 有很大的驱动功率和转矩。
② 有较宽的调速范围。
③ 有一系列监控主轴振动、轴承和电动机温升等运行参数的传感器及测试控制和报警系统，以确保主轴超高速运转的可靠性与安全性。

国外高速主轴单元的发展较快，中等规格加工中心的主轴转速已普遍达到10000r/min，甚至更高。美国福特汽车公司和 Ingersoll 机床公司合作研制的 HVM800 卧式加工中心主轴单元采用液体动静压轴承，最高转速为15000r/min。瑞士米克朗公司作为铣削行业的先锋企业，一直致力于高速加工机床的研制开发，先后推出了主轴转速为42000r/min 和 60000r/min 的超高速铣削加工中心。我国北京第一机床厂的 VRA400 立式加工中心，主轴转速也达到了20000r/min，X 轴和 Y 轴的快速移动速度为48m/min，Z 轴的快速移动速度为24m/min。

（2）超高速轴承技术　轴承是超高速主轴单元的核心零部件。高速主轴采用的轴承有滚动轴承、气浮轴承、液体静压轴承和磁悬浮轴承等几种。

因滚动轴承有很多优点，故多数高速铣床主轴上采用的是滚动轴承，但轴承滚珠由氮化硅陶瓷制成。陶瓷球轴承具有重量轻、线膨胀系数小、硬度高、耐高温、超高温时尺寸稳定、耐腐蚀、弹性模量比钢高、非磁性等优点。缺点是制造难度大，成本高，对拉应力和缺口应力较敏感。

气浮轴承的优点在于高的回转精度、高转速和低温升。其缺点是承载能力较低，因而主要适用于工件形状精度较高、所需承载能力不大的场合。

液体静压轴承的最大特点是运动精度高，回转误差一般在 0.2μm 以下；动态刚度大，特别适合于铣削等断续切削过程。但液体静压轴承的最大不足是高压液压油会引起油温升高，造成热变形，影响主轴精度。

磁悬浮轴承是用电磁力将主轴无机械接触地悬浮起来，其间隙一般在 0.1mm 左右。由于空气间隙的摩擦热量小，因此磁悬浮轴承可达到更高的转速，其转速特征值可达 4.0×10^6 mm·r/min 以上，为滚动轴承的两倍。高精度、高转速和高刚度是磁悬浮轴承的优点，但由于机械结构复杂，需要一整套传感器系统和控制电路，故而磁悬浮轴承的造价也是滚动轴承的两倍。

（3）超高速切削机床的进给系统 超高速切削机床的进给系统是评价超高速机床性能的重要指标之一，它不仅对提高生产率有重要意义，而且也是维持超高速切削中刀具正常工作的必要条件。超高速切削要求在提高主轴速度的同时必须提高进给速度，并且要求进给运动能在瞬时达到高速和瞬时准停等。

传统机床采用旋转电动机带动滚珠丝杠的进给方案，由于其工作台的惯性以及受丝杠螺母本身结构的限制，进给速度和加速度一般比较小。目前进给系统采用滚珠丝杠结构的加工中心最高的快速进给速度是60m/min，工作进给速度是40m/min。

直线电动机驱动系统如图3-10所示。直线电动机直接驱动技术是把电动机平铺下来，电动机的动子部分直接与机床工作台相连，从而消除了一切中间传动环节，实现了直接驱动，直线电动机驱动最高加速度可提高到$1g$以上，加速度的提高可大大提高不通孔加工、任意曲线曲面加工的生产率。

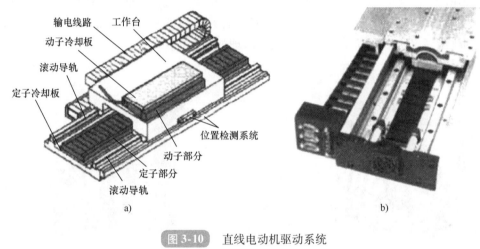

图 3-10 直线电动机驱动系统
a）原理 b）外形

最早开发使用进给直线电动机的美国 Ingersoll 公司，在其 HVM8 加工中心的 X 轴、Y 轴、Z 轴上使用了永磁式直线电动机，最高进给速度达76.2m/min，进给加速度达 $(1~1.5)g$。意大利 Vigolzone 公司生产的高速卧式加工中心，3 轴采用直线电动机驱动，进给速度均达到70m/min，加速度达到$1g$。德国 Excell－O 公司生产的 XHC24 卧式加工中心，采用了 Indramat 公司的直线电动机驱动，最高进给速度可以达到60m/min，加速度为$1g$，其中进给速度为 20m/min 时，轮廓加工精度达到$4\mu m$。

直线电动机直接驱动的优点是：①控制特性好、增益大、滞动小，在高速运动中可保持较高的位移精度；②高运动速度，因为是直接驱动，最大进给速度可高达 100~180m/min；③高加速度，由于结构简单、重量轻，可实现的最大加速度高达 $(2~10)g$；④具有无限的运动长度；⑤定位精度和跟踪精度高，以光栅尺为定位测量元件，采用闭环反馈控制系统，工作台的定位精度高达 $0.1~0.01\mu m$；⑥起动推力大，可达 12000N；⑦由于无传动环节，因而无摩擦、无往返程空隙，且运动平稳；⑧有较大的静、动态刚度。

直线电动机直接驱动的缺点是：①由于电磁铁热效应对机床结构有较大的热影响，需附设冷却系统；②存在电磁场干扰，需设置挡切屑防护；③有较大的功率损失；④缺少力转换环节，需增加工作台制动锁紧机构；⑤由于磁吸力作用，造成装配困难；⑥系统价格较高。

超高速切削进给单元技术包括进给伺服驱动技术、滚动元件技术、监测单元技术、其他周边技术（如防尘、防屑、降噪声、冷却润滑）及安全技术等。

（4）超高速切削机床结构的变化　目前，绝大多数数控机床，即便是配备了最新型数控系统的机床，其基本结构也都为串联式结构。由于串联轴配置，后运动的轴受到先运动的轴带动和加速。此外，全部载荷（包括力和弯矩）都作用在每一根轴上，因此，轴的刚度必须非常高。随着机床尺寸的增大，串联式的机构具有很大的运动质量，使得机床在高速时的动态性能恶化和轨迹误差加大。

随着高速加工的不断发展，机床设计思想有了重大突破，新型的并联虚拟轴机床诞生了。

高速切削的基本要求是刀具与工件间相对运动速度要快，即具有高切削速度、高进给速度、高加速度。高速度必然导致运动部件轻型化。由于主轴和刀具与工件相比，一般重量小而且基本确定，所以在机床设计构思上趋于使工件处于静止，而使主轴和刀具运动。新型并联虚拟轴机床（又称六杆并联机床）的结构原理如图3-11所示。美国Ingersoll公司研制的六杆并联机床如图3-12所示。

图3-11　六杆并联机床的结构原理　　　　图3-12　Ingersoll公司研制的六杆并联机床

这种六杆并联机床的优点是：①结构简单，刚性好，采用框架结构和伸缩杆的球头万向联轴器联接，各杆只受拉力和压力；②运动和定位精度高，机床无导轨，主轴头的运动、定位精度不受其他部件影响；③运动质量小，可以做高速度运动；④对结构框架的制造、装配无特别精度要求。它的主要缺点是：①测量控制的计算量大，即便是简单的直线运动或绕某一轴线转动也须六杆联动；②与同样结构尺寸的机床相比其工作空间较小；③目前价格很高。此外，由于六杆并联机床的可伸缩杆不是标准组件，如果要求其刚度很高，在结构上很难实现；可伸缩杆的驱动是一个热源，会引起误差；六杆并联机床的工作空间始终是旋转对称的，没有优先方向，不能随意造型。

（5）机床支承技术与辅助单元技术　机床支承技术主要指机床的支承构件设计及制造技术。辅助单元技术包括快速工件装夹技术、机床安全装置、高效冷却润滑液过滤系统、切削处理及工件清洁技术。机床的床身、立柱和底座等支承基础件，要求有良好的静刚度、动刚度和热刚度。对精密高速机床，国内外都有采用聚合物混凝土（人造花岗石）来制造床身和立柱，也有的将立柱和底座采用铸铁浇注而成，还采用钢板焊接件，并将阻尼材料填充其内腔以提高抗振性，效果很好。

（6）超高速机床发展趋势

① 在干切削或准干切削状态下实现绿色的超高速切削。

② 超高速进给单元技术。

③ 超高速加工测试技术。

④ 超高速刀具。

⑤ 高速 CNC 系统技术。

⑥ 基于新型检测技术的加工状态监控系统。

3.2.3　超高速磨削技术

超高速（砂轮 $v_c \geqslant 150\text{m/s}$）磨削是近年迅猛发展起来的一项先进制造技术，被誉为"现代磨削技术的最高峰"。

超高速磨削技术特点如下：

① 大幅度提高磨削效率，设备使用台数少。

② 磨削力小，磨削温度低，加工表面完整性好。

③ 砂轮使用寿命长，有助于实现磨削加工的自动化。

④ 实现对难加工材料的磨削加工。

超高速磨削的关键技术如下：

1. 超高速磨削砂轮

超高速磨削砂轮应具有良好的耐磨性、高动平衡精度和机械强度、高刚度和良好的导热性等。

（1）超高速磨削用砂轮的材料　超高速磨削用砂轮应具有抗冲击强度高、耐热性好、微破碎性好、杂质含量低等优点，其材料可以是 Al_2O_3、SiC、CBN 和金刚石磨料。从超高速磨削的发展趋势看，CBN 砂轮和金刚石砂轮在超高速磨削中所占的比重越来越大。超高速磨削用砂轮的结合剂可以是树脂、陶瓷或金属结合剂。20 世纪 90 年代，用陶瓷或树脂结合剂的 Al_2O_3 砂轮、SiC 砂轮或 CBN 砂轮，其线速度可达 125m/s，极硬的 CBN 砂轮或金刚石砂轮的线速度可达 150m/s，而单层电镀 CBN 砂轮的线速度可达 250m/s 左右，甚至更高。

（2）超高速砂轮的修整　超高速单层电镀砂轮一般不需要修整。特殊情况下，可以利用粗磨粒、低浓度电镀杯形金刚石修整器对砂轮的个别高点进行微米级修整。试验表明，当修整轮的进给量在 $3 \sim 5\mu\text{m/r}$ 时不仅可以保证工件质量，而且可以延长砂轮寿命。

超高速金属结合剂砂轮一般采用电解修锐。超高速陶瓷结合剂砂轮的修整精度对加工质量有重要影响。日本丰田工机在 GZ50 超高速外圆磨床的主轴后部装有全自动修整装置，金刚石滚轮以 25000r/min 的速度回转，采用声发射传感器对 CBN 砂轮表面进行接触检测，以 $0.1\mu\text{m}$ 的进给精度对超高速砂轮进行修整。

2. 超高速主轴和超高速轴承

（1）超高速电主轴技术　超高速磨削主要采用大功率超高速电主轴。超高速电主轴惯性转矩小，振动噪声小，高速性能好，可缩短加减速时间，但它有很多技术难点。从精度方面看，如何减小电动机发热以及如何散热等将成为今后研究的课题，其制造难度所带来的经济负担也是相当大的。目前，德国 Hoffmann 公司正在进行高速磨削试验，为实现 500m/s 的线速度，采用最大功率为 25kW 的高速主轴，使其能在 30000r/min 和 40000r/min 转速下正常工作。日本一家轴承厂采用内装 AC 伺服电动机研制了一种超高速磨头，在 250000r/min 高速下也能稳定工作。

（2）超高速轴承技术 高速主轴采用的轴承有滚动轴承、气浮轴承、液体静压轴承和磁悬浮轴承等几种。

目前国外多数高速磨床采用的是滚动轴承。德国 FAG 轴承公司开发了 HS70 和 HS719 系列的新型高速主轴轴承，将这种轴承的滚珠直径缩小至原直径的 70%，增加滚珠数量，从而使轴承结构的刚度增加，若润滑合理，其连续工作时的转速特征值可达 250×10^4 mm · r/min。此外，采用空心滚动体可减小滚动体质量，从而减小离心力和陀螺力矩；为减小外围所受的应力，还可以使用拱形球轴承。

日本东北大学庄司研究室开发的 CNC 超高速平面磨床中使用陶瓷球轴承，主轴转速为 30000r/min。日本东芝机械公司在 ASV40 加工中心上采用了改进的气浮轴承，在大功率下实现了 30000r/min 的主轴转速。德国 KAPP 公司采用的磁悬浮轴承砂轮主轴，转速达到 60000r/min，德国的 GMN 公司的磁悬浮轴承主轴单元的转速最高达 100000r/min 以上。此外，液体动静压混合轴承也已逐渐应用于高速磨床。

3. 超高速磨削的砂轮平衡技术与防护装置

超高速磨削用砂轮的基盘通常经过精密或超精密加工获得，仅就砂轮而言不需要平衡。但是砂轮在主轴上的安装、螺钉分布、法兰装配甚至磨削液的干涉等都会改变磨削系统原有的平衡状态。因此，对超高速磨削用砂轮系统不能仅仅进行静平衡，还必须根据系统及不平衡量划分平衡阶段，进行分级动平衡，以保证其在工作转速下的稳定磨削。

超高速磨削中，砂轮的平衡主要采用自动在线平衡技术，即砂轮在工作转速下自动识别不平衡量的大小和相位，并自动完成平衡工作。根据自动平衡装置的平衡原理和结构型式的不同，砂轮自动平衡技术可分为机电式自动平衡技术、液体注入自动平衡技术和液-气式自动平衡技术三种。

（1）机电式自动平衡技术 20 世纪 80 年代末，美国 SCHMITT INDUSTRIES 公司生产出了一种被誉为"世界上最先进的磨床在线砂轮平衡系统"——SBS 全自动磨床砂轮在线平衡系统。该系统是由计算机控制微电动机来移动平衡装置内部的微小重块从而修正砂轮不平衡量的，如图 3-13 所示。日本研制出一种光控平衡仪，也是通过计算机控制平衡装置内部的传动机构和驱动元件来移动平衡块的，驱动元件的动作由受光元件接收砂轮罩上发光元件发出的信号控制。

（2）液体注入自动平衡技术 德国 Hoffmann 公司和 Herming Hausen 工厂提出了砂轮液体自动平衡装置，在砂轮的法兰盘加工或安装容量一定的 4 个储水腔，均匀分布于不同象限，每一个进水槽与一个由电磁阀控制的喷水嘴相对应，通过不同的喷水嘴可向不同的储水腔注入一定量的液体，从而改变砂轮不同象限的质量，实现砂轮的动平衡。日本 Kurenotron 公司把液体注入式砂轮平衡装置与计算机控制高精度砂轮装置有机结合，生产出称为 Balance Doctor 的全自动砂轮平衡系统，该系统能按机床指令完成砂轮动平衡。

（3）液-气式自动平衡技术 美国 Balance Dynamics Corporation 研制成功一种采用氟利昂作为平衡介质的 Baladyne 型液-气砂轮平衡装置。这种平衡装置在砂轮法兰盘上有 4 个密封腔，每个密封腔内分别装有氟利昂液。相对的密封腔通过输送管相连，管道只允许汽化的

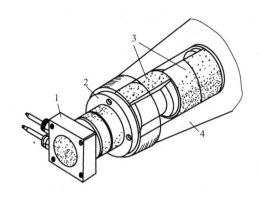

图 **3-13**　SBS 全自动磨床砂轮在线平衡系统

1—信号无线输送单元　2—紧固法兰　3—内装电子驱动元件的平衡块　4—磨床主轴

氟利昂通过。工作时，对不平衡量所在相位的密封腔用电气加热，使腔内液体氟利昂汽化，流入对面的不平衡腔内补偿不平衡量，使砂轮获得平衡。这个平衡装置的控制器采用整套的 CMOS 集成电路，并附加一个转速表，监控主轴转速。

4. 切削液供给系统

超高速磨削中，由于砂轮极高速旋转形成的气流屏障阻碍了切削液有效地进入磨削区，使接触区高温得不到有效的抑制，工件易出现烧伤，严重影响零件的表面完整性及力学和物理性能。因此，磨削液供给系统对提高和改善工件质量、减少砂轮磨损至关重要。超高速磨削常用的切削液注入方法有高压喷射法，空气挡板辅助截断气流法、气体内冷却法、径向射流冲击强化换热法等。为提高供液效果，应对供液系统参数包括供液压力、流量、切削液喷注位置、喷嘴结构及尺寸等进行优化设计。此外，系统还需配有高效率油气分离单元和吸排风单元。

5. 超高速磨削进给系统

目前数控机床进给系统主要采用滚珠丝杠传动。随着高速、超高速加工技术的发展，国内外都采用了直线伺服电动机直接驱动技术。使用高动态性能的直线电动机结合数字控制技术，避免了传统的滚珠丝杠传动中的反向间隙、弹性变形、摩擦磨损和刚度不足等缺陷，可获得高精度的高速移动并具有极好的稳定性。

6. 磨削状态检测及数控技术

超高速磨削加工中，对砂轮破碎及磨损状态的监测非常重要，砂轮与工件和修整轮的对刀精度直接影响尺寸精度和修整质量。因此，在线智能监测是保证超高速磨削加工质量和生产率的重要因素。利用磨削过程中产生的各种声发射源，如砂轮与工件弹性接触、结合剂破裂、磨粒与工件摩擦、砂轮破碎和磨损、工件表面裂纹和烧伤、砂轮与修整轮的接触等，可以通过检测声发射信号的变化来对磨削状态进行判别和监测，已取很好的效果。此外，工件精度和加工表面质量的在线监控技术也是高效率磨削的关键技术。

除了适应超高速加工的主轴单元及驱动系统、轴承技术、可靠的数控系统和进给系统外，超高速机床还必须有高刚度的支承部件（如采用重量轻、阻尼特性好的人造花岗岩做机床基础支承件等）、冷却机构（如切削液选择及快速排屑装置）和安全防护系统（如用厚的优质钢板和防弹玻璃将工作区完全封闭起来）。

3.2.4 超高速铣削技术

1. 超高速铣削技术的特点

（1）生产率高，成本低 超高速铣削高硬度钢的金属切除率高，没有手工精加工等耗时的工序，缩短了生产过程，简化了辅助工作，使整体加工效率提高几倍乃至十几倍，且其能耗低，能源和设备的利用率高，从而降低了生产成本。

（2）加工精度高 对于同样的切削层参数，在超高速铣削条件下，单位切削力显著下降，且其变化幅度小，使工件的受力变形显著减小。同时，由于机床主轴运转速度极高，激振频率远离机床、工件、刀具工艺系统的高阶固有频率范围，可有效减小系统的振动，因此有利于获得高的加工精度。

（3）加工表面质量好 超高速铣削的加工过程极为迅速，加工表面的受热时间极短，95%~98%的切削热被切屑带走，传入工件的切削热大为减少，切削温度低，热影响区和热影响程度都较小，有利于获得低损伤高质量的加工表面。同时，由于超高速铣削时切削振动对加工质量的影响很小，因而可显著降低加工表面粗糙度值，表面粗糙度值可达到 $Ra0.1\mu m$。

（4）适于加工薄壁类精细零件 与常规切削相比，超高速铣削加工时的切削力至少降低30%，尤其是径向力显著降低，非常有利于薄壁类精细零件的加工。例如，当切削速度达到 13000r/min 时，可以铣削壁厚仅 0.0165mm 的薄壁零件。

（5）加工耗能低，节省制造资源 工件制造时间短，提高能源和设备的利用率。

2. 超高速铣削的关键技术

（1）超高速铣削刀具几何角度 超高速铣削高硬度钢时，刀具的主要失效形式为刀尖破损，设计时应着重考虑提高刀尖的抗冲击强度。通常采用较小的前角，如前角为 0°或负值。增大后角可减少刀具的磨损，但后角过大会影响刀具的强度和散热条件，故也不宜过大。较大的螺旋角可增大实际工作前角，减小被切金属的变形，降低切削力，还可大大降低切削力的振幅，减小振动加速度，从而改善加工表面质量。

（2）超高速铣削刀具材料 超高速铣削刀具材料有整体硬质合金、涂层硬质合金、陶瓷、硬质合金和立方氮化硼等。

3. 超高速铣削的铣削方式

立铣刀、圆柱铣刀等以圆周刃切削时，有逆铣和顺铣两种铣削方式。顺铣时进给功率消耗较小，每个刀齿划过的路程较逆铣约短3%，产生的热量比逆铣少，故刀具寿命有所改善。逆铣时切削厚度从零增加到最大，切削刃受到的摩擦力比顺铣大，径向力也较大，主轴轴承承受的负载也较大。逆铣时切削刃受拉应力，顺铣时切削刃主要受压应力，更有利于铣削加工。

3.3 特种加工技术

3.3.1 特种加工技术概述

1. 特种加工技术发展的必要性

20世纪50年代以来，航空航天工业、核能工业、电子工业及汽车工业的迅速发展，科学技术的突飞猛进，对众多产品均要求具备很高的强度质量比与性能价格比，对有些产品则要求在高温、高压、高速或腐蚀环境下长期而可靠地工作。为适应这一要求，各种新结构、新材料与复杂的精密零件大量出现，其结构形状越来越复杂，材料性能越来越强韧，精度要求越来越高，表面完整性要求越来越严格，从而使机械制造部门面临一系列严峻的任务。为此，必须解决以下一些加工技术问题：

1）各种难切削材料的加工问题，如硬质合金、钛合金、淬火钢、金刚石、宝石、石英，以及锗、硅等各种高硬度、高强度、高韧性、高脆性的金属及非金属材料的加工。

2）各种特殊复杂表面的加工问题，如喷气涡轮机叶片、整体涡轮、发动机匣、锻压模和注射模的立体成形表面和喷油嘴、栅网、喷丝头上的小孔、窄缝等的加工。

3）各种超精、光整或具有特殊要求的零件加工问题，如对表面质量和精度要求很高的航空航天陀螺仪、伺服阀，以及细长轴、薄壁零件、弹性元件等低刚度零件的加工。

在生产的迫切需求下，人们通过各种渠道，借助于多种能量形式，探求新的工艺途径，冲破传统加工方法的束缚，不断地探索、寻求各种新的加工方法，于是一种本质上区别于传统加工的特种加工便应运而生。目前，特种加工技术已成为机械制造技术中不可缺少的一个组成部分。

2. 特种加工技术的定义

特种加工是主要利用电、磁、声、光、热、液、化学等能量单独或复合对材料进行去除、堆积、变形、改性、镀覆等的非传统加工方法。与传统机械加工方法相比，特种加工具有许多独到之处。

1）在加工范围上不受材料的物理、力学性能限制，能加工硬的、软的、脆的、耐热或高熔点金属及非金属材料。

2）易获得良好的表面质量，残余应力、热应力、热影响区、冷作硬化等均比较小。

3）易于加工比较复杂的型面、微细表面及柔性零件。

4）各种加工方法易于复合形成新的工艺方法，便于推广和应用。

3. 特种加工技术的分类

特种加工技术包含的范围非常广，随着科学技术的发展，特种加工技术的内容也不断丰富。就目前而言，特种加工方法已达数十种，其中也包含一些借助机械能切除材料，但又不同于一般切削和磨削的加工方法，如磨粒流加工、液体喷射流加工、磨粒喷射加工、磁磨粒加工等。常用的特种加工方法见表3-3。

表3-3 常用的特种加工方法

分　类	特种加工方法	能量来源及形式	作 用 原 理	英文缩写
电火花加工	电火花成形加工	电能、热能	熔化、汽化	EDM
	电火花线切割加工	电能、热能	熔化、汽化	WEDM
电化学加工	电解加工	电化学能	金属离子阳极溶解	ECM（ELM）
	电解磨削	电化学能、机械能	阳极溶解、磨削	EGM（ECG）
	电解研磨	电化学能、机械能	阳极溶解、研磨	ECH
	电铸	电化学能	金属离子阴极沉淀	EFM
	涂镀	电化学能	金属离子阴极沉淀	EPM

（续）

分 类		特种加工方法	能量来源及形式	作用原理	英文缩写
能束加工	激光加工	激光切割、打孔	电能、热能	熔化、汽化	LBM
		激光打标记	电能、热能	熔化、汽化	LBM
		激光处理、表面改性	电能、热能	熔化、相变	LBT
	电子束加工	切割、打孔、焊接	电能、热能	熔化、汽化	EBM
	离子束加工	蚀刻、镀覆、注入	电能、动能	原子撞击	IBM
	等离子弧加工	切割（喷镀）	电能、热能	熔化、汽化（涂覆）	PAM
超声加工		切割、打孔、雕刻	声能、机械能	磨料高频撞击	USM
化学加工		化学铣削	化学能	腐蚀	CHM
		化学抛光	化学能	腐蚀	CHP
		光刻	化学能	光化学腐蚀	PCM

由表3-3可以看出，除了借助于化学能或机械能的加工方法以外，大多数常用的特种加工方法均为直接利用电能或电能所产生的特殊作用所进行的加工方法，通常将这些方法统称为电加工。

4. 特种加工工艺

特种加工工艺是直接利用各种能量，如电能、光能、化学能、电化学能、声能、热能及机械能等进行加工的方法。其最大特点是"以柔克刚"，特种加工的工具与被加工零件基本不接触，加工时不受工件的强度和硬度的制约，故可加工超硬脆材料和精密微细零件，甚至工具材料的硬度可低于工件材料的硬度。

加工时主要用电、化学、电化学、声、光、热等能量去除多余材料，而不是主要靠机械能量切除多余材料。

加工机理不同于一般金属切削加工，不产生宏观切屑，不产生强烈的弹性变形和塑性变形，故可获得很低的表面粗糙度值，其残余应力、冷作硬化、热影响度等也远比一般金属切削加工的小。

加工能量易于控制和转换，故加工范围广，适应性强。

5. 特种加工技术的应用领域

特种加工技术在国际上被称为21世纪的技术，对新型武器装备的研制和生产起到举足轻重的作用。随着新型武器装备的发展，国内外对特种加工技术的需求日益迫切。不论飞机、导弹，还是其他作战平台都要求降低结构重量，提高飞行速度，增大航程，降低燃油消耗，达到战技性能高、结构寿命长、经济可承受性好。因此，上述武器系统和作战平台都要求采用整体结构、轻量化结构、先进冷却结构等新型结构，以及钛合金、复合材料、粉末材料、金属间化合物等新材料。

采用特种加工技术可以解决武器装备制造中用常规加工方法无法实现的加工难题，所以特种加工技术的主要应用领域是：

1）难加工材料，如钛合金、耐热不锈钢、高强钢、复合材料、工程陶瓷、金刚石、红宝石、硬化玻璃等高硬度、高韧性、高强度、高熔点材料。

2）难加工零件，如复杂零件三维型腔、型孔、群孔和窄缝等的加工。

3）低刚度零件，如薄壁零件、弹性元件等零件的加工。

4）以高能量密度束流实现焊接、切割、制孔、喷涂、表面改性、刻蚀和精细加工。

6. 特种加工技术的发展趋势

为进一步提高特种加工技术水平并扩大其应用范围，当前特种加工技术的总体发展趋势主要有以下几个方面：

1）采用自动化技术。充分利用计算机技术对特种加工设备的控制系统、电源系统进行优化，加大对特种加工的基本原理、加工机理、工艺规律、加工稳定性等深入研究的力度，建立综合工艺参数自适应控制装置、数据库等（如对超声加工和激光等加工的研究），进而建立特种加工的 CAD/CAM 与柔性制造系统，使加工设备向自动化、柔性化方向发展，这是当前特种加工技术的主要发展方向。

2）开发新工艺方法及复合工艺。为适应产品的高技术性能要求与新型材料的加工要求，需要不断开发新工艺方法，包括微细加工和复合加工，尤其是质量高、效率高、经济型的复合加工。

3）趋向精密化研究。高新技术的发展促使高新技术产品向超精密化与小型化方向发展，对产品零件的精度与表面粗糙度提出更严格的要求。为适应这一发展趋势，特种加工的精密化研究已引起人们的高度重视。因此，大力开发用于超精加工的特种加工技术（如等离子弧加工等）已成为重要的发展方向。

4）污染问题是影响和限制一些特种加工（如电化学加工）应用、发展的严重障碍。若加工过程中的废渣、废气排放不当，就会产生环境污染，影响工人健康。因此，必须花大力气利用废气、废液、废渣，向"绿色"加工的方向发展。

5）进一步开拓特种加工技术。研究以多种能量同时作用、相互取长补短的复合加工技术，如电解磨削、电火花磨削、电解放电加工、超声电火花加工等。

可以预见，随着科学技术和现代工业的发展，特种加工必将不断完善和迅速发展，反过来又必将推动科学技术和现代工业的发展，并发挥越来越重要的作用。

3.3.2　电火花加工

电火花加工（Electro - discharge Machining，EDM）是利用浸在工作液中的两极间脉冲放电时产生的电蚀作用蚀除导电材料的特种加工方法，又称放电加工或电蚀加工。在特种加工中，电火花加工的应用最为广泛，尤其在模具制造、航空航天等领域占据极为重要的地位。

1. 加工原理与特点

（1）基本原理　电火花加工的原理示意如图3-14所示。加工时，将工具与工件置于具有一定绝缘强度的液体介质中，并分别与脉冲电源的正、负极相连接。自动进给调节装置控制工具电极，保证工具与工件间维持正常加工所需的很小放电间隙。当两极之间的电场强度增加到足够大时，两极间最近点的液体介质被击穿，产生短时间、高能量的火花放电，放电区域的温度瞬时可达 10000℃ 以上，金属被熔化或汽化。灼热的金属蒸气具有很大的压力，引起剧烈的爆炸，而将熔融的金属抛出，金属微粒被液体介质冷却并迅速从间隙中冲走，工件与工具表面形成一个小凹坑，如图 3-14b、c 所示。第一个脉冲放电结束之后，经过很短的间隔时间，第二脉冲又在另一极间最近点击穿放电。如此周而复始高频率地循环下去，工具电极不断地向工件进给，得到由无数小凹坑组成的加工表面，工具的形状最终被复制在工件上。

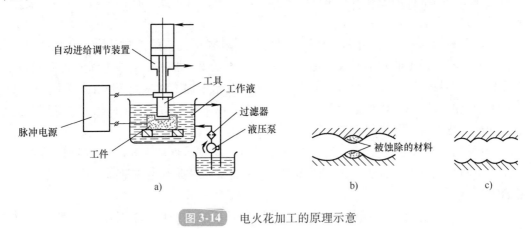

图 3-14 电火花加工的原理示意

从以上的叙述可以看出，进行电火花加工必须具备下列三个条件：

① 必须采用脉冲电源，以形成瞬时的脉冲式放电。每次放电时间极短，使放电产生的热量来不及传输出去，而是集中于微小区域。

② 必须采用自动进给调节装置，保证工具电极与工件电极间微小的放电间隙（0.01 ~ 0.05mm），以维持适宜的火花放电状态。

③ 火花放电必须具有足够大的能量密度，且必须在具有一定绝缘强度的液体介质（工作液）中进行。大的能量密度用以熔化（或汽化）工件材料，液体介质除对放电通道有压缩作用外，还可排除电蚀产物，冷却电极表面。常用的液体介质有煤油、矿物油、皂化液或去离子水等。

（2）工艺特点

① 能加工任何导电的难切削的材料。电火花加工中的材料去除是靠放电时的电热作用实现的，因此可用软的工具加工硬韧的工件，甚至可加工聚晶金刚石、立方氮化硼一类超硬材料。目前工具电极材料多采用纯铜或石墨，因此工具电极较容易制造。

② 加工中不存在切削力，因此特别适宜复杂形状的工件、低刚度工件及微细结构的加工。数控技术的采用使得用简单电极加工复杂形状零件成为可能。

③ 由于脉冲参数可根据需要任意调节，因而可在同一台机床上完成粗加工、半精加工、精加工。直接使用电能加工，便于实现自动化。

④ 电火花加工的局限性是加工速度较慢，工具电极存在损耗，影响加工效率和成形精度；工作液的净化和加工生产中的烟雾污染处理比较麻烦，容易污染环境。

2. 电火花加工的应用

（1）电火花穿孔 电火花穿孔加工是指贯通的二维型孔（图 3-15）的加工，是电火花加工中应用最广的一种，常加工的型孔有圆孔、方孔、多边形孔、异形孔、曲线孔、小孔及微孔等。例如，冷冲模、拉丝模、挤压模、喷嘴、喷丝头上的各种型孔和小孔都可用电火花穿孔加工而成。

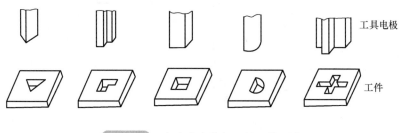

工具电极

工件

图 3-15　电火花穿孔加工的二维型孔

穿孔的尺寸精度主要靠工具电极的尺寸和火花放电的间隙来保证。工具电极材料一般为T10A、Cr12、GCr15 等。电极的截面轮廓尺寸要比预定加工的型孔尺寸均匀地缩小一个加工间隙，其尺寸精度要比工件高一级，表面粗糙度值要比工件的小，一般尺寸公差等级不低于IT 7，表面粗糙度值小于 $Ra1.25\mu m$，且直线度、平面度和平行度误差在 100mm 的长度上不大于 0.01mm。放电间隙的大小由加工中采用的电规准决定。为了提高生产率，常采用粗规准蚀除大量金属，再用精规准保证加工质量。为此，可将穿孔加工中的工具电极制成阶梯形，先由头部进行粗加工，接着改用精规准由后部进行精加工。

（2）电火花型腔加工　电火花型腔加工指三维型腔和型面的加工及电火花雕刻，如锻模、压铸模、挤压模、胶木模、塑料模的加工等。

电火花型腔加工比较困难。首先因为均是不通孔加工，金属蚀除量大，工作液循环和电蚀产物排除条件差，工具电极损耗后无法靠进给补偿；其次加工面积变化大，加工过程中电规准调节范围较大，并且由于型腔复杂，电极损耗不均匀，对加工精度影响很大。因此，电火花型腔加工生产率低，质量保证有一定困难。

常用电火花加工型腔的方法有单电极平动法、分解电极加工法和程控电极加工法等。为了提高型腔的加工质量，最好选用耐蚀性高的材料做电极材料，如铜钨合金和银钨合金等，但因其价格较贵，工业生产中常用纯铜和石墨做电极。

（3）电火花线切割加工　电火花线切割加工简称线切割加工，它是利用一根运动的细金属丝（$\phi0.02 \sim \phi0.3$mm 的钼丝或铜丝）作为工具电极，在工件与金属丝间通以脉冲电流，靠火花放电对工件进行切割加工的。其工作原理如图 3-16 所示，工件上预先加工好穿丝孔，电极丝穿过该孔后，经导轮由储丝筒带动做正、反向交替移动；放置工件的工作台按预定的控制程序，在 X、Y 两个坐标方向上做伺服进给移动，把工件切割成形。加工时，需在电极丝和工件间不断浇注工作液。

线切割加工与电火花穿孔既有共性，又各有特性。

电火花线切割加工与电火花成形加工的共性表现如下：

① 线切割加工的电压、电流波形与电火花穿孔加工的基本相似。单个脉冲也有多种形式的放电状态，如开路、正常火花放电、短路及相互转换等。

② 线切割加工的加工机理、生产率、表面粗糙度等工艺规律，材料的可加工性等也都与电火花穿孔加工基本相似，可以加工硬质合金等一切导电材料。

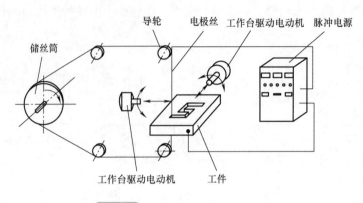

导轮　电极丝　工作台驱动电动机　脉冲电源

储丝筒

工作台驱动电动机　工件

图 3-16　电火花线切割工作原理

线切割加工与电火花穿孔加工比较有以下特点：

① 省掉了成形的工具电极，大大降低了成形工具电极的设计和制造费用及生产周期。

② 由于电极丝比较细，可以加工微细异形孔、窄缝和复杂形状的工件。

③ 由于采用移动的长电极丝进行加工，使单位长度电极丝的损耗较少，从而对加工精度的影响比较小，特别在低速走丝线切割加工时电极丝是一次性使用的，电极损耗对加工精度的影响更小。

④ 电火花线切割易于实现计算机控制自动化程序。

⑤ 不能加工不通孔和阶梯成形表面。

由于电火花线切割加工具有上述突出的特点，在国内外发展都较快，已经成为一种高精度和高自动化程度的特种加工方法，在成形刀具与模具制造、难切削材料加工和精密复杂零件加工等方面得到了广泛应用。

电火花加工还有其他许多形式的应用。例如，用电火花磨削，可磨削加工精密小孔、深孔、薄壁孔及硬质合金小模数滚刀、成形铣刀的后面；用电火花共轭回转加工可加工精密内、外螺纹量规，内锥螺纹，精密内、外齿轮等；此外还有电火花表面强化和刻字加工等。图 3-17 所示为电火花加工的产品。

a)　　　　　　　　　　　　b)

图 3-17　电火花加工的产品

a) 鹰　b) 龙

3. 电火花加工特性

（1）电火花加工速度与表面质量　在电火花机床上加工模具一般采用粗加工、半精加工、精加工三种方式。粗加工采用大功率、低损耗来实现，而半精加工和精加工时电极损耗相对大，但由于一般情况下半精加工、精加工余量较少，因此电极损耗也极小，可以通过控制加工尺寸进行补偿，或在不影响精度要求时予以忽略。

（2）电火花加工中的碳渣与排渣　电火花加工必须在产生碳渣和排除碳渣平衡的条件下才能顺利进行。实际中往往以牺牲加工速度来排除碳渣，如在半精加工、精加工时采用高电压、大休止脉冲等。另一个影响排除碳渣的原因是加工表面形状复杂，使排屑路径不畅通。因此，应积极开创良好的排除条件，对应地采取一些方法来积极处理。

（3）电火花加工中工件与电极的相互损耗　电火花加工放电脉冲时间长，有利于降低电极损耗。电火花粗加工一般采用长放电脉冲和大放电电流，加工速度快，电极损耗小。在精加工时放电电流小，必须减小放电脉冲时间，这样不仅加大了电极损耗，也大幅度降低了加工速度。

电火花加工是与机械加工完全不同的一种新工艺。随着工业生产的发展和科学技术的进步，具有高熔点、高硬度、高强度、高脆性，高黏性和高纯度等性能的新材料不断出现，具有各种复杂结构与特殊工艺要求的工件越来越多，使用传统的机械加工方法不能加工或难于加工。因此，人们除了进一步发展和完善机械加工方法之外，还努力寻求新的加工方法。电火花加工方法能够适应生产发展的需要，并在应用中显示出很多优异性能，因此得到了迅速发展和日益广泛的应用。

4. 电火花加工机床简介

电火花加工机床主要由机床本体、间隙自动调节器、脉冲电源和工作液循环过滤系统等部分组成。

（1）机床本体　机床本体用来安装工具电极和工件电极，并调整它们之间的相对位置，它包括床身、立柱、主轴头、工作台等。

（2）间隙自动调节器　间隙自动调节器自动调节两极间隙和工具电极的进给速度，维持合理的放电间隙。

（3）脉冲电源　脉冲电源是把普通交流电转换成频率较高的单向脉冲电流的装置。电火花加工用的脉冲电源可分为弛张式脉冲电源和独立式脉冲电源两大类。

（4）循环过滤系统　循环过滤系统由工作液箱、泵、管、过滤器等组成，目的是为加工区提供较为纯净的液体工作介质。

图3-18所示为低速走丝电火花线切割机，型号为DK7625P，规格为380mm×260mm×250mm。DK7625P机床结构采用工作台固定而立柱移动的形式，由于伺服电动机的负载变成了恒定负载，因而提高了运行的定位精度。同时，固定式工作台使得因承重变化而引起的结构变形降到最低。

3.3.3　电解加工

电解加工（Electrochemical Machining，ECM）是利用金属在电解液中可以产生阳极溶解的电化学原理来进行加工的一种方法，属于电化学加工。

图 3-18 低速走丝电火花线切割机

1. 加工原理与特点

（1）基本原理 电解加工的原理与过程如图 3-19 所示。在进给机构的控制下，工具电极向工件缓慢进给，使两极间保持较小的加工间隙（0.1～1mm），具有一定压力（0.5～2MPa）的电解液（NaCl 的质量分数为 10%～20%），从间隙中高速（5～60m/s）流过。工件接直流电源的正极作为阳极，工具电极接直流电源的负极作为阴极。电解液在低电压（5～24V）、大电流（1000～2000A）作用下使作为阳极的工件发生溶解，电解产物被电解液冲走。根据法拉第定律，金属阳极溶解量与通过的电流量成正比。在加工刚开始时，两极间距离最近的地方通过的电流密度较大，这些地方溶解速度就比其他地方快。随着工件的溶解，工具电极不断向工件进给，工件表面逐渐与工具电极吻合形成均匀的间隙，然后工件表面开始均匀溶解，直至达到尺寸要求为止。

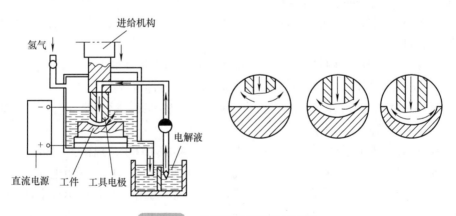

图 3-19 电解加工的原理与过程

（2）工艺特点

1）与其他加工方法相比，电解加工的优点如下：

① 加工范围广。电解加工几乎可以加工所有的导电材料，并且不受材料的强度、硬度、

韧性等力学性能和物理性能的限制，加工后材料的金相组织基本上不发生变化。它常用于加工硬质合金、高温合金、淬火钢、不锈钢等难加工材料。

② 生产率高，且不直接受加工精度和表面粗糙度的限制。电解加工能以简单的直线进给运动一次加工出复杂的型腔、型面和型孔，而且加工速度可以和电流密度成比例地增加。据统计，电解加工的生产率约为电火花加工的 5~10 倍，在某些情况下，其甚至可以超过机械切削加工。

③ 加工质量好。电解加工可获得一定的加工精度和较低的表面粗糙度值。加工精度：型面和型腔为 $\pm(0.05~0.20)$ mm；型孔和套料为 $\pm(0.03~0.05)$ mm。表面粗糙度值：对于一般中、高碳钢和合金钢，可稳定地达到 $Ra1.6~Ra0.4\mu m$，对有些合金钢可达到 $Ra0.1\mu m$。

④ 可用于加工薄壁和易变形零件。电解加工过程中工具和工件不接触，不存在机械切削力，不产生残余应力和变形，没有飞边、毛刺。

⑤ 工具阴极无损耗。在电解加工过程中工具阴极上仅仅析出氢气，而不发生溶解反应，所以没有损耗。只有在产生火花、短路等异常现象时才会导致阴极损伤。

2）电解加工也存在如下一些弱点和局限性：

① 加工精度和加工稳定性不高。电解加工的加工精度和稳定性取决于阴极的精度和加工间隙的控制。而阴极的设计、制造和修正都比较困难，其精度难以保证。此外，影响电解加工间隙的因素很多，且规律难以掌握，加工间隙的控制比较困难。

② 由于阴极和夹具的设计、制造及修正困难，周期较长，因此单件小批生产的成本较高。同时，电解加工所需的附属设备较多，占地面积较大，且机床需要足够的刚度和防腐蚀性能，造价较高。因此，批量越小，单件附加成本越高。

③ 电解液过滤、循环装置庞大，占地面积大，并且电解液对设备有腐蚀作用。

④ 电解液及电解产物容易污染环境。

2. 电解加工的应用

电解加工首先在国防工业中应用于加工炮管膛线，目前已成功地应用于叶片型面、模具型腔与花键、深孔、异形孔及复杂零件的薄壁结构等加工。电解加工用于电解刻印、电解倒棱去毛刺时，加工效率高、费用低；用电解抛光不仅效率比机械抛光高，而且抛光后表面耐蚀性好。另外，电解加工与机械加工结合能形成多种复合加工，如电解磨削、电解珩磨、电解研磨等。

（1）电解加工整体叶轮　涡轮叶片是喷气发动机、汽轮机中的关键零件，它的形状复杂，精度要求高，生产批量大。现代涡轮叶片毛坯是采用精密铸造方法制造的，一般通过叶片上的榫头和轮盘上的榫槽连接组成叶轮。叶片榫头的精度要求很高，精密铸造难以达到要求，加之叶片采用高温合金材料制造，切削加工十分困难，刀具磨损严重，生产周期长，且质量难以保证。现采用电解加工的方法，不受材料硬度和韧性的限制，在一次行程中可加工出具有复杂叶片型面的整体叶轮，比切削加工有明显的优越性。

如图 3-20 所示，电解加工整体叶轮前，先加工好整体叶轮的毛坯，然后用套料法加工叶片。每加工完一个叶片，退出阴极（工具），分度后再依次加工下一个叶片。这样不但解决了刀具磨损问题，缩短了加工周期，而且可以保证叶轮的整体强度和质量。

（2）深孔扩孔加工　深孔扩孔电解加工时，常采用移动式阴极（图 3-21a）。将待扩孔

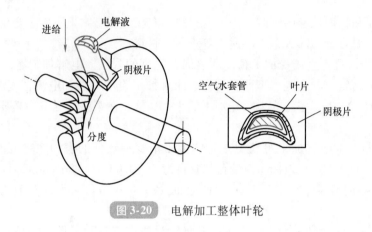

图 3-20 电解加工整体叶轮

的工件用夹具固定，工件接电源正极，移动工具接电源负极。工具（阴极）由接头、密封圈、前引导、出水孔、阴极主体及后引导等部分组成，如图 3-21b 所示。

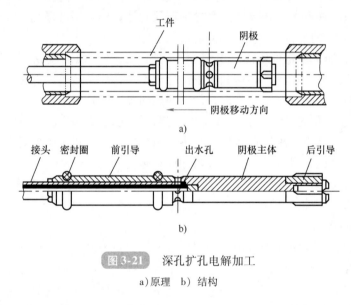

图 3-21 深孔扩孔电解加工
a）原理　b）结构

阴极主体用黄铜或不锈钢等导电材料制成，非工作面用有机玻璃或环氧树脂等绝缘材料遮盖。前引导和后引导起定位及绝缘作用。电解液从接头内孔引进，由出水孔喷出进入加工区。密封圈用橡胶制成，起密封电解液的作用。深孔扩孔加工间隙（单边）为 $0.3 \sim 1.2mm$，孔径越大，加工间隙相应越大。电解加工常用于 $\phi10 \sim \phi160mm$ 深孔的加工。

（3）电解去毛刺 用机械加工方式加工零件时常会产生毛刺，其外观虽十分微小，但危害却很大，在加工过程中往往要安排去毛刺工序。传统的方法是钳工手工去毛刺，不但效率低，而且有的毛刺因硬度过高或所在空间狭小难以去除。

电解去毛刺是电解加工技术应用的又一个方面。图 3-22 所示为电解去小孔毛刺的原理，它以工件为阳极，工具电极为阴极。电解液流过工件上的毛刺与工具阴极之间的狭小间隙（$0.3 \sim 1mm$）时，在直流电压的作用下，工件的尖角、棱边处的电流密度最大，使毛刺迅速被溶解去除，棱边也可获得倒圆。工件上的其余部分有绝缘层屏蔽保护，不会因为电解作用而破坏原有精度。

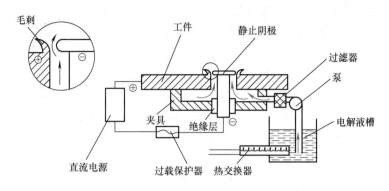

图 3-22　电解去小孔毛刺的原理

（4）电解磨削　电解磨削是阳极金属的电化学溶解（占 95% ~ 98%）和机械磨削（占 2% ~ 5%）作用相结合的复合加工方法。其加工原理如图 3-23 所示，砂轮中的绝缘材料磨粒均匀地突出在砂轮表面上，当工件被压而与磨粒接触时，砂轮上磨粒的高度便确定了阳极（工件）与阴极（砂轮）之间的有效间隙，电解液箱中的电解液被送入到间隙区，电流接通后工件与砂轮形成回路，工件表面发生电化学阳极溶解，其表面形成一层氧化膜（阳极薄膜），再由高速旋转砂轮的磨削作用去除，并随电解液流走，而新的工件表面继续进行电解。这样，电解作用与磨削作用交替进行，直到达到加工要求。在加工中大部分材料由电解去除，仅有少量材料是由磨粒的机械作用去除的。电

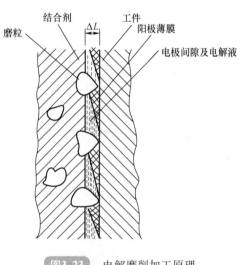

图 3-23　电解磨削加工原理

解作用和刮除薄膜的磨削作用交替进行，直到达到加工要求为止。

电解磨削克服了电解加工精度不高的弱点，集中了电解加工和机械磨削的优点。其加工精度平均为 0.02mm，最高可达 0.001mm，表面粗糙度值平均为 $Ra0.8\mu m$，最低可达 $Ra0.02\mu m$；其效率一般高于机械磨削，而砂轮的损耗远比机械磨削小。

电解磨削适合于磨削高强度、高硬度、热敏性和磁性材料，如硬质合金、高速钢、不锈钢、钛合金、镍基合金等，在生产中已用来磨削各种硬质合金刀具、量具、涡轮叶片棒头、蜂窝结构件、轧辊、挤压模与拉丝模等，并且应用范围正在日益扩大。

（5）电解抛光　电解抛光是利用不锈钢在电解液中的选择性阳极溶解而达到抛光和清洁表面目的的一种电化学表面处理方法。它具有以下突出优点：

① 极大地提高了表面耐蚀性。由于电解抛光对元素的选择性溶出，使得表面生成一层致密而坚固的富铬固体透明膜，并形成等电势表面，从而消除和减轻了微电池腐蚀。

② 电解抛光后的微观表面比机械抛光后的表面更平滑，反光率更高。这使得设备不粘壁、不挂料、易清洗，达到生产质量管理规范和食品药品监督管理局的规范要求。

③ 电解抛光不受工件尺寸和形状的限制。对不宜进行机械抛光的工件可实施电解抛光，如细长管内壁、弯头、螺栓、螺母和容器内外壁。

3. 电解加工机床简介

电解加工机床主要由机床本体、直流稳压电源和电解液系统三部分组成。

（1）机床本体 为了使机床主轴在高速电解液作用下稳定进给，并获得良好的加工精度，电解加工机床本体除了具有一般机床本体的共同要求外，还必须具有足够的刚度、可靠的进给运动平稳性、良好的防腐性能和密封性能。

（2）直流稳压电源 直流稳压电源的作用是把普通交流电转换成电压稳定的直流电。对于电解加工来说，直流稳压电源应具有以下特征：

① 合适的容量范围。稳压电源的容量主要由工件的投影面积和电流密度的乘积决定。常用的直流稳压电源容量为 500A、1000A、2000A、3000A、5000A、10000A、15000A 和 20000A。电源的输出电压为 6 ~ 24V。

② 良好的稳压精度。电解加工的稳压精度对加工精度影响很大，因此稳压精度一般应控制在 ±（1% ~ 2%）。

③ 可靠的短路保护。在电源中只要发生短路，就能迅速（10 ~ 20μs）切断电源，以避免因短路而烧伤工具与工件。

（3）电解液系统 电解液系统主要由电解液泵、电解液槽、过滤器、热交换器及其他管路件组成。其作用是连续且平稳地向加工区输送足够流量和合适温度的干净电解液。

3.3.4 激光加工

激光加工（Laser Beam Machining，LBM）是20世纪60年代初期兴起的一项新技术，此后该项技术逐步应用于机械、汽车、航空、电子等行业，尤以机械行业的应用发展速度最快。反过来，它在机械制造业中的广泛使用又推动了激光加工技术的工业化。

20世纪70年代，美国进行了两项研究：第一项是福特汽车公司进行的车身钢板的激光焊接；第二项是通用汽车公司进行的动力转向变速器内表面的激光淬火。这两项研究推动了机械制造业中激光加工技术的发展。到了20世纪80年代后期，激光加工的应用实例有所增加，其中增长最迅速的是激光切割、激光焊接和激光淬火。这三种技术目前已经发展成熟，应用也很广泛。进入20世纪90年代后期，激光珩磨技术的出现又标志着激光微细加工技术在机械加工中的应用翻开了崭新的一页。

激光加工是利用光能量进行加工的一种方法，它可以用于打孔、切割、焊接、热处理、珩磨等。

1. 加工原理与特点

普通光源的发光是以自发辐射为主，激光的发射则是以受激辐射为主。激光具有亮度高、方向性好（几乎是一束平行准直的光束）、单色性好（光的频率单一）、相干性好（频率相同，振动方向相位差固定）、能量高度集中、闪光时间极短等特性。由于激光是能量密度非常高的单色光，可以通过一系列光学系统聚焦成平行度很高的微细光束，即使激光输出功率不大，只要聚焦成很细的光束，也可得到极大的能量密度。当激光照射到工件表面，光能被工件吸收并迅速转化为热能，产生10000℃以上的高温，从而能在极短的时间内使各种物质熔化和汽化，达到去除材料的目的。

图 3-24 所示为固体激光器的工作原理。激光器的作用是把电能转变成光能，产生所需要的激光束。激光器主要由工作物质、激励源、全反射镜和部分反射镜四部分组成。工作物质是固体激光器的核心，其可以是固体，如红宝石、钕玻璃及钇铝石榴石等，也可以是气体，如二氧化碳。激励源的主体是一个光泵，即脉冲氙灯或氪灯，其作用是将工作物质内部原子中的粒子由低能级激发到高能级，使工作物质内部的原子形成"粒子数反转"分布，并受激辐射产生激光。激光在由全反射镜和部分反射镜组成的光学谐振腔内多次来回反射，互相激发，迅速反馈放大，由部分反射镜的一端输出激光。激光通过透镜聚焦形成高能光束，照射到工件表面上，即可开始进行加工。

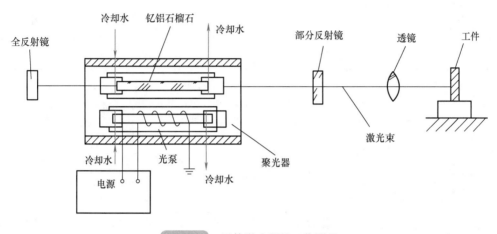

图 3-24　固体激光器的工作原理

能量密度极高的激光束照射到被加工表面时，一部分光能被反射或穿透物质，不能参与加工；而剩余的光能则被加工表面吸收并转换成热能。对不透明的物质，绝大部分光能被加工表面吸收并转换成热能，使照射斑点局部区域的物质迅速熔化以致汽化蒸发，并形成小凹坑。同时由于热扩散使斑点周围的金属熔化，随着激光能量继续被吸收，凹坑中金属蒸气迅速膨胀，压力突然增大，产生一个微型爆炸，把熔融物高速喷射出来。熔融物高速喷射所产生的反冲压力又在工件内部形成一个方向性很强的冲击波。这样，高温熔融和冲击波综合作用，蚀除了工件材料上的部分物质，从而打出一个具有一定锥度的小孔。

激光加工具有以下特点：

① 激光加工可以实现很微细的加工。激光聚焦后的焦点直径理论上可小至 $\phi 0.001\,mm$ 以下，实用上可以实现 $\phi 0.01\,mm$ 左右的小孔加工和 $0.01\,mm$ 宽的窄缝切割。

② 激光加工的功率密度高达 $10^7 \sim 10^8 \, W/cm^2$，是各种加工方法中最高的一种。它几乎可以加工任何金属与非金属材料，如高硬度难加工材料、极脆的材料、高熔点材料、耐热合金及陶瓷、宝石、金刚石等硬脆材料。

③ 激光加工是非接触加工，没有机械力，工件无受力变形，加工污染少，并能透过空气、惰性气体或透明体对工件进行加工。因此，可通过由玻璃等光学材料制成的窗口对被封闭的零件进行激光加工。

④ 激光打孔、切割的速度很高（打一个孔仅需 $0.001\,s$），加工部位周围的材料几乎不受热影响，工件热变形很小。

⑤ 激光加工与现代数控机床相结合，具有加工精度高、可控性好、程序简单、省料及污染少等特点，易于实现加工自动化。

自1960年制成第一台激光器以来，激光器发展到今天已不下数百种，按工作物质可分为固体激光器、气体激光器、液体激光器、化学激光器、半导体激光器，见表3-4；按工作方式可分为连续激光器、脉冲激光器、突变激光器、超短脉冲激光器等。激光加工常用固体激光器。

表3-4 激光器的种类

激光器	固体激光器	气体激光器	液体激光器	化学激光器	半导体激光器
优点	功率大，体积小，使用方便	单色性、相干性、频率稳定性好，操作方便，波长丰富	价格低廉，制备简单，输出波长连续可调	体积小，重量轻，效率高，结构简单紧凑	不需外加激励源，适合于野外使用
缺点	相干性和频率稳定性不够，能量转换率较低	输出功率低	激光特性易受环境温度影响，进入稳定工作状态时间长	输出功率较低，发散较大	目前功率较低，但有希望获得较大功率
应用范围	工业加工、雷达、测距、制导、医疗、光谱分析、通信与科研等	应用最广泛，几乎遍及各行业	医疗、农业和各种科学研究	通信、测距、信息存储与处理等	测距、军事、科研等
常用类型	红宝石激光器	氦氖激光器	染料激光器	砷化镓激光器	氟氢激光器

3-02
激光加工的应用（汽车焊接应用）

2. 激光加工的应用

近年来，激光加工技术越来越多地应用于汽车、仪表、航空航天工业及模具制造业等。

（1）激光打孔 20世纪80年代末期出现的手提式电话，发展至今变得小巧玲珑，其中最关键的技术是用激光打孔取代传统的钻头钻孔。用钻头钻孔的方式是无法进行孔径 $\phi 100\mu m$ 以下的孔加工的。而激光加工就能够突破这一技术难关，并且极大地提高了工作效率。利用激光打微型小孔，主要应用于某些特殊零件或行业，如火箭发动机和柴油机的喷油嘴，化学纤维的喷丝头，金刚石拉丝模，钟表及仪表中的宝石轴承，陶瓷、玻璃等非金属材料和硬质合金、不锈钢等金属材料的微细小孔的加工等。

激光打孔必须采用极高的功率密度（$10^7 \sim 10^8 W/cm^2$），使加工部分快速蒸发，并防止加工区外的材料由于传热而温度上升以致熔化。因此，激光打孔适宜采用脉冲激光，经过多次重复照射后完成打孔加工。激光打孔时，焦点位置将严重影响加工后的孔形。如果焦点与加工表面距离很大，则激光能量密度显著减小，不能进行加工。如果焦点位置偏离被加工表面 $\pm 1mm$ 左右，还可以进行加工，但加工出孔的轴向剖面形状将随焦点位置的不同而发生显著的变化。由图3-25可以看出，当焦点低于工件表面时，加工出的孔是圆锥形（图3-25a）；当焦点正落在工件表面上时，加工出的孔在不同横截面内的直径基本相同（图3-25b）；而当焦点高于工件表面时，加工出的孔则呈腰鼓形（图3-25c）。一般激光的实际焦点应落在工件表面或略低于工件表面为宜。

激光打孔的最大优点是效率非常高，特别是对金刚石和宝石等超硬材料，打孔时间可以

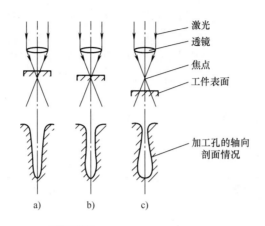

图 3-25 焦点位置对孔形的影响

a) 焦点低于工件表面 b) 焦点落在工件表面上 c) 焦点高于工件表面

缩短到切削加工方法的 1% 以下。例如加工宝石轴承，采用工件自动传递，使用激光打孔的方法，3 台激光打孔机可代替 25 台钻床，完成 50 名工人的工作量。

激光打孔的尺寸公差等级可达 IT 7，表面粗糙度值为 $Ra0.16 \sim Ra0.08\,\mu m$。值得注意的是，激光打孔以后，被蚀除的材料会重新凝固，少部分可能会黏附在孔壁上，甚至黏附到聚焦的透镜及工件表面上。为此，大多数激光加工机床上都采取了吹气或吸气措施，以排除蚀除产物。

（2）激光切割 激光切割的原理和激光打孔的原理基本相同，功率密度为 $10^5 \sim 10^7\,\mathrm{W/cm^2}$。所不同的是，进行激光切割时，工件与激光束之间要依据所需切割的形状沿 X 方向和 Y 方向进行相对移动。小型工件多由机床工作台的移动来完成。

激光切割是利用经聚焦的高功率密度光束照射工件，工件材料吸收激光能，温度急剧升高，工件表面开始熔化或汽化，在吹入的活性气体助燃作用下，随着激光束与工件的相对运动，在工件上形成切缝。激光照射工件表面时，一部分光被吸收，另一部分光被工件反射。吸收部分转化为热能，使工件表面温度急剧升高，材料熔化或汽化，使材料吸收率提高，切割区材料被迅速加热。此时吹氧可以助燃，并提供大量热能，使切割速度提高，还可吹走熔渣、保护镜头、冷却镜头。为了提高工件吸收率，切割前可对工件进行表面处理（常称黑化处理），即在需要激光处理的金属表面涂上一层对激光有高效吸收能力的涂料。

激光切割有激光熔化切割、激光火焰切割、激光汽化切割等。激光切割有很多优点：激光可切割特硬、特脆、特软材料；切缝很窄；切割表面光洁；切割表面热影响层浅，表面应力小；切割速度快，热影响区小；适合加工板材。

从技术经济角度衡量，认为制造模具不划算的金属钣金件，特别是轮廓形状复杂、批量不大、板厚在 12mm 以下的低碳钢材料和板厚在 6mm 以下的不锈钢材料，用激光切断可以节省制造模具的成本并缩短制造周期。

已采用激光切割的典型产品主要包括自动电梯结构件、升降电梯面板、机床及粮食机械外罩、各种电气柜、开关柜、纺织机械零件、工程机械结构件、大电机硅钢片等。装饰、广告、服务行业用的不锈钢（一般厚度小于 3mm）或非金属材料（一般厚度小于 20mm）的图案、标记、字体等，如艺术照相册的图案，公司、单位、宾馆、商场的标记，车站、码头、公共场所的中英文字体，也可采用激光切割。此外需要均匀切缝或微孔的特殊零件也是激光切割的应用对象。

（3）激光焊接 激光焊接时不需要使工件材料汽化而蚀除，而是将激光束直接辐射到工件材料表面，使材料局部熔化，以达到焊接的目的。因此，激光焊接所需要的能量密度比激光切割要低。

激光焊接是一种高速度、非接触、变形小的生产加工方法，非常适合大量而连续的加工过程。激光焊接材料参数见表3-5。

表3-5 激光焊接材料参数

材　　料	厚度/mm	激光功率/kW	焊接速度/（m/min）
钢	1.0	2.5	5.1
不锈钢	1.5	1.5	2.0
硅钢	1.3	1.0	1.8
铝	1.5	1.8	1.4
铅	2.0	1.0	10.2
钛	0.5	0.6	1.2
钛合金	5.0	0.85	3.2

① 热导焊。当激光功率密度在 $10^5 \sim 10^6 W/cm^2$ 范围内时，工件表面下的金属主要靠表面吸收激光能量向下传导而被加热至熔化，所形成的焊缝近似半圆形，深宽比为3:1。

② 深熔焊。当激光束的功率密度达到 $10^7 W/cm^2$ 时，由于材料的瞬时汽化，在激光束中心处形成一个"小孔"。这个"小孔"犹如一个黑体，几乎全部吸收射光线的激光能量，并传热到材料深部，其深宽比可达12:1。

激光焊接具有诸多的优点，其最大优点是焊接过程迅速，不但生产率高，而且被焊材料不易氧化，热影响区及变形很小。激光焊接无焊渣，也不需要去除工件的氧化膜。激光焊接不仅可以焊接同类材料，而且还可以焊接不同种类的材料，甚至可以透过玻璃对真空管内的零件进行焊接。

激光焊接特别适合于微型精密焊接及对热敏感性很强的晶体管元件的焊接。激光焊接还为高熔点及氧化迅速的材料焊接提供了新的工艺方法。例如，用陶瓷做基体的集成电路，由于陶瓷熔点很高，又不宜对其施加压力，采用其他焊接方法很困难，而使用激光焊接则比较方便。

（4）激光热处理 用大功率激光进行金属表面热处理是近几年发展起来的一项新工艺。当激光的功率密度为 $10^3 \sim 10^5 W/cm^2$ 时，便可对铸铁、中碳钢，甚至低碳钢等材料进行激光表面淬火。激光表面淬火时淬火层的深度一般为 $0.7 \sim 1.1mm$，淬火层的硬度比常规表面淬火的淬火层硬度约高20%，而且产生的变形小，解决了低碳钢的表面淬火强化问题。

激光表面淬火是用高能激光束快速扫描工件表面，在表面极薄一层的小区域内（光斑大小）材料快速吸收能量，温度急剧上升，由于金属基体优良的导热性，表面热量迅速传到金属基体的其他部分，冷却速度可达 $5000℃/s$，使表面高速度冷却，工件表面材料的骤热和骤冷，导致材料内部马氏体组织细化并具有很高的位错密度，大大提高了马氏体自身的硬度，从而使工件表面获得超高硬度。

激光热处理由于加热速度极快，工件不产生热变形；不需淬火介质便可获得超高硬度的表面；激光热处理不必使用炉子加热，特别适合大型零件的表面淬火及形状复杂零件（如齿轮）的表面淬火。

（5）激光珩磨　激光珩磨是将激光和珩磨工艺结合起来的一项新技术，是在 20 世纪 90 年代后期由德国格林（Gehring）公司发明并率先将其应用到气缸孔的表面处理中，不仅使气缸和活塞环的磨损量下降 50%，而且使柴油发动机的柴油消耗量下降 40%，颗粒排放量下降 10% ~30%，使汽油发动机的汽油消耗量下降 30% ~60%，HC 排放量下降约 20%。此研究成果吸引许多工程技术人员转向研究激光珩磨技术，从而使得这项技术日趋完善。

激光珩磨技术就是利用具有一定能量密度的激光束，在工件工作表面上形成与润滑性能要求优化匹配的、连续均匀的，并具有一定密度（间距）、宽度、深度、角度及形状的储存和输送润滑油的沟槽、纹路或凹腔。

激光珩磨的特点是：

① 加工时间短，工件热应力小，可控性能好。

② 由于是非接触无刀具加工，不存在刀具的损耗和折断等问题，不会引起工件的物理变形。

③ 在加工过程中，不需要润滑和工作液介质。

④ 激光加工时，激光器和工件间有一定的距离，故可在其他加工方法不易达到的狭小空间实现。

⑤ 由于激光的能量密度高，几乎所有的材料都可以进行加工。

⑥ 利用超短脉冲激光加工可避免熔化材料，并可对其进一步精加工。

此外，激光抛光、激光冲击硬化法、激光合金化等先进激光应用技术也正在研究发展之中。

3. 激光加工设备

激光加工设备主要由激光器、激光器电源、光学系统及机械系统四大部分组成。

① 激光器是激光加工的重要设备，它把电能转变为光能，产生所需要的激光束。

② 激光器电源根据加工工艺要求，为激光器提供所需要的能量，包括电压控制、储能电容组、时间控制及触发器等。

③ 光学系统将光束聚焦并观察和调整焦点位置，包括显微镜瞄准、激光束聚焦及加工位置在投影仪上显示等。

④ 机械系统主要包括床身、工作台及机电控制系统等。

根据产生激光的材料种类的不同，激光大致分为固体激光、气体激光、液体激光和半导体激光。实用的固体激光材料有红宝石、钕玻璃、钨酸钙和钇铝石榴石（YAG，Y3Al5O12）。气体激光主要用 CO_2，也有部分是用 Ar 或 He - Ne 的。

图 3-26 所示为马扎克公司的 SUPER TURBO - X44 激光切割机，它是一台既节省空间又具有大输出功率激光发生器的激光加工机。SUPER TURBO - X 系列具有激光功率为 1.5kW、1.8kW、2.5kW、4.0kW 等丰富的产品类型，特别是激光功率为 4kW 的机型可以切割最大厚度达 25mm 的材料。以往使用机床进行加工的部件，现成改用激光加工机床加工，将大幅度缩短加工时间。对于不同的材质、不同厚度的材料，无须准备工作即可连续加工。通过大输出功率激光，实现了从立铣加工改用激光切割的转变。

图 3-26　马扎克 SUPER TURBO‐X44 激光切割机

3.3.5　离子束加工

离子是一种带电物质，在电磁场的作用下可以聚焦成束，也可以加速或减速以具有不同的能量，并可以发生偏转，而且具有元素的性质，因此在材料改性、微细加工、半导体器件制作与失效分析等方面得到广泛应用。

随着微细加工向亚微米和纳米方向的发展，科研人员希望离子束能聚焦到微米和纳米量级，而且可以通过偏转系统实现无掩膜加工工艺，这是早期聚焦离子束技术（Focused Ion Beam，FIB）。聚焦离子束技术在20世纪七八十年代得到了蓬勃发展，特别是到80年代末期，聚焦离子束技术基本成熟。90年代中期，聚焦离子束技术在各个方面得到应用，如微米/纳米尺度上的沉积、刻蚀、离子注入、扫描成像、无掩膜光刻和微机电系统（Micro‐Electro‐Mechanical System，MEMS）加工，以及微米/纳米三维微结构直接成形等。后来科研工作者又将聚焦离子束系统和飞行时间二次离子质谱仪联机使用（FIB‐TOF‐SIMS），与扫描电子显微镜联机使用（FIB‐SEM），使聚焦离子束技术在微米/纳米加工和检测分析中大显身手，进一步拓展了聚焦离子束技术的应用范围。与其他传统的微加工技术相比，聚焦离子束加工具有更高的图形分辨率、可以加工更细小的微结构、能进行无掩膜加工、对不同材料的适应性强等特点。

1. 加工原理与特点

离子束加工是在真空条件下将离子源产生的离子束经过加速、聚焦后，打到工件表面以实现去除加工，如图3-27所示。与靠动能转化为热能来进行加工的电子束加工方法不同的是，离子束加工是依靠微观的机械撞击动能。离子带正电荷，其质量比电子大成千上万倍，如最小的氢离子，其质量是电子质量的1840倍，氩离子的质量是电子质量的7.2万倍。由于离子的质量大，故在同样的电场中加速较慢，速度较低，但是一旦加速到高速度，离子束比电子束具有大

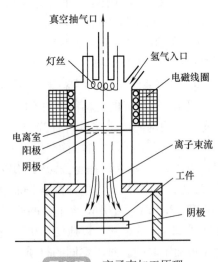

图 3-27　离子束加工原理

真空抽气口

灯丝

氩气入口

电磁线圈

电离室
阳极
阴极

离子束流

工件

阴极

得多的冲击能量。离子撞击工件材料时，可将工件表面的原子一个一个打击出去，从而实现对工件的加工。

离子束加工具有以下特点：

① 离子束流密度及离子能量可以精确控制，可以实现纳米（$0.001\,\mu m$）级的加工精度。离子束加工是所有特种加工方法中最精密、最微细的加工方法，是当代纳米加工技术的基础。

② 加工在高真空中进行，污染少，材料加工表面不氧化，特别适宜加工易氧化的金属、合金材料和高纯度半导体材料。

③ 离子束加工是靠离子轰击材料表面的原子来实现的，它是一种微观作用，所以加工应力与变形极小，且表面质量非常高。

④ 离子束加工是非接触式加工，不会产生应力和变形。

⑤ 加工速度很快，能量使用率可高达 90%。

⑥ 加工过程可自动化。

⑦ 离子束加工需要一整套专用设备和真空系统，价格较贵。

2. 离子束加工的应用

（1）离子溅射　如果将离子加速到几十至几千电子伏时，即可用于离子溅射加工。离子溅射沉积和离子镀膜均属于离子溅射加工。离子溅射沉积用离子轰击靶材，将靶材上的原子击出，沉积在靶材附近的工件上，使工件表面镀上一层薄膜。离子镀膜是同时轰击工件表面，以增加靶（膜）材与工件表面的结合力。离子膜加工已用于镀制润滑膜、耐热膜、耐蚀膜、耐磨膜、装饰膜和电气膜等。用离子镀膜在切削工具表面镀渗氮钛、渗碳钛等超硬层，可提高刀具寿命。用离子镀膜还可显著提高模具的使用寿命。

（2）离子刻蚀　离子刻蚀又称离子铣削。如果将离子加速到一万至几万电子伏，且离子入射方向与被加工表面成 25°～30°时，离子可将工件表面的原子或分子逐个撞击出去，实现离子蚀刻或离子抛光等。离子刻蚀已用于加工陀螺仪气动轴承（碳化硼、钛合金和钢结构硬质合金等材料）的异形沟槽、非球面透镜及刻蚀集成电路等微电子器件的亚微米图形，还用来制作集成光路中的光栅和波导、薄石英晶体振荡器和压电传感器等。

（3）离子注入　如果将离子加速到几十万电子伏或更高时，离子可穿入被加工工件材料内部，从而达到改变材料化学成分的目的。离子注入在半导体方面的应用很普遍，如将硼、磷等"杂质"离子注入半导体，用以改变导电形式（P 型或 N 型）和制造 PN 结。也可用此法制造一些用热扩散难以获得的各种特殊要求的半导体器件。因此，离子注入已成为制造半导体器件和大面积集成电路的重要手段。

离子束加工技术尚处于不断发展中，被认为是最有前途的微细加工方法之一。

3. 离子束加工装置

离子束加工装置与电子束加工装置类似，它也包括离子源、真空系统、控制系统和电源等部分，其主要的不同部分是离子源系统。

离子源用以产生离子束流。产生离子束流的基本原理和方法是使原子电离。具体办法是把要电离的气态原子（惰性气体或金属蒸气）注入电离室，经高频放电、电弧放电、等离子体放电或电子轰击，使气态原子电离为等离子体（即正离子数和负电子数相等的混合体）。用一个相对于等离子体为负电位的电极，就可从等离子体中引出离子束流。根据离子束产生的方式和用途的不同，离子源有很多形式，常用的有考夫曼型离子源和双等离子管型离子源。

图 3-28 所示为聚焦离子束 FIB‑SEM，它的特点是：

① 在低加速电压下进行高品质的透射电镜（Transmission Electron Microscope，TEM）样品制备。

② 搭载了高分辨率的扫描电子显微镜，在 TEM 样品制备中可实现实时检测。

③ 采用较大的有效离子束电流，大大提高了断面加工及 TEM 样品制备效率。

④ 具备操作简单的 TEM 样品制备支持功能。

图 3-28　聚焦离子束 FIB‑SEM

3.3.6　超声加工

声波是人耳能感受的一种纵波，其频率在 20~16000Hz 范围内。当频率超过 16000Hz 时就称为超声波。超声加工（Ultrasonic Machining，USM）也称超声波加工，是利用超声振动工具在有磨料的液体介质中或干磨料中产生磨料的冲击、抛磨、液压冲击及由此产生的气蚀作用来去除材料，或给工具或工件沿一定方向施加超声频振动进行振动加工，或利用超声振动使工件相互结合的加工方法。

几十年来，超声加工技术发展迅速，在超声振动系统、深小孔加工、拉丝模及型腔模具研磨抛光、超声复合加工领域均有较广泛的研究和应用，尤其是在难加工材料领域解决了许多关键性的工艺问题，取得了良好的效果。

1. 加工原理与特点

超声加工原理如图 3-29 所示。超声波发生器将交流电转变为超声频电振荡，由换能器将电振荡变为垂直于工件表面的超声机械振动，此时由于振幅太小，不能直接用于加工，因而再由振幅扩大棒（变幅杆）把振幅从 0.005mm 放大到 0.1mm 左右。加工时，在工具和工件之间不断注入磨料悬浮液，振幅扩大棒驱动工具端面做超声振动，迫使悬浮液中的磨粒以很大的速度不断撞击、抛磨被加工表面，把工件加工区域的材料粉碎成微粒脱落下来。虽然每次打击下来的材料很少，但由于每秒钟打击的次数多达 1.6×10^4 次以上，所以仍具有一定的加工速度。同时，工具端面超声振动作用而产生的高频、交变的液压冲击波和"空化作用"，促使工作液钻入被加工材料的微裂缝处，加剧了机械破坏作用，加工碎屑不断被循环流动的悬浮液带走。随着工具不断进给，加工过程持续进行，工具的形状便被复印于工件上，直至达到所要求的尺寸和形状为止。

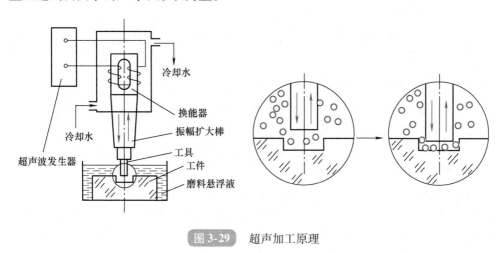

图 3-29　超声加工原理

超声加工具有以下工艺特点：

① 不受材料是否导电的限制，适合于加工各种硬脆材料，特别是不导电的非金属材料，如玻璃、宝石、陶瓷、金刚石及各种半导体材料。被加工材料的脆性越大越容易加工，材料越硬或强度、韧性越大则越难加工。

② 由于去除工件上的材料是靠极小磨粒瞬时局部的撞击作用，故工件表面的宏观切削力很小，切削应力、切削热很小，不会引起变形及烧伤，避免了工件物理和化学性能的变化，表面质量也较好，表面粗糙度值可达 $Ra1 \sim Ra0.1\mu m$，加工精度可达 $0.01 \sim 0.02mm$。超声加工可用于加工薄壁、窄缝、低刚度零件。

③ 由于可用较软的材料做出较复杂形状的工具，故不需要使工具和工件做比较复杂的相对运动，因此超声加工机床的结构一般比较简单，只需一个方向轻压进给，操作、维修方便。

④ 由于工件材料的碎除主要靠磨料的作用，故磨料的硬度应比被工件材料的硬度高，而工具的硬度可以低于工件材料。

⑤ 超声加工的生产率较低。对导电材料的加工效率远不如电火花与电解加工；对软质、反弹性大的材料，加工较为困难。

⑥ 可以与其他多种加工方法结合应用，如超声振动切削、超声电火花加工和超声电解加工等。

2. 超声加工的应用

工业上超声应用可以分为加工应用和非加工应用两大类。加工应用包括传统的超声加工、金刚石工具旋转超声加工（Rotary Ultrasonic Machining，RUM）和各种超声复合加工等。

非加工应用包括清洗、塑料焊接、金属焊接、超声分散、化学处理、塑料金属成形和无损检测等。表 3-6 列出了超声加工的应用。

表 3-6　超声加工的应用

分　类	原理及应用
超声加工	USM，RUM，超声辅助电火花加工、超声辅助钻削、车削、磨削、铰孔、除毛刺、切槽、雕刻等
超声清洗	利用超声使溶液做高频振动，进而清除工件表面上液体和固体污染物，使工件表面达到一定的洁净程度
超声焊接	靠超声能量使塑料或金属片，以及金属引线局部熔化而焊接在一起
超声化学	利用超声开启化学反应新通道，加速化学反应的新方法
超声分散	靠液体的空化作用进行，包括乳化、粉碎、雾化、凝胶的液化等
无损检测	利用超声的传播特性可测知物体的表面与内部缺陷、组织变化等

（1）深小孔加工　一般孔的深度大于孔的直径时，在切削力的作用下易产生变形，从而影响加工质量和加工效率。特别是对难加工材料的深孔钻削来说，会出现很多问题。例如，切削液很难进入切削区，造成切削温度高；切削刃磨损快，产生积屑瘤，排屑困难，切削力增大。采用超声加工则可有效解决上述问题。

（2）硬脆材料加工　陶瓷材料，因其具有高硬度、耐磨损、耐高温、化学稳定性好、不易氧化、耐腐蚀等优点而被广泛使用。然而，由于工程陶瓷等硬脆材料具有极高的硬度和脆性，其成形加工十分困难，特别是成形孔的加工尤为困难，严重阻碍了材料的应用推广。采用旋转超声加工、超声分层铣削可解决这一问题。

（3）超声复合加工　超声加工与传统机械加工或特种加工方法相结合，就形成了各种超声复合加工工艺，如超声车削、超声磨削、超声钻孔、超声螺纹加工、超声研磨抛光、超声电火花复合加工等。超声复合加工适用于陶瓷材料的加工，它强化了原加工过程，加工效率随着材料脆性的增大而提高，实现了低耗高效的目标，加工质量也能得到不同程度的改善。图 3-30 所示为超声车削、超声磨削的原理示意。

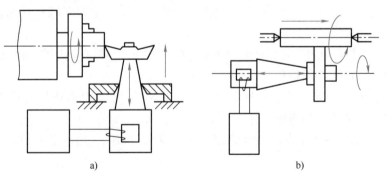

a)　　　　　　　　　　　　　b)

图 3-30　超声复合加工原理示意

a）超声车削原理示意　b）超声磨削原理示意

（4）超声磨削 超声磨削是利用超声振动和砂轮磨削的复合作用来形成加工表面的。其优点是加工效率高，缺点是加工变质层较深。已有研究表明，当磨削深度小于某临界值时，工程陶瓷的去除机理与金属磨削相似，工件材料在磨刃的作用下通过塑性流动形成切屑，避免了较深变质层的形成，塑性磨削可获得 $Ra < 0.01\mu m$ 的良好镜面。

3. 超声加工技术的发展趋势

（1）超声复合加工技术 超声复合加工技术使加工速度、精度及表面质量较单一加工工艺有显著改善。由于新材料（尤其是难加工材料）的涌现和对产品质量与生产效益的要求不断提高，新的加工方法也不断出现。超声复合加工将日益显现出其独特的威力，并将拓展其更广阔的应用领域。

（2）微细超声加工技术 以微机械为代表的微细制造是现代制造技术的一个重要组成部分。精密化、微型化是当今机电产品的重要发展方向之一。晶体硅、光学玻璃、工程陶瓷等脆硬材料在微机械中的广泛应用，使脆硬材料的高精度微细加工技术成为世界各国制造业的一个重要研究课题。目前已有成形加工和分层扫描加工两种微细超声加工模式用于加工微结构和微型零件。

（3）超声加工过程控制 超声加工过程中的影响因素很多，随机性很大，加工很难达到预期效果，建立超声加工设备的自适应控制系统，有助于解决随机性问题。在"超声振动-磨削-脉冲放电复合加工技术"中，如何将模糊控制技术和人工神经网络技术应用到复合加工过程控制中，将基于模糊神经网络技术的多优先级变结构、智能控制器结构应用到复合加工过程控制中。

4. 超声波加工机床简介

超声波加工机床主要由超声波发生器、超声波振动系统和机床本体三部分组成。

（1）超声波发生器 超声波发生器的作用是将 50Hz 的交流电转换成频率为 16000Hz 以上的高频电。

（2）超声波振动系统 超声波振动系统的作用是将高频电转换成高频机械振动，并将振幅扩大到一定范围（0.01~0.15mm），主要包括超声波换能器和振幅扩大棒。

（3）机床本体 机床本体就是把超声波发生器、超声波振动系统、磨料悬浮液系统、工具及工件等按照所需要的位置和运动组成一个整体。

图 3-31 所示为 GSR-9800 系列超声波自动雕刻机/打孔机。GSR-9800 系列超声波自动雕刻机是利用凸凹面与雕刻件相反的预制合金模具对玉石压紧，通过超声波机械振动冲击结合矿砂浆研磨进行雕刻；GSR-9800 系列超声波打孔同样是利用超声波振动头带动钢针冲击，将工件打穿。该设备特别适用于中小型雕刻工艺品及玉石挂件、玉坠的批量生产。它具有线条优美、纹理清晰、立体感强等许多优点，加工出的产品逼真度绝非手工可比，并可完全取代手工雕刻。

GSR-9800 系列超声波设备的特点是：

① 多功能，一机多用（自动雕刻、自动打孔、洗净）。

② 功效高，使用方便，具有完善的保护功能，故障率极低。

③ 超声波振动换能器（波头）采用国外流行的"阶梯 CLASS"形式，声波传输畅顺，功率大。

图 3-31 GSR－9800 系列超声波自动雕刻机/打孔机

④ 超声波发生器（波箱）功率大、效率高、发热少，并设置十分完善的保护电路，具有很高的可靠性，能在潮湿、高温的恶劣环境中连续工作，产品使用寿命长。

⑤ 能适用于一般工人操作，一人可操作 10 台以上。

3.3.7　电子束加工

利用高能量密度的电子束对材料进行工艺处理的一切方法统称为电子束加工，包括电子束焊接、电子束打孔、电子束表面处理、电子束熔炼、电子束镀膜、电子束物理气相沉积、电子束雕刻、电子束铣削、电子束切割及电子束曝光等。其中以电子束焊接、电子束打孔、电子束物理气相沉积，以及电子束表面处理等在工业上的应用最为广泛。随着电子束加工技术的不断发展，它已用于大批量生产、大型零件制造，以及复杂零件的加工，尤其是在表面工程应用等方面显示出其独特的优越性。

1. 电子束加工原理

电子束加工作为一种特种加工方法，其机理是利用电子束的能量对材料进行加工，是一种完全不同于传统机械加工的新工艺。

电子束加工工艺按其对材料的作用原理，可以分为两大类：一类为电子束热效应，另一类为电子束化学反应。目前电子束热效应已经比较普遍地应用于工业生产中。

（1）电子束热效应　电子束热效应是将电子束的动能在材料表面转化成热能以实现对

材料的加工，其中包括：

① 电子束精微加工。可完成打孔、切缝和刻槽等工艺，所用设备一般都采用计算机控制，并且常为一机多用。

② 电子束焊接。与其他电子束加工设备不同之处在于，电子束焊接设备除高真空电子束焊机之外，还有低真空电子束焊机、非真空电子束焊机和局部真空电子束焊机等类型。

③ 电子束镀膜。可蒸镀金属膜和介质膜。

④ 电子束熔炼。包括难熔金属的精炼、合金材料的制造，以及超纯单晶体的拉制等。

⑤ 电子束热处理。包括金属材料的局部热处理，以及对离子注入后半导体材料的退火等。

上述几种电子束加工统称为高能量密度电子束加工。

图 3-32 所示为电子束加工原理示意。它由高压电源、电子枪组件、真空系统和有关控制系统组成。电子束加工是在真空条件下，利用高压静电场（或电磁凸镜）聚焦后获得能量密度极高的电子束，电子束以极高的速度冲击到工件表面极小的面积上，在极短的时间（几分之一微秒）内其大部分能量转换为热能，使被冲击部分的工件材料达到几千摄氏度以上的高温。通过控制电子束能量密度的大小和能量注入时间，就可以达到不同的加工目的。例如，只要材料局部加热就可进行电子束热处理，使材料局部熔化可进行电子束焊接，使材料熔化或汽化便可进行打孔、切割等加工。

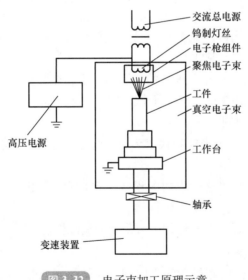

图 3-32　电子束加工原理示意

利用电子束的热效应可加工特硬、难熔的金属与非金属材料，穿孔的孔径可小至几微米。由于加工是在真空中进行的，所以可防止被加工零件受到污染和氧化。但由于需要高真空和高电压的条件，且需要防止 X 射线逸出，设备较复杂，因此利用电子束热效应的加工多用于微细加工和焊接等方面。

（2）电子束化学效应　电子束化学效应是利用电子束代替常规的紫外线照射抗蚀剂以实现曝光，其中包括：

① 扫描电子束曝光。用电子束按所需的图形,通过计算机控制进行扫描曝光。其特点是图形变换的灵活性好,分辨率高。

② 投影电子束曝光。这是一种大面积曝光法,由光电阴极产生大面积平行电子束进行曝光。其特点是效率高,但分辨率较差。

③ 软 X 射线曝光。软 X 射线由电子束产生,是一种间接利用电子束的投影曝光法。

电子束曝光利用的是电子束对抗蚀剂产生化学作用,因此,电子束的能量应能使材料曝光而又不产生熔化或热变形,否则会影响曝光精度,甚至导致工件报废。

2. 电子束加工的特点

(1) 电子束加工的优点

① 由于电子束能够极其微细地聚焦,甚至聚焦成很小的斑点(直径一般为 $\phi 0.01 \sim \phi 0.05mm$),故适合加工微小的圆孔、异形孔或槽,是一种精密微细加工方法。

② 电子束能量密度很高,足以使被轰击的任何材料迅速熔化或汽化,故可加工高熔点、导热性较差和难加工的材料,如钨、钼、不锈钢、金刚石、蓝宝石、水晶、玻璃、陶瓷和半导体材料等。

③ 电子束能量密度高,因而加工生产率很高。

④ 电子束加工速度快,如在 0.1mm 厚的不锈钢板上穿微小孔每秒可达 3000 个,切割 1mm 厚的钢板速度可达 240mm/min;加工点向基体散失的热量少,工件热变形小;电子束本身不产生机械力,无机械变形问题。这些优异性能对于打孔、焊接和零件的局部热处理来说,尤为重要。

⑤ 电子束能量和能量密度的调节很容易通过调节加速电压、电子束流和电子束的汇聚状态来完成,整个过程易于实现自动化。

⑥ 电子束加工是在真空条件下进行的,既不产生粉尘,也不排放有害气体和废液,对环境几乎不造成污染,加工表面不产生氧化,特别适合于加工易氧化的金属及合金材料,以及纯度要求极高的半导体材料。

⑦ 电子束可将 90% 以上的电能转换成热能。此外,电子束的能量集中,损失较小。

(2) 电子束加工的主要缺点

① 由于使用高电压,会产生较强的 X 射线,故必须采取相应的安全措施。

② 电子束加工需要在真空装置中进行。

③ 设备造价高,因此在生产和应用上有一定的局限性。

3. 电子束加工的应用

电子束加工按其功率密度和能量注入时间的不同,可分别用于打孔、切割、蚀刻、焊接、热处理、光刻加工等。

(1) 电子束打孔 电子束打孔具有如下优点:能加工各种孔,包括异形孔、斜孔、锥孔和弯孔;生产率高;加工材料范围广;加工质量好,无毛刺和再铸层等缺陷。

目前利用电子束打孔的孔径最小可达 $\phi 0.003mm$ 左右,而且打孔速度极高。例如,玻璃纤维喷丝头上直径为 $\phi 0.8mm$、深为 3mm 的孔,用电子束打孔效率可达 20 个/s,比电火花穿孔快 100 倍。用电子束打孔时,孔的深径比可达 10∶1。利用电子束还能在人造革、塑料上进行 50000 个/s 的极高速打孔。值得一提的是,在用电子束加工玻璃、陶瓷、宝石等脆性材料时，由于在加工部位附近有很大的温差，容易引起变形以致破裂，所以在加工前和加工时需进行预热。

电子束打孔在国外已被广泛应用于航空、核工业，以及电子、化学等工业，如喷气发动机的叶片及其他零件的冷却孔、涡轮发动机燃烧室头部及燃气涡轮、化纤喷丝头和电子电路印制板等。

（2）电子束加工型孔和特殊表面 电子束不仅可以加工各种特殊形状截面的直型孔（如喷丝头型孔）和成形表面，而且还可以加工弯孔和立体曲面。利用电子束在磁场中偏转的原理，使电子束在工件内部偏转，控制电子速度和磁场强度，即可控制曲率半径，便可以加工一定要求的弯孔。如果同时改变电子束和工件的相对位置，就可进行切割和开槽等加工。用电子束切割和截割各种复杂型面，切口宽度为 $3 \sim 6\mu m$，边缘表面粗糙度值可控制在 $Ra0.5\mu m$。

（3）电子束焊接 电子束焊接具有焊缝深宽比大、焊接速度快、工件热变形小、焊缝物理性能好、工艺适应性强等优点，并且能改善接头力学性能、减少缺陷、保证焊接稳定性和重复性，因而具有极为广阔的应用前景。

电子束焊接的加工范围极为广泛，尤其在焊接大型铝合金零件中，电子束焊接工艺具有极大的优势，并且可用于不同金属之间的连接。

西欧一些国家采用电子束代替过去的氢弧焊焊接大型铝合金筒体，在提高生产率的同时得到了性能良好的焊接接头。美国和日本的一些公司在加工发电厂汽轮机的定子部件时均采用电子束焊接工艺。美国近年来还在大型飞机制造中广泛应用电子束焊接工艺。

（4）电子束物理气相沉积技术 电子束物理气相沉积（Electron Beam - Physical Vapor Deposition，EB - PVD）是利用高速运动的电子轰击沉积材料表面，使材料升温变成蒸气而凝聚在基体材料表面的一种表面加工工艺。根据沉积材料的性质，可以使涂层具有优良的隔热、耐磨、耐蚀和耐冲刷性能，从而对基体材料有一定的保护作用，因此，被广泛应用于航空航天、船舶和冶金等工业领域。

EB - PVD 主要应用于飞机发动机的涡轮叶片热障涂层，涂层厚度最大可达 $30\mu m$，其显微结构明显有利于抗热振性，而且涂层无须后续加工，空气动力学性能明显优于等离子喷涂涂层，因此涂层寿命大大高于等离子喷涂涂层寿命。目前，EB - PVD 还可用于结构涂层，如叶片和反射镜的冷却槽等也可采用 EB - PVD 方法加工，刀具、带材、医用手术刀、耳机保护膜、射线靶子及材料提纯均可用 EB - PVD 方法进行表面处理。

（5）电子束表面改性技术 利用电子束的加热和熔化技术还可以对材料进行表面改性。例如，电子束表面淬火、电子束表面熔凝、电子束表面合金化、电子束表面熔覆和制造表面非晶态层。经电子束表面改性的表层一般具有较高的硬度、强度，以及优良的耐蚀性和耐磨性。

电子束表面改性的特点如下：

① 快速加热淬火可以得到超微细组织，提高材料的强韧性。

② 处理过程在真空中进行，减小了氧化等影响，可以获得纯净的表面强化层。

③ 能进行快速表面合金化，在极短时间内取得热处理几小时甚至几十小时的渗层效果。

④ 电子束的能量利用率较高，可以对材料进行局部处理，是一种节能型的表面强化手段。

⑤ 电子束表面淬火是自行冷却，无须冷却介质和设备。

⑥ 可用于复杂零件的表面进行处理，用途广泛。

⑦ 电子束功率参数可控，因此可以控制材料表面改性的位置、深度和性能指标。

4. 电子束加工装置

电子束加工装置的基本结构主要包括电子枪、真空系统、控制系统和电源等。

（1）电子枪　电子枪是获得电子束的装置，它包括电子发射阴极、控制栅极和加速阳极等。阴极经电流加热发射电子，带负电荷的电子高速飞向带高电位的正极，在飞向正极的过程中，经过加速极加速，又通过电磁透镜把电子束聚焦成很小的束流。发射阴极一般用纯钨或钽做成丝状，大功率时用钽做成块状。在电子束打孔装置中，电子枪阴极在工作过程中受到损耗，因此每过 10 ~ 30h 就得进行更换。控制栅极为中间有孔的圆筒形，其上加以较阴极为负的偏压，既能控制电子束的强弱，又有初步的聚集作用。加速阳极通常接地，而在阴极加以很高的负电压以驱使电子加速。

（2）真空系统　真空系统能够保证在电子束加工时达到 $1.33 \times 10^{-2} \sim 1.33 \times 10^{-4}$ Pa 的真空度。因为只有在高真空时，电子才能高速运动。为了消除加工时的金属蒸气影响电子发射，使其产生不稳定现象，需要不断地把加工中产生的金属蒸气抽去。

真空系统一般由机械旋转泵和油扩散泵或涡轮分子泵两级组成，先用机械旋转泵把真空室抽至 1.4 ~ 0.14Pa 的初步真空度，然后由油扩散泵或涡轮分子泵抽至 0.014 ~ 0.00014Pa 的高真空度。

（3）控制系统和电源　电子束加工装置的控制系统包括束流聚焦控制、束流位置控制、束流强度控制及工作台位移控制等。

1）束流聚焦控制是为了提高电子束的能量密度，使电子束聚焦成很小的束流，它基本上决定着加工点的孔径或缝宽。

2）束流强度控制是为了使电子流得到更大的运动速度，常在阴极上加上 50 ~ 150kV 的负高压。

3）工作台位移控制是为了在加工过程中控制工作台的位置。因为电子束的偏转距离只能在数毫米之内，过大将增加像差和影响线性。因此，在大面积加工时需要用伺服电动机控制工作台移动，并与电子束的偏转相配合。

WG - DZW - 6C 系列电子束焊机如图 3-33 所示，它是针对齿轮行业定型生产的、适合焊接端面环形焊缝的专用焊机，硬件配置高，稳定性极高。

图 3-33　WG - DZW - 6C 系列电子束焊机

3.3.8　复合加工

复合加工（Combined Machining，CM）是指用多种能量组合进行材料去除的工艺方法。复合加工能提高加工效率或获得很高的尺寸精度、形状精度和表面完整性。对于陶瓷、玻璃和半导体等高脆性材料，复合加工是经济、可靠地实现高的成形精度和极低的表面粗糙度值（可达 $Ra0.01\mu m$），并使表层和亚表层晶体结构组织的损伤减小至最低程度的有效方法。

复合加工的方法大多是在机械加工的同时，应用流体力学、化学、光学、电力、磁力和声波等能量进行综合加工，也有不用常规的加工方法而仅仅依靠化学、光学或液动力等作用的复合加工。

1. 切削复合加工

切削复合加工（Cutting Combined Machining，CCM）主要以改善切屑形成过程为目标，可分为加热切削和超声复合切削两种。

（1）加热切削　加热切削是通过对工件局部瞬时加热，改变其物理、力学性能和表层的金相组织，以降低工件切削区的材料强度，提高其塑性，使切削加工性能改善。它是对铸造高锰钢、无磁钢和不锈钢等难切削材料进行高效率切削的一种方法，如等离子电弧加热车削和激光辅助车削。

（2）超声复合切削　超声复合切削以超声振动的能量来减小刀具与工件之间的摩擦，并提高金属工件的塑性，从而可改善车、钻、锪、铰、插、攻螺纹和切断等的切削过程并提高加工质量。

2. 磨削复合加工

磨削复合加工（Grinding Combined Machining，GCM）主要用于获得高的形状精度和表面质量。随着大规模集成电路的发展，要求晶片达到 $<0.01\mu m$ 的平面度误差和纳米级的表面粗糙度，镜面的表面上应无细微划痕、擦伤和裂纹，表层的变质层应极微小，因此应采用磨削复合加工。

磨削复合加工按照工艺机理可以分为下列两种：

（1）基于松散磨料或游离磨料基础上的复合加工　由于松散磨料加工应用柔性材料研具，而游离磨料加工通过磨料流运动且无研具约束，因而能根据与工件的接触情况自动地调整切削深度，并使磨粒切削方位随机变换，易于保持磨粒的锐利性，从而实现微量切削，形成高质量的加工表面。在此基础上再复合液力、电子、磁场和化学等能量作用，可有选择地控制工件表面不平度突起点的加工并促进高质量表面的形成。

（2）电解在线修整（ELID）磨削法　ELID 磨削技术是日本物理化学研究所的大森整博士发明的，它是把细粒度金刚石或 CBN 砂轮与电解方法在线连续修整砂轮相结合，使磨料保持切削刃锋利和排列均一，可获得镜面并有较高生产率的一种工艺。

ELID 磨削技术一出现，在美国、英国、德国等国家就得到了重视和研究应用，并且被用来对脆性材料表面进行超精密加工。目前对硬质合金、陶瓷、光学玻璃等脆性材料均实现了镜面磨削，磨削表面粗糙度值与在同样机床条件下普通砂轮磨削相比有了大幅度的提高，部分工件的表面粗糙度值已达纳米级，其中对硅微晶玻璃的磨削表面粗糙度值可达 $Ra0.012\mu m$。这表明 ELID 磨削技术可以实现对脆性材料表面的超精密加工。但是，加工过程中仍存在砂轮表面氧化膜或砂轮表面层未电解物质被压入工件表面，形成表面层釉化和电解磨削液的配比等问题。

3. 电火花复合加工

电火花复合加工是以火花放电所产生的热能为主，与磨料机械能、超声振动能和电解液的化学能等中的一种或几种能量相复合进行加工的一种工艺，可以提高表面质量和加工效率。

4. 电解复合加工

电解复合加工是以电解的电化学能为主，与磨料机械能、超声振动能和电弧放电能等中的一种或几种能量相复合进行加工的一种工艺。

5. 其他复合加工

还有一些复合加工方法，它们多以化学加工为主，辅以光学或液动力学能量，而不用磨料或电火花等常规加工方法。这类复合加工有光刻加工、水合抛光和非接触化学抛光，其中前者用于复杂图形加工，后两者用于加工蓝宝石。

复合加工技术的发展趋势是：

① 复合加工是对传统中常用的单一的机械加工、电加工和激光加工等方法的重要发展和补充。随着精密机械大量使用脆性材料（如陶瓷、光学玻璃和宝石晶体等），以及电子工业要求超精密的晶体材料（如超大规模集成电路的半导体晶片、蓝宝石等），促使对其他能量形式的加工机理进行深入研究，并发展出多种多样的适用于各类特殊需求的最佳复合加工方法。

② 发展虚拟制造技术。在实验基础上，应用计算机仿真模拟有限元分析方法来精确优化加工参数。例如，对脆性材料的物理、化学特性多样的研究，可以开发出对脆性材料进行无微细裂纹且经济性高的有效工艺，并可预测出各种不同的复合加工工艺的物理参数和磨料特性下的表面精整质量、形状精度和材料去除率，以利于对加工过程进行优化控制。

3.3.9 高压水射流加工

高压水射流切割（图 3-34）是利用具有很高动能的高速射流进行的加工方法，有时又称为高速水射流加工。它与激光加工、离子束加工、电子束加工一样属于高能束加工范畴。

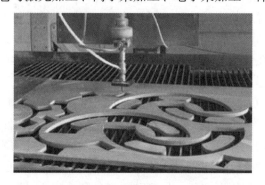

图 3-34 高压水射流切割

1. 高压水射流技术概述

1950年，Norman Franz博士第一次把很重的重物放到水柱上，迫使水通过一个很小的喷嘴，获得了短暂的高压射流（多次超过了现在使用的压力），并能够切割木头和其他材料，证明了高速汇聚水流具有极大的切割能量。他后来的研究涉及更为连续的水流，但发现获得连续高压非常困难。同时，零件的寿命也以分钟计算，而不是今天的数周或数月。1979年，Mohamed Hashish博士在福禄研究室工作，开始研究增加水切割能量的方法，以便切割金属和其他硬质材料。他被公认为"加砂水刀之父"，他发明了在普通水刀中添加砂料的方法，使用石榴石（砂纸上常用的一种材料）作为砂料。凭借这种方法，水加工（含有砂料）几乎能够用于切割任何材料。1980年，加砂水刀第一次被用于切割金属、玻璃和混凝土。1983年，世界上第一套商业化的加砂水刀切割系统问世，被用于切割汽车玻璃。该技术的第一批用户是航空航天工业的，他们发现水刀是切割军用飞机所用的不锈钢、钛和高强度轻型合成材料以及碳纤维复合材料的理想工具（现在已用于民用飞机）。从那以后，加砂水刀的应用范围越来越广，如用于加工厂、石料厂、瓷砖厂、玻璃厂、喷气发动机制造商、船厂及建筑业、核工业等。表3-7为高压水射流技术发展历程。

表3-7 高压水射流技术发展历程

序号	时期	国家/人物	历程	发展成果
1	1936年	美国和苏联工程师	将水进行增压，形成高压水射流	利用高能水进行采煤、采矿
2	1950年	Norman Franz博士——"水刀之父"	Norman Franz将重物置于水柱之上，迫使水从很小的喷嘴流出，获得了短暂水射流，可切割木头及其他材料	证明了高速汇聚水流有较大的切割能量
3	1956年	苏联	水切割压力达到200MPa	利用水可切割岩石
4	1979年	Mohamed Hashish博士——"加砂水刀之父"	于福禄研究室，研究增加水刀切割能量的方法，即在水刀中添加砂料	水刀中添加砂料后几乎可以切割任何物体
5	1980年	Mohamed Hashish博士	加砂水刀第一次被用于切割金属、玻璃和混凝土	可切割金属、玻璃等材料
6	1983年	美国	世界上第一套商业化的加砂水刀切割系统问世	被应用于汽车玻璃的切割
7	1996年	南京大地水刀	第一台国产水刀研发成功	运行压力约为220MPa
8	2003年	南京大地水刀	第一台机器人水刀研发成功	数控机器人用于水切割领域
9	至今	中、美、德、意、俄等	攻破了超高压水切割技术，最高压力可达到550MPa	超高压水切割技术得到广泛应用

2. 高压水射流切割原理

高压水射流切割是利用高速高压的液流对工件的冲击作用来去除材料的。使水获得压力能的方式有两种：一种是直接采用高压水泵供水，压力可达到35~60MPa；另一种是采用水泵和增压器，可获得100~1000MPa的超高压和0.5~251mL/s的较小流量。用于切割的水射流速度可达 500~900m/s。图 3-35 所示为带有增压器的水射流切割系统液压原理。经过滤的水流经水泵后通过增压器增压，蓄能器可使脉冲的液流平稳。水从 0.1~0.6mm 直径的人造宝石喷嘴喷出，以极高的压力和流速直接压射到工件的切割部位。当射流的压力超过材料的抗拉强度时，便可切割材料。图 3-36 所示为带有数控系统的双喷嘴水射流切割设备。

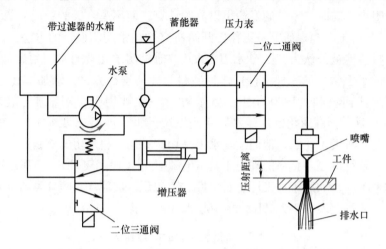

图 3-35　带有增压器的水射流切割系统液压原理

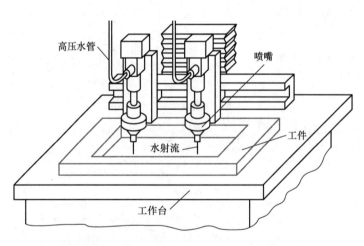

图3-36　带有数控系统的双喷嘴水射流切割设备

　　物体的速度越快，具有的动能就越大，水在高压下可获得巨大的动能，由于水流很细，所以与工件的接触面积小，水在接触物体时动能转化成巨大的弹力，足以断石分金。加入砂质磨料后，部分砂质磨料就会与工件发生摩擦，进而增强切割工件的能力和加快切割速度。因为加入砂质磨料后，水流的质量增大，高速水流的动能就更大，在流速相同的情况下对外做的功也更大，从而切割能力大大提高。

　　3. 高压水射流切割的类型

　　按加砂情况来分，分为无砂水射流切割和加砂水射流切割两种方式。按设备来分，分为大型水切割和小型水切割。按压力来分，分为高压型水射流切割和低压型水射流切割。一般以 100MPa 为界限，压力 100MPa 以上为高压型，压力在 100MPa 以下为低压型。压力在 200MPa 以上为超高压型。按技术原理来分，分为前混式水射流切割和后混式水射流切割。按安全性来分，分为安全切割类和非安全切割类，区别主要在水压上。对于特种行业，如危险化学品、石油、煤矿、危险物处理等方面，100MPa 以下属于安全切割。经过大量实验人们发现，当水压超过一定阈值时，即使纯水也会把某些敏感性化学品引爆，而含砂水切割由于水中含有磨料，磨料的势能和冲击力与物体碰撞，产生的能量也会引起特殊化学品的不稳定性。经过大量实验和论证，最后得出该阈值在 237.6MPa 左右。故在水切割行业，200MPa 以上的水切割主要应用在机械加工行业。

4. 高压水射流切割的特点

① 切割范围广。可加工各种高硬度的材料，如玻璃、陶瓷、不锈钢等，或比较柔软的材料，如皮革、橡胶、纸尿布等；是一些复合材料、易碎瓷材料复杂加工的唯一手段。

② 切割力强、切割质量好。可切割 180mm 厚的钢板和 250mm 厚的铁板等；切口平滑，不会产生粗糙的、有毛刺的边缘；切口小，可节省大量的材料消耗，尤其对贵重材料而言。

③ 无热加工。因为高压水射流切割是采用水和磨料切割的，在加工过程中不会产生热或产生极少热量，对材料不会造成结构变化或热变形，这对许多热敏感材料的切割十分有利，是锯切、火焰切割、激光切割和等离子体切割所不能比拟的。

④ 环保无污染。高压水射流切割技术采用水和砂切割，这种砂在加工过程中不会产生毒气，可直接排出，较环保。

⑤ 无须更换刀具。用户不需要更换切割机装置，一个喷嘴就可以加工不同类型的材料和形状，节约成本和时间。

⑥ 减少毛刺。采用磨料砂的水加工切割，切口只有较少的毛刺，切口光滑、无熔渣，不需二次加工。

⑦ 可数控成形各种复杂图案。借助 CAD 制图软件生成，用户可以在各图层中随意设计线图，或者导入其他软件的绘图交换文件。另外，水射流切割设备支持第三方软件，如 nesting 嵌套排版软件，用户利用该软件把图形在工件中添满，可最大限度地减少原材料损耗。

⑧ 自动控制。可以把其他软件生成的程序调入切割设备，能够从 CAD 建立起刀具路径，并能把刀头的精确定位和切割速度在超过 800 点/cm 情况下计算出来，用户需要做的只是指定要切割的材料和厚度，其他的工作交给机器去完成。由于水射流切割的流体性质，可从材料的任意点开始进行切割，适宜复杂工件的切割，也便于实现自动控制。

⑨ 与其他设备组合，可以进行分类操作。水切割设备可和其他的加工设备组配，如钻头，充分利用其性能，优化材料利用程度。可一次完成钻孔、切割、成形工作。

⑩ 减少调整次数。对工件只需要很小的侧压就能固定好，减少复杂的装夹带来的麻烦。

⑪ 生产成本低。

⑫ 可 24h 连续工作。

5. 高压水射流技术的应用

在美国，几乎所有的汽车和飞机制造厂都应用高压水射流技术，目前已在以下行业获得成功应用：汽车制造与修理、航空航天、机械加工、国防、军工、兵器、电子电力、石油、采矿、轻工、建筑建材、核工业、化工、船舶、食品、医疗、林业、农业、市政工程等。

（1）切割 一是加工非可燃性材料，如大理石、瓷砖、玻璃、水泥制品等材料，这是热切割无法加工的材料；二是加工可燃性材料，如塑料、布料、聚氨酯、木材、皮革、橡胶等，以往的热切割也可以加工这些材料，但容易产生燃烧区和毛刺，而水切割加工不会产生燃烧区和毛刺，被切割材料的物理、力学性能不发生改变，这也是水加工的一大优点；三是加工易燃易爆材料，如弹药和易燃易爆环境内的切割，这是其他加工方法无法取代的。

（2）清洗、破碎、表面毛化和强化处理 通过稍降低压力或增大靶距和流量，高压水射流技术还可以用于清洗、破碎、表面毛化和强化处理。

3.4 微细加工技术

微细加工技术自20世纪80年代中期发展至今，一直受到世界各发达国家的广泛重视，被认为是一项面向21世纪可以广泛应用的新技术。目前所谓的微机械，大致分为两大类：一类称之为微机械电子系统（MEMS），侧重于用集成电路可兼容技术加工制造的元器件；另一类就是微缩后的传统机械，如微型机床、微型汽车、微型飞机、微机器人等。

微细加工起源于半导体制造工艺，是指加工尺度在微米级的加工方式，在微机械研究领域中，它是微米级、亚微米级乃至纳米级微细加工的通称。微细加工方式十分丰富，目前常用的微机械器件加工技术主要有三种：以日本为代表的精密机械加工手段（微机械，Micro-Machine）；以德国为代表的LIGA技术（微系统，Micro-System）；以美国为代表的硅微细加工技术（微机电系统，Micro-Electro-Mechanical Systems）。随着现代科学技术的迅速发展，新的高科技微细加工方法层出不穷，如聚焦离子束（FIB）微细加工技术、微/纳压印加工技术等。

3.4.1 微机械加工中的关键技术

与传统机械相比，微机械在许多方面都具有自身特色，这是因为在微小尺寸和微小尺度空间内，许多宏观状态下的物理量和机械量都发生了变化，并在微观领域状态下呈现出特有的规律，由此决定了微机械具有自身特色的理论基础。目前，微机械加工中的主要关键技术有以下几项：

① 微系统设计技术。微系统设计主要包括微结构设计数据库、有限元和边界分析、CAD/CAM仿真和拟实技术、微系统建模等。微小型化的尺寸效应和微小型理论基础研究也是微系统设计研究不可缺少的课题，如力的尺寸效应、微结构表面效应、微观摩擦机理、热传导、误差效应和微构件材料性能等。

② 微细加工技术。微细加工技术主要指高深宽比、多层微结构的硅表面加工和体加工技术，利用X射线光刻、电铸的LIGA加工技术和利用紫外线的准LIGA加工技术；微结构特种精密加工技术包括微火花加工、能束加工、立体光刻成形加工。

③ 微型机械组装和封装技术。微型机械组装和封装技术主要指材料的粘结技术、硅玻璃静电封接技术、硅键合技术、自对准组装技术，以及具有三维可动部件的封装技术和真空封装技术。

④ 微系统的表征和测试技术。微系统的表征和测试技术主要有结构材料特性测试技术、微小力学、电学等物理量的测量技术，微型器件和微型系统性能的表征和测试技术，微型系统动态特性测试技术，微型器件和微型系统可靠性的测量与评价技术。

⑤ 自组织成形工艺。自组织成形工艺是指模仿生物的生长发育过程，使材料通过自组织作用，自动生长成为所要求形状，以超分子的自组织实验模拟生物自组织生长过程，并以生物酶对之进行加工和修饰，并可对形状和尺寸进行控制的方法。

3.4.2　基于超精密加工的微细机械加工和电加工技术

1. 微细车削加工

微细车削加工是加工回转类器件的有效方法之一，加工微型零件时要求有合理的微型化车床、状态监测系统、高速高回转精度主轴、高分辨率的伺服进给系统及切削刃足够小、硬度足够高的车刀。

日本通产省工业技术院机械工程实验室（MEL）于 1996 年开发了世界上第一台微型化的机床——微型车床，长 32mm，宽 25mm，高 30.5mm，质量为 100g（图 3-37 所示为该车床与硬币的比较）；主轴电动机额定功率为 1.5W，转速为 1000r/min。用该机床切削黄铜，沿进给方向的表面粗糙度值为 $Ra1.5\mu m$，加工工件的圆度误差为 $2.5\mu m$，最小外圆直径为 $\phi60\mu m$。切削试验中的功率消耗仅为普通车床的 1/500。

图 3-37　世界上第一台微型化车床

日本金泽大学的 Zinan Lu 和 Takeshi Yoneyama 研究了一套微细车削系统，由微细车床、控制单元、光学显微装置和监视器组成，机床长约 200mm。在该系统中，采用了一套光学显微装置来观察切削状态，还配备了专用的工件装卸装置。该机床的明显不足是切削速度低，因此得不到满意的表面质量，表面粗糙度值 $<Ra1\mu m$。它的开发成功，证实了利用切削加工技术也能加工出微米尺度的零件。

从以上两例可知，并非机床的尺寸越小，加工出的工件尺度就越小、精度就越高。微细车床的发展方向一方面是微型化和智能化；另一方面是提高系统的刚度和强度，以便加工硬度比较大、强度比较高的材料。

2. 微细磨削加工

微细磨削加工主要是将砂轮和砂带表面上的磨粒近似看成微刃，将整个砂轮可看成铣刀的一种加工方法。微细磨削加工微器件时需注意以下问题：磨粒在高速、高压和高温作用下会变钝，且切削能力下降；磨粒可能脱落，砂轮失去外形精度；选用磨粒材料时要求耐高温高压，常用的磨粒材料是人造金刚石。

3. 微细钻削加工

微细钻削一般用来加工直径小于 $\phi0.5mm$ 的孔。微细钻削现已成为微细孔加工的最重要工艺之一，可用于电子、精密机械、仪器仪表等行业，近来备受关注。

在钟表制造业中，最早使用钻头加工小孔。随着工艺方法的不断改进，相继出现了各种特种加工方法，但一般情况下仍采用机械钻削小孔的方法。近年来，研制出多种形式的小孔钻床，如手动操作的单轴精密钻床、数控多轴高速自动钻床、曲柄驱动群孔钻床，以及加工精密小孔的精密车床和铣床等。20 世纪 80 年代后，由于数控技术和 CAD/CAM 的发展，小孔加工技术向高自动化和无人化发展。目前机械钻削小孔的研究方向主要有：难加工材料的钻削机理研究；小孔钻削机床研制和小钻头的刃磨、制造工艺研究；超声振动钻削等新工艺的研究等。

微细钻削的关键除了车削要求的几项之外，还有微细钻头的制作问题。目前，商业供应的微细钻头的最小直径为 $\phi50\mu m$，要得到更细的钻头，必须借助于特种加工方法。有人用聚焦离子束溅射技术制成了直径分别为 $\phi22\mu m$ 和 $\phi35\mu m$ 的钻削、铣削刀具。但是，聚焦离子束溅射设备复杂，加工速度较慢。用电火花放电磨削（Wire Electro‑Discharge Grinding，WEDG）技术则可以稳定地制成 $\phi10\mu m$ 的钻头，最小可达 $\phi6.5\mu m$。

用 WEDG 技术制成的微细钻头的形状及工艺过程分别如图 3-38 和图 3-39 所示。

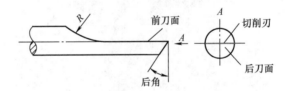

图 3-38　用 WEDG 技术制成的微细钻头的形状

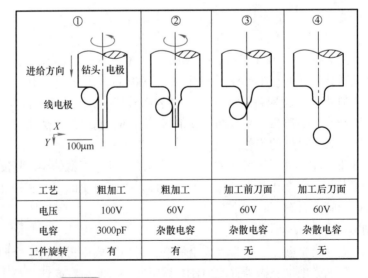

图3-39　用 WEDG 技术制作微细钻头的工艺过程

用 WEDG 技术制作的微细钻头,如果从微细电火花机床上卸下来再装夹到微细钻床的主轴上,势必造成安装误差而产生偏心,这将影响钻头的正常工作甚至无法加工。因此,使用这种钻头钻削时,必须在制作该钻头的微细电火花机床上进行。

4. 微细铣削加工

微细铣削加工可以满足各种形状的三维微结构器件的加工需求,工作效率高,且对 MEMS 的实用化开发具有一定的价值。日本发那科公司与日本电气通信大学合作研制出车床型超精密铣床,首次用切削方法实现了自由曲面的微细加工。另外,微细铣削加工还可以使用切削刀具对各种材料进行微细加工,采用 CAD/CAM 技术实现三维数控加工,工作效率与相对精度都较高。

图 3-40 所示为用该超精密铣床铣削的在从日语翻译来的称为"能面"的微型脸谱。其加工数据由三坐标测量机从真实"能面"上采集,采用单刃单晶金刚石球头铣刀 ($R30\mu m$)。该"能面"是在 18K 金材料上加工出的三维自由曲面,其最大处直径为 $\phi 1mm$,表面高低差为 $30\mu m$,加工后的表面粗糙度值为 $Ra0.058\mu m$。这是光刻技术领域中的微细加工技术,是半导体平面硅工艺、同步辐射 X 射线深度光刻、电镀工艺和铸塑工艺组成的 LIGA 工艺等技术所不及的。

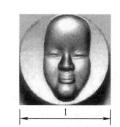

1

图 3-40　微型脸谱"能面"

目前数控铣削技术几乎可以满足任意复杂曲面和超硬材料的加工要求。与某些特种加工方法,如电火花加工和超声加工相比,切削加工具有更快的加工速度、更低的加工成本、更好的加工柔性和更高的加工精度。

微细铣削可以实现任意形状的微三维结构的加工,生产率高,便于扩展功能。微细铣床的研究对于微型机械的实用化开发研究是很有价值的。

5. 微细冲压加工

在 MEMS 微器件中,常有许多带小孔的器件,器件上的小孔可用冲孔方法加工,效率高、尺寸稳定、凸模磨损慢、寿命长,在大批量生产时,其成本较低。冲小孔技术的研究方向是如何减小冲压机床的尺寸,增大微小凸模的强度与刚度,保证微小凸模的导向和保护等。

日本 MEL 开发的微冲压机床,长为 111mm,宽为 66mm,高为 170mm,装有一个 100W 的交流伺服电动机,可产生 3kN 的压力。伺服电动机的旋转通过同步带传动和滚珠丝杠传动转换成直线运动。该冲压机床带有连续的冲压模,能实现冲裁和弯板。

日本东京大学生产技术研究所利用 WEDG 技术,制作微冲压加工的冲头和冲模,然后进行微细冲压加工,在 $50\mu m$ 厚的聚酰胺塑料上冲出宽度为 $40\mu m$ 的非圆截面微孔。

6. 微细电加工

微型轴和异形截面杆的加工可采用电火花放电磨削(WEDG)法加工,如图 3-41 所示。它的独特的放电回路使所放电能仅为一般电火花加工的 1/100。图 3-42 所示为用 WEDG 法加工微型轴的原理,电极丝沿着导丝器中的槽以 5~10mm/min 的低速滑动,就能加工出圆柱形的轴。如果导丝器通过数字控制做相应的运动,就能加工出图 3-41 所示的各种形状的杆件。

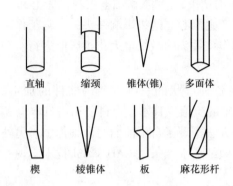

图3-41 WEDG 法加工的微型轴和异形截面杆

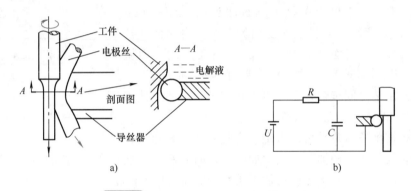

图3-42 用 WEDG 法加工微型轴的原理

a) 加工原理 b) 张弛型 EDM 电路

若需获得更为光滑的表面，则可以在 WEDG 法加工后，再采用线电极电化学磨削法（Wire Eletrical Chemical Grinding，WECG），它是用去离子水在低电流下去除极薄的表面层。

微细电火花加工（Mirco-EDM，MEDM）所用的机床有日本松下电气产业公司的 MG-ED71，它的定位控制分辨率为 0.1μm，最小加工孔径达 $\phi5\mu m$，表面粗糙度值达 $Ra0.1\mu m$。例如加工齿轮节圆直径 $300\mu m$、厚 $100\mu m$ 的 9 齿不锈钢齿轮时，使用该机床先用 $\phi24\mu m$ 的电极连续打孔加工出粗轮廓，再用 $\phi31mm$ 电极按齿形曲线扫描出轮廓，精度达 $\pm3\mu m$。也可用它加工微型阶梯轴，最小直径为 $\phi30\mu m$，加工的键槽截面尺寸为 $10\mu m \times 10\mu m$。

加工微小零件的电极应在同一台电火花加工机床上制作，否则由于电极的连接和安装误差很难加工出直径小于 $\phi100\mu m$ 的微型孔。如在微细电火花机床上加工电极或超声加工工具，可加工出 $\phi5 \sim \phi10\mu m$ 微型孔。在一台冲模机上用 WEDG 法制作出电火花加工所用的电极（图3-43a），以此电极使用 MEDM 法加工出凹模（图3-43b），并用与做电极相似的方法用 WEDG 法加工出凸模（图3-43c），即成为一套冲模，可生产出所需的微型零件（图3-43d）。

微细电加工与微细机械加工相比虽然材料切除率较低，但加工尺寸更细小，孔的深径比更大，可达 5~10，尤其对于微细的复杂凹形内腔加工更有其优越性。

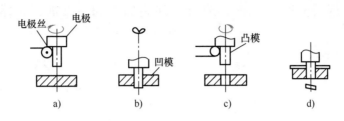

图 3-43　同一台机床上集成制作的微细冲压系统

a）WEDG 法加工　　b）MEDM 法加工　　c）WEDG 法加工　　d）冲压加工

3.4.3　基于硅微细加工技术

硅微细加工技术是 MEMS 中一种常用方法，源于集成电路（Integrated Circuit，IC）加工技术，是由 IC 平面加工工艺发展的三维微细加工技术。

（1）体硅微细加工技术　体硅微细加工技术是以单晶硅为加工对象，采用腐蚀、镀膜、键合等加工工艺，在硅基上有选择性地去除部分材料，从而获得所需微结构的加工工艺。当腐蚀剂为液体时，所进行的腐蚀称为湿法腐蚀；腐蚀剂为气体时，则称为干法腐蚀。干法腐蚀的种类很多，主要有离子腐蚀（Ion Etching，IE）法、离子束腐蚀（Ion Beam Etching，IBE）法、等离子体腐蚀（Plasma Etching，PE）法、反应离子腐蚀（Reactive Ion Etching，RIE）法和反应离子束腐蚀（Reactive Ion Beam Etching，RIBE）法等。其中 PE 法或 RIBE 法是目前主要采用的干法腐蚀工艺。湿法腐蚀工艺是指采用不同的腐蚀溶液，对硅片进行各向同性腐蚀、各向异性腐蚀或自停止腐蚀，加工深度可达几百微米。目前所用的硅各向异性腐蚀的溶剂都是碱性的，主要是有机腐蚀剂 EPW（乙二胺、邻苯二酸和水）和碱性腐蚀剂（如 KOH）两类。

（2）表面硅微细加工技术　表面硅微细加工技术是以硅片为基体，以连续淀积结构层、牺牲层和光刻为工艺，利用微电子加工技术中的氧化、淀积、光刻、腐蚀等工艺，在硅片表面上形成多层薄膜图形，然后把下面的牺牲层腐蚀掉，以保留上面的微结构图形的加工工艺。利用此类微细加工技术可以制作活动构件，如转子、齿轮等，还可以制造多种谐振式、电容式、应变式传感器和静电式、电磁式执行器，如微电机、谐振器等。

（3）键合技术　在微型机械的制作工艺中，键合技术十分重要。固相键合技术是指不用液态黏结剂而将两块固体材料键合在一起，键合过程中材料始终处于固相状态的一种加工方法。固相键合技术的思路来源于 SOI（Sillicon－On－Insulator，绝缘衬底上的硅）技术，机理是分子键键合，是把两个固态部件键合在一起，以形成复杂的三维机械结构的技术，其典型键合模式是硅/玻璃、硅/硅、金属/玻璃间的键合。晶片键合技术是不使用黏结剂而将两块固态材料键合在一起的方法。硅/玻璃键合和硅/硅键合是目前两种主要的键合形式。

3.4.4 基于 X 射线光刻、电铸、成形及注塑加工的微细加工技术

1. LIGA 技术

3-04
LIGA技术（微
课）

X 射线光刻、电铸、成形是从外文译来的，其德文全称为 Lith-ographic Gavanoformung Abformung，缩写为 LIGA。LIGA 技术主要包括三个工艺：深层同步辐射软 X 射线光刻、电铸成形及注塑。其特点是可用于制作高（深）径比很大的塑料、金属、陶瓷的三维微结构，广泛应用于微型机械、微光学器件制作、装配和内连技术、光纤技术、微传感技术、医学和生物工程方面，是 MEMS 中极其重要的一种微制造技术。图 3-44 所示为 LIGA 技术的工艺过程。

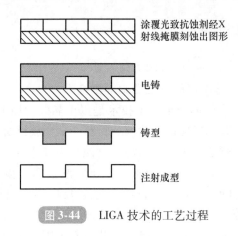

涂覆光致抗蚀剂经X
射线掩膜刻蚀出图形

电铸

铸型

注射成型

图 3-44 LIGA 技术的工艺过程

光刻加工又称光刻蚀加工或刻蚀加工，简称刻蚀，是微细加工中广泛使用的一种加工方法，主要用于制作半导体集成电路。用它制造的微机械零件有刻线尺、微电机转子、摄像管的帘栅网等。其工作原理如图 3-45 所示。光刻加工可分为两个阶段：第一阶段为原版制作，生成工作原版或工作掩膜，为光刻时的模板；第二阶段为光刻。光刻加工的主要过程如下：

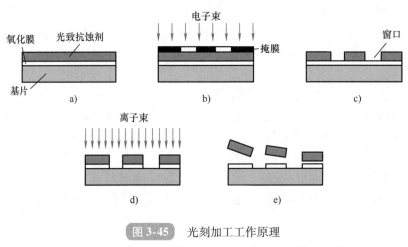

图 3-45 光刻加工工作原理

a）涂胶 b）曝光 c）显影与烘片 d）刻蚀 e）剥膜（去胶）

（1）涂胶 把光致抗蚀剂涂敷在已镀有氧化膜的半导体基片上。

（2）曝光 曝光通常有两种方法：

① 由光源发出的光束，经掩膜在光致抗蚀剂上成像，称为投影曝光。

② 将光束聚焦形成细小束斑，通过扫描在光致抗蚀剂涂层上绘制图形，称为扫描曝光。常用的光源有电子束、离子束等。

（3）显影与烘片 曝光后的光致抗蚀剂在一定的溶剂中将曝光图形显示出来，称为显影。显影后进行 $200 \sim 250$℃ 的高温处理，以提高光致抗蚀剂的强度，称为烘片。

（4）刻蚀 利用化学或物理方法，将没有光致抗蚀剂部分的氧化膜除去。常用的刻蚀方法有化学刻蚀、离子刻蚀、电解刻蚀等。

（5）剥膜（去胶） 用剥膜液去除光致抗蚀剂。剥膜后需进行水洗和干燥处理。

应用光刻加工技术可以使制造的电机更微型化，且无须组装和易于实现批量生产。但由于它刻制的薄膜厚度仅有 $2\mu m$，与用微细电火花加工制出的微型电机相比，由于电机的电极面积很小，因而电机的转矩仅为后者的万分之一。

2. 准 LIGA 技术

由于 LIGA 技术需要昂贵的同步辐射 X 射线光源和 X 射线掩膜板，加工周期较长，大大限制了其应用。近年来，已开发了多种替代工艺，如用紫外光刻的 UV-LIGA，用激光烧蚀的 Laser-LIGA，用硅深刻蚀工艺的 Si-LIGA 和 DEM 技术及用离子束刻蚀的 IB-LIGA 技术等，这些称为准 LIGA 技术。虽然这些技术达到的技术指标低于同步辐射 LIGA 技术，但由于其具有成本低、加工周期短等优点，大大扩展了 LIGA 技术的应用领域。

3.4.5 纳米压印技术

从 1995 年纳米压印（NIL）技术发展以来，它就被麻省理工学院（MIT）列为最可能改变世界的十项技术之一。NIL 技术具有成本低、生产率高且设备简单而廉价等优点，且是一种并行加工技术，对于大面积高精度图案形状的微/纳结构器件加工是非常有效的。典型的加工工艺过程有制作印章、压印过程和转移图形三个基本步骤。

纳米压印技术一经提出就引起科技界的广泛注意。NIL 技术已被应用到许多电子、光学和磁性器件的制作中。图 3-46 所示为倾斜式和旋转式微结构。

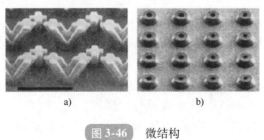

a) b)

图 3-46 微结构

a) 倾斜式微结构 b) 旋转式微结构

3.4.6 微细加工技术的发展趋势

近年来微细加工技术迅速发展，已成为机电领域的研究热点。微细加工技术呈现以下几个特点与趋势：

① 产品应用及工艺技术的确定性。针对产品确定其市场潜力，进行加工工艺与设备技术研究。

② 随着 MEMS 应用范围的拓宽，对微细加工材料的要求也趋于多样化，需建立微尺度下的各种材料性能数据库。

③ 微结构更趋于复杂化，功能要求越来越高。随着材料和加工工艺的日益发展，从二维到三维、从微米到纳米，运动部件不断增多，扩大了其使用功能。

④ 针对微尺度下器件质量和产品的功能性测量与评定，制订出一系列有关器件的尺寸、形状、表面粗糙度等的计量方法。

⑤ 研发出更新、更适用于现代科技需求的微细加工技术，不能仍以物理与化学能量的特种加工为主，因为微细加工主要是在微米级加工条件下进行的。MEMS 的尺寸微小及加工材料的局限性，使得传统的机械加工方法与硅微加工技术不能满足需求。

⑥ 基于微型装备、微型工厂及微加工系统，发挥微细加工方法的复合化。微细加工是高技术的集成，其集光、机、电、化学等多种能量于一体，从而实现器件的微细加工要求。

⑦ 能在短期内实现大批量微细加工，降低成本，及时开发出所需的微型结构及系统，实现商业化发展。

3.5　虚拟制造技术

3.5.1　虚拟制造技术概述

虚拟制造是 20 世纪 90 年代提出的一项新的先进制造技术，对虚拟制造技术的研究还处于不断的深入、细化之中，国际上尚没有对其做出一个统一的公共定义。不同的研究人员从不同的角度出发，给出了各具特点的描述，其中有代表性的包括以下几种：

（1）日本科学家木村（F. Kimura）的定义　通过对制造知识进行系统的组织与分析，对整个制造过程建模，在计算机上进行设计评估和制造活动仿真。他强调通过用虚拟制造模型对制造全过程进行描述，在实际的物理制造之前就具有对产品性能及其可制造性的预测能力。

（2）大阪大学的小野里教授（M. Onosato）的定义　虚拟制造是采用模型来代替实际制造中的对象、过程和活动，与实际制造系统具有信息上的兼容性和结构上的相似性。该定义着眼于模型。

（3）劳伦斯协会（Lawrence Associates）的定义　虚拟制造是一个集成的、综合的可运行制造环境，其目的是提高各个层次的决策与控制。

（4）美国空军赖特实验室（Wright 实验室）的定义　虚拟制造是仿真建模和分析技术及工具的综合应用，以增强各层制造设计和生产决策与控制。该定义着眼于手段。

（5）佛罗里达大学哥罗雅·文斯（Gloria. J. Wiens）博士的定义　虚拟制造是与实际一样在计算机上执行制造过程，其中虚拟模型是在实际制造之前用于对产品的功能及可制造性的潜在问题进行预测。该定义的目标是预测，着眼于结果。

（6）马里兰大学爱德华·林（Edward. Lin）教授的定义　虚拟制造是一个用于增强各

项决策与控制的一体化的制造环境。该定义着眼于环境。

（7）清华大学肖田元教授的定义 虚拟制造是实际制造过程在计算机上的本质实现，即采用计算机仿真与虚拟现实技术，在计算机上实现产品开发、制造，以及管理与控制等制造的本质过程，以增强制造过程各级的决策与控制能力。该定义着眼于全方位预测。

上述这些定义从不同的角度对虚拟制造的实现手段、方法及目标等方面进行了阐述，揭示了虚拟制造的本质和内容。虚拟制造作为信息时代制造技术的重要标志，它是不断吸收信息技术和管理科学的成果而发展起来的。这里的"制造"是一种广义的概念，即一切与产品相关的活动和过程，亦称之为"大制造"（Big Manufacturing），它是相对于传统的狭义制造而言的。"虚拟"的含义则是这种制造虽然不是真实的、物化的，但却是本质上的，也就是在计算机上实现制造的本质内容。

虚拟制造可以对想象中的制造活动进行仿真，它不消耗现实资源和能量，所进行的过程是虚拟过程，所生产的产品也是虚拟的。虚拟制造技术的应用将会对未来制造业的发展产生深远影响，它的重大作用主要表现为：

① 运用软件对制造系统中的五大要素（人、组织管理、物流、信息流、能量流）进行全面仿真，使之达到前所未有的高度集成，为先进制造技术的进一步发展提供了更广大的空间，同时也推动了相关技术的不断发展和进步。

② 可加深人们对生产过程和制造系统的认识和理解，有利于对其进行理论升华，更好地指导实际生产，即对生产过程、制造系统整体进行优化配置，推动生产力的巨大跃升。

③ 在虚拟制造与现实制造的相互影响和作用过程中，可以全面改进企业的组织管理工作，而且对正确做出决策有不可估量的影响。例如，可以对生产计划、交货期、生产产量等做出预测，及时发现问题并改进现实制造过程。

④ 虚拟制造技术的应用将加快企业人才的培养速度。我们都知道模拟驾驶室对驾驶员、飞行员的培养起到了良好作用，虚拟制造也会产生类似的作用。例如，可以对生产人员进行操作训练、异常工艺的应急处理等。

3.5.2 虚拟制造技术的特征

（1）虚拟经营和管理 作为虚拟制造的一个主要贡献——虚拟企业，使制造业在世界范围内的重组与集成成为可能。通过虚拟经营和虚拟管理，充分借助于企业外部力量，运用自身最强的优势和有限资源最大限度地提高企业的竞争力。

（2）高度集成 产品与制造环境均可利用仿真技术在计算机上形成虚拟模型。在设计过程中，可用计算机对其进行产品设计、制造、测试，设计人员和用户甚至可以"进入"虚拟环境对模型的设计、加工、装配、性能进行检测，而不依赖于传统的对原型样机的反复修改。因此，它易于综合运用系统工程、知识工程、并行工程和人机工程等多学科先进技术，实现信息集成、知识集成、串并行交错工作机制集成和人机集成。

（3）高效灵活 开发的产品（部件）可存放在计算机里，不但大大节省了仓储费用，更便于根据市场变化或用户需求随时对模型进行修改，快速投入生产，缩短设计开发时间，节约设计成本，提高产品从设计、制造到销售全过程的效率，增强企业的竞争力。

（4）高度合作 可通过互联网可将世界各地的专业人员结合起来，同时在同一个模型上工作，互相交流、资源共享，以避免重复研究带来的资源浪费，并且可发挥各自特长，实现异地设计、异地制造，将制造业信息化与知识化融为一体，使产品开发以高效、快捷、低耗响应市场变化。

（5）设计柔性　如果产品设计过程中出现变故，可以将资料存入计算机，等时机成熟再进行开发，从而提高设计过程的柔性。

3.5.3　虚拟制造技术的内容

虚拟制造技术的研究内容是极为广泛的，除了虚拟现实技术涉及的共同性技术外，虚拟制造领域本身的主要研究内容有：

① 虚拟制造的理论体系。
② 设计信息和生产过程的三维可视化。
③ 虚拟环境下系统全局最优决策理论和技术。
④ 虚拟制造系统的开放式体系结构。
⑤ 虚拟产品的装配仿真。
⑥ 虚拟环境中及虚拟制造过程中的人机协同作业等。

3.5.4　虚拟制造技术的分类

一般来说，虚拟制造的研究都与特定的应用环境和对象相联系，由于应用的不同要求而存在不同的侧重点。劳伦斯协会根据虚拟制造应用的范围不同，将虚拟制造分成三类，即以设计为中心的虚拟制造技术（Design-centered VM），以生产为中心的虚拟制造技术（Production-centered VM）和以控制为中心的虚拟制造技术（Control-centered VM）。

（1）以设计为中心的虚拟制造技术　以设计为中心的虚拟制造技术把制造信息引入到设计全过程，利用仿真技术来优化产品设计，从而在设计阶段就可以对所设计的零件甚至产品整体进行可制造性分析，以及预测产品性能、报价和成本。它的主要目的是优化产品设计及工艺过程，主要解决"设计出来的产品是怎样"的问题。

（2）以生产为中心的虚拟制造技术　以生产为中心的虚拟制造技术是在生产过程模型中融入仿真技术，以此来评估和优化生产过程，以更低费用快速地评价不同的工艺方案、资源需求规划、生产计划等，其主要目标是评价可生产性。它主要解决"这样组织生产是否合理"的问题。

（3）以控制为中心的虚拟制造技术　以控制为中心的虚拟制造的核心思想是通过对制造设备和制造过程进行仿真，建立虚拟的制造单元，对各种制造单元的控制策略和制造设备的控制策略进行评估，从而实现车间级的基于仿真的最优控制。单元控制器根据制造需求规划和调度若干个工件在本制造单元的加工工序和各工序的顺序、加工时间等，而每个制造设备的控制器只规划和调度工件在本台设备上的加工顺序、加工代码等。总之，它主要解决"这样控制是否合理、是否最优"的问题。

三种类型的虚拟制造技术各有特点和侧重，相互之间又有信息关联，它们之间的关系可以通过图 3-47 来描述。

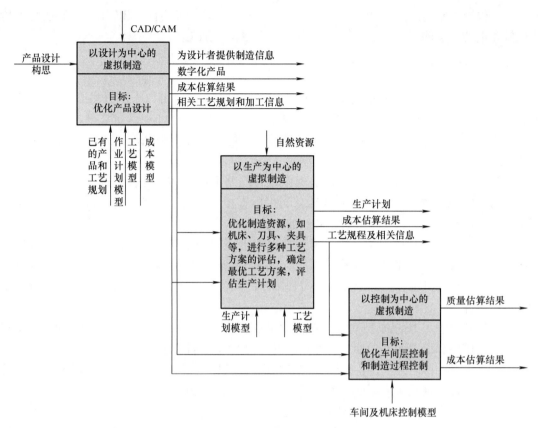

图 3-47   三种类型虚拟制造技术之间的关系

3.6   快速原型技术

3.6.1   快速原型技术原理

快速原型（Rapid Prototyping，RP）技术将计算机辅助设计（CAD）、计算机辅助制造
（CAM）、计算机数控（CNC）、激光、新材料等先进技术融于一体，实现从 CAD 三维模型
到实际原型/零件的加工。RP 成形流程如图 3-48 所示，对 CAD 生成的零件三维几何模型进
行切片处理，得到一系列的二维截面轮廓，然后用激光或其他方法切割、固化、烧结某状态

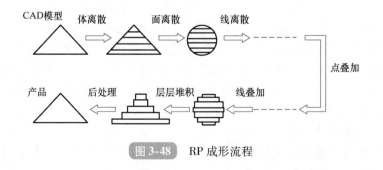

图 3-48   RP 成形流程

材料，在很短的时间内得到层层产品轮廓，并逐步叠加成三维实体。RP 技术彻底摆脱了传统机械加工的"去除"加工法，而采用全新的"增长"加工法。

3.6.2 快速原型技术的特点

（1）快速性 通过 STL 格式文件，快速原型制造系统几乎可以与所有的 CAD 造型系统无缝连接，从 CAD 模型到完成原型制作通常只需几小时到几十小时，可实现产品开发的快速闭环反馈。以快速原型为母模的快速模具技术，能够在几天内制作出所需材料的实际产品，而通过传统的钢制模具制作，至少需要几个月的时间。

（2）高度集成化 快速原型技术实现了设计与制造的一体化。在快速原型工艺中，计算机中的 CAD 模型数据通过接口软件转化为可以直接驱动快速原型设备的数控指令，快速原型设备根据数控指令完成原型或零件的加工。

（3）与工件复杂程度无关 快速原型技术由于采用分层制造工艺，将复杂的三维实体离散成一系列层片，层片加工后再叠加，大大简化了加工过程，降低了加工难度。它可以加工复杂的中空结构且不存在三维加工中刀具干涉的问题，理论上可以制造具有任意复杂形状的原型和零件。

（4）高度柔性 快速原型制造系统是真正的数字化制造系统，仅需改变三维 CAD 模型，适当地调整和设置加工参数，即可完成不同类型的零件的加工制作，特别适合新产品开发或单件小批量生产。并且，快速原型技术在成形过程中无须专用的夹具或工具，成形过程具有极高的柔性，这是快速原型技术非常重要的一个技术特征。

（5）自动化程度高 快速原型是一种完全自动的成形过程，只需要在成形之初由操作者输入一些基本的工艺参数，整个成形过程操作者无须或较少干预。出现故障时，设备会自动停止，发出警示并保留当前数据。完成成形过程时，机器会自动停止并显示相关结果。

3.6.3 快速原型工艺

随着新型材料特别是能直接快速成形的高性能材料的研制和应用，产生了越来越多的更为先进的快速原型工艺技术。目前快速原型已发展了十几种工艺方法，其中较成熟和典型的工艺有如下几种：

1. 立体光固化成形法

立体光固化成形法（Stereo Lithography Apparatus，SLA）是采用立体雕刻（Stereo Lithography）原理的一种工艺，也是最早出现的、技术最成熟和应用最广泛的快速原型技术。

如图 3-49 所示，在树脂液槽中盛满液态光敏树脂，它在紫外激光束的照射下会快速固化。成形过程开始时，可升降的工作台处于液面下一个截面层厚的高度，聚焦后的激光束在计算机的控制下，按照截面轮廓的要求，沿液面进行扫描，使被扫描区域的树脂固化，从而得到该截面轮廓的塑料薄片。然后，工作台下降一层薄片的高度，已固化的塑料薄片就被一层新的液态树脂所覆盖，以便进行第二层激光扫描固化，新固化的一层牢固地粘结在前一层上，如此重复进行，直到整个产品成形完毕。最后升降台升出液体树脂表面，即可取出工件，进行清洗和表面光洁处理。

SLA 快速原型技术适合于制作中小型工件，能直接得到塑料产品，主要用于概念模型的原型制作，或用来做装配检验和工艺规划。它还能代替蜡模制作浇铸模具，以及作为金属喷

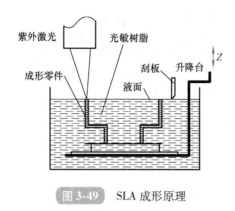

图 3-49 SLA 成形原理

涂模、环氧树脂模和其他软模的母模，是目前较为成熟的快速原型工艺。

SLA 快速原型技术的优点是：

① 成形速度较快。

② 系统工作相对稳定。

③ 尺寸精度较高，可确保工件的尺寸精度在 0.1mm 以内。但是，国内 SLA 工艺的精度在 0.1 ~ 0.3mm 之间，并且存在一定的波动性。

④ 表面质量较好，工件的最上层表面很光滑，侧面可能有台阶不平及不同层面间的曲面不平；比较适合制作小件及较精细件。

⑤ 系统分辨率较高。

SLA 快速原型的技术缺点是：

① 需要专门实验室环境，维护费用昂贵。

② 成形件需要后处理、二次固化、防潮处理等工序。

③ 光敏树脂固化后较脆，易断裂，可加工性不好；工作温度不能超过 100℃，成形件易吸湿膨胀，抗腐蚀能力不强。

④ 氦-镉激光管的寿命仅为 3000h，价格较昂贵。同时需对整个截面进行扫描固化，成形时间较长，因此制作成本相对较高。

⑤ 光敏树脂对环境有污染，使皮肤过敏。

⑥ 需要设计工件的支承结构，以便确保在成形过程中制作的每一个结构部位都能可靠定位，而支承结构需在未完全固化时手工去除，容易破坏成形件。

2. 纸张叠层造型法

纸张叠层造型法目前以 Helisys 公司开发的叠层实体制造（Laminated Object Manufacturing，LOM）工艺应用最广。如图 3-50 所示，该工艺采用专用滚筒纸，由热轧辊使纸张加热连接，然后用激光将纸切断，待热轧辊自动离开后，再由激光将纸张裁切成层面要求形状。

LOM 可制作一些光固化成形法难以制作的大型零件和厚壁样件，且制作成本低廉（约为光固化成形法的1/2）、速度高（约为木模制作时间的1/5 以下），并可简便地分析设计构思和功能。

LOM 快速原型技术的优点是：

① 由于只需要使激光束沿着物体的轮廓进行切割，无须扫描整个断面，所以这是一个

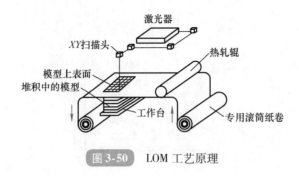

图 3-50　LOM 工艺原理

高速的快速原型工艺。因此，LOM 快速原型技术常用于加工内部结构简单的大型零件及实体件。

② 无须设计和构建支撑结构。

LOM 快速原型技术的缺点是：

① 需要专门的实验室环境，维护费用高。

② 可实际应用的原材料种类较少，尽管可选用若干原材料，如纸、塑料、陶土以及合成材料，但目前常用的只是纸，其他箔材尚在研制开发中。

③ 表面比较粗糙，工件表面有明显的台阶纹，成形后要进行打磨；且纸制零件很容易吸潮，必须立即进行后处理、上漆。

④ 难以构建精细形状的零件，即仅限于结构简单的零件。

⑤ 由于难以（虽然并非不可能）去除里面的废料，该工艺不宜构建内部结构复杂的零件。

⑥ 当加工室的温度过高时常有火灾发生。因此，工作过程中需要专职人员值守。

3. 热可塑造型法

热可塑造型法以 DTM 公司开发的选择性激光烧结（Selective Laser Sintering，SLS）工艺应用较多。

粉末材料选择性烧结（图 3-51）是一种快速原型工艺，采用二氧化碳激光器对粉末材料（塑料粉、陶瓷与黏结剂的混合粉、金属与黏结剂的混合粉等）进行选择性烧结，是一种由离散点一层层地集成三维实体的工艺方法。

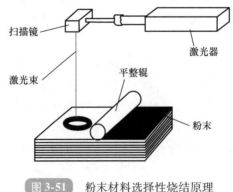

图 3-51　粉末材料选择性烧结原理

在开始加工之前，先将充有氮气的工作室升温，并保持在粉末的熔点以下。成形时，送料筒上升，平整筒移动，先在工作平台上铺一层粉末材料，然后激光束在计算机控制下按照截面轮廓对实心部分所在的粉末进行烧结，使粉末熔化继而形成一层固体轮廓。第一层烧结完成后，工作台下降一个截面层的高度，再铺上一层粉末，进行下一层烧结，如此循环，形成三维的原型零件。最后经过 5 ~ 10h 冷却，即可从粉末缸中取出零件。未经烧结的粉末能承托正在烧结的工件，当烧结工序完成后，取出零件。

粉末材料选择性烧结工艺适合成形中小件，能直接得到塑料、陶瓷或金属零件，零件的翘曲变形比立体光固化成形工艺要小。但这种工艺仍需对整个截面进行扫描和烧结，加上工作室需要升温和冷却，成形时间较长。此外，由于受到粉末颗粒大小及激光点的限制，零件的表面一般呈多孔性。在烧结陶瓷、金属与黏结剂的混合粉并得到原型零件后，须将它置于加热炉中，烧掉其中的黏结剂，并在孔隙中渗入填充物，其后处理较为复杂。

粉末材料选择性烧结快速原型工艺适合于产品设计的可视化表现和制作功能测试零件。由于它可采用各种不同成分的金属粉末进行烧结、进行渗铜等后处理，因而其制成的产品可具有与金属零件相近的力学性能，故可用于制作电火花加工电极直接制造金属模，以及进行小批量零件生产。

SLS 快速原型技术的优点是：

① 与其他工艺相比，能生产较硬的模具，有直接金属型的概念。

② 可以采用多种原料，包括工程塑料、蜡、金属、陶瓷等。

③ 零件的构建时间较短，可达到 1in/h（1in = 25.4mm）高度。

④ 无须设计和构造支承。

SLS 快速原型技术的缺点是：

① 需要专门的实验室环境，维护费用高。

② 在加工前，要花近 2h 的时间将粉末加热到熔点以下，当零件构建之后，还要花 5 ~ 10h 冷却，然后才能将零件从粉末缸中取出。

③ 成形件强度和表面质量较差，精度低。表面粗糙度受粉末颗粒大小及激光光斑的限制。

④ 零件的表面多孔性，为了使表面光滑必须进行渗蜡等后处理。在后处理中难以保证零件尺寸精度，后处理工艺复杂，零件变形大，无法装配。

⑤ 需要对加工室不断充氮气以确保烧结过程的安全性，加工成本高。

⑥ 该工艺产生有毒气体，污染环境。

3.6.4　快速原型技术的发展趋势

（1）开发概念模型机或台式机　　目前，RP 技术向两个方向发展：工业化大型系统，用于制造高精度、高性能零件；自动化的桌面小型系统，也称为概念模型机或台式机，主要用于制造概念原型。发达国家许多科研机构（如 IBM 公司）及教育单位（中等职业学校甚至中小学）已经开始购买此种小型 RP 设备，甚至其极有可能进入家庭。美国通用汽车公司也计划为其每位工程师配备一台此类设备。采用桌面 RP 系统制造的概念原型，可用于展示产品设计的整体概念、立体形态布局安排，进行产品造型设计的宣传，作为产品的展示模型、投标模型等使用。

（2）开发新的成形能源 SLA、LOM、SLS 等快速原型技术大多以激光作为能源，而激光系统（包括激光器、冷却器、电源和外光路）的价格及维护费用昂贵，致使成形件的成本较高，于是目前已有采用半导体激光器、紫外光等低廉能源代替昂贵激光器的 RP 系统，也有相当多的系统不采用激光器而通过加热成形材料堆积出成形件。

（3）开发性能优越的成形材料 RP 技术的进步依赖于新型快速成形材料的开发和新设备的研制。发展全新的 RP 材料，特别是复合材料，如纳米材料、非均质材料、其他传统方法难以制作的复合材料已是当前 RP 成形材料研究的热点。

（4）研究新的成形方法与工艺 在现有的基础上，拓宽 RP 技术的应用，开展新的成形技术的探索。新的成形方法层出不穷，如三维微结构制造、生物活性组织的工程化制造、激光三维内割技术、层片曝光方式等。对于 RP 微型制造的研究主要集中于 RP 微成形机理与方法、RP 系统的精度控制、激光光斑尺寸的控制以及材料的成形特性等方面。目前制作的微零件仅是概念模型，并不能称之为功能零件，更谈不上微机电系统（MEMS）。要达到 MEMS 还需克服很多的问题，如：随着尺寸的减小，表面积与体积之比相对增大，表面力学、表面物理效应将起主导作用；微摩擦学、微热力学和微系统的设计、制造、测试等。

（5）集成化 生物科学、信息科学、纳米科学、制造科学和管理科学是 21 世纪的五个主流科学，与其相关的五大技术及其产业将改变世界，而制造科学与其他科学交叉是其发展趋势。RP 与生物科学交叉的生物制造、与信息科学交叉的远程制造、与纳米科学交叉的微机电系统等都为 RP 技术提供了发展空间。并行工程、虚拟技术、快速模具、反求工程、快速原型、网络（Internet、Intranet）相结合而组成的快速反应集成制造系统，将为 RP 的发展提供有力的技术支持。

3.6.5 3D 打印技术

3-06
3D打印技术

3D 打印技术起始于 20 世纪 90 年代中后期，是快速原型技术的重要分支，也称为"增材制造"。1986 年 Charles Hull 开发和生产出第一台 3D 打印机，2005 年 ZCorp 公司成功研制出国际上首台彩色 3D 打印机。在最近的五年，3D 打印产业快速走入人们的视线，引起了人们的广泛关注，逐渐在实验室、企业、家庭等领域蔓延开来。

1. 3D 打印技术特点

3D 打印是促进制造产业升级的重要方法之一，其特点是：

（1）产品生产周期短 3D 打印技术可以简化传统加工制造工业中的部分工序，设计过程及其修改完善过程都可以在计算机中完成，显著提高工作效率。3D 打印产品无须机械加工，不需要生产线和任何模具，只需要计算机中已经设计完成的图形数据和加工所需的粉末材料以及必要的黏结剂，就能生成任何形状的产品，这极大地缩短了产品的研制周期，提高生产率，降低生产成本。同时，3D 打印产品加工过程中没有材料浪费，这在很大程度上节约了生产成本。另外，在具有良好设计概念和设计过程的情况下，3D 打印技术还可以简化生产制造过程，快速有效又廉价地生产出单个物品。

（2）制造精度高 3D 打印技术制造后的模型结构更合理，其形状精度、尺寸精度和位置精度更高，这点是传统加工制造方法不能比拟的。

（3）复杂模型直接制造 因为3D打印产品的设计是用计算机完成的，并且产品的加工也是由打印机逐层打印完成的，因此几乎可以完全不用考虑产品结构和形状的复杂程度。尤其是在加工曲面时，3D打印具有其他成形加工方法难以比拟的优势，它可以制造出传统生产技术无法制造出的外形，真正实现了"只有想不到的，没有做不到的"。

（4）材料利用率高 与传统制造业相比，3D打印的材料成形方式改变，通过层层堆积的方法形成实物，废料较少。随着打印材料的进步，"净成形"制造可能成为更环保的加工方式。相比传统的制造工艺，应用3D打印技术节省原材料，用料只有原来的1/3到1/2，制造速度快了3~4倍。

2. 3D打印工作过程

3D打印是根据前期设计的CAD三维模型，借助计算机软件控制，在打印设备上逐层增加材料堆积成所需制品造型的一种快速成形制造技术。其运作原理和传统打印机工作原理基本相同。传统打印机是只要轻点计算机屏幕上的"打印"按钮，一份数字文件便被传送到一台喷墨打印机上，喷墨打印机将一层墨水喷到纸的表面以形成一幅2D图像。而3D打印机首先将物品转化为一组3D数据，然后打印机开始逐层分切，针对分切的每一层构建，按层次打印。简单来说，3D打印工作过程主要可以分成三个步骤。

（1）3D建模 利用UG或Pro/E等3D建模软件确定产品的3D数字模型，在建模过程中一定要保证3D模型的尺寸精度和形状精度，因为后续打印产品的质量取决于3D模型的质量。

（2）3D模型分层 打印机中的自动分层软件将3D模型沿着平行于*XOY*面的方向上进行分层，每层都记录着产品的二维数据信息。因此，所分的层数越多，产品的尺寸精度和形状精度就越高，但相对来说打印速度也越慢，生产率也越低。

（3）3D打印 利用打印机自带的读取程序，识别出每个分层内的数据信息，将原始粉末材料或片状材料等相互粘结在一起，通过层与层之间的累积结合，最终形成产品，如图3-52所示。

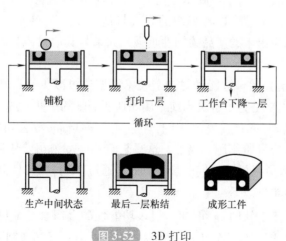

图 3-52 3D打印

综上所述，3D打印的过程是二维分层的粘结材料经过逐层的累积叠加后形成最终造型的过程。

3. 新的3D打印技术

（1）纳米3D打印　纳米3D打印是基于选择性固化液体物质的3D打印技术，是双光子聚合技术，它通过使用"飞秒脉冲激光"选择性逐层固化感光性树脂，分辨率达到0.0001mm，打印出来的东西比细菌还小。

（2）碳纤维3D打印　碳纤维是一种碳质量分数在95%以上的高强度、高模量纤维的新型材料。利用碳纤维打印出来的成品具有强度高、质量好的特点，可以适应许多恶劣的环境。

日本成功开发出打印碳纤维复合材料的3D打印机。东京理科大学机械工学科的松崎亮介团队近日成功开发出了能打印碳纤维复合材料的3D打印机。据悉，研发人员用碳纤维和热塑性树脂混合制作出3D打印头，然后向打印头提供浸渍过树脂的碳纤维。打印之前，首先需要加热碳纤维，使树脂能更容易地在纤维与纤维之间渗透扩散，挤出来的树脂可以持续不断地提供给打印用的碳纤维，进而打印出立体造型。此外，可以根据打印需求进行调整纤维与树脂的混合比例。

测试结果表明，当碳纤维与热塑性树脂（如聚乳酸）组合使用时，纤维的体积占有率为6.6%，拉伸强度达到200MPa，增加了6倍；弹性模量达到20GPa，增加了4倍。另外，使用黄麻纤维和热塑性树脂（如聚乳酸）组合时，可打印出生物可降解的复合材料。现阶段，该团队已完成打印头的制作并能成功进行3D打印。今后，他们目标是将碳纤维密度提高10倍左右，以进一步提高打印精度。

（3）多射流熔融技术　多射流熔融（Multi-Jet Fusion，MJF）3D打印机能够控制对象部件的密度、强度、摩擦因数、纹理，甚至包括部件的电学和热性能，而且MJF技术的打印喷头施放材料的分辨率可达600~2400DPI，也就是42~11μm范围。

（4）热熔玻璃缝纫技术　利用这项技术打印出来的玻璃以螺旋状的形式存在，然后再对这些玻璃进行"编织"，构成更为复杂的模型。此外，这项技术还具有改善光导纤维的制程与降低成本等各种优点。由于在制作工艺上很像是用缝纫机将一条条线织成一块布，因此才会以"缝纫"来给其命名。这种编织的方式打造出来的玻璃制品有一定的"整体柔韧性"，玻璃束越细，编织出来的产品柔韧性越强，如果与其他材质相融合，或许能够做成一种功能性相当不错的"服装"。

（5）智能增材制造技术　智能增材制造技术能够通过减少错误和提高生产率来降低成本和缩短制造时间，主要是为了解决当前金属制造所面临的一些问题。

（6）生物细胞打印　近日，美国3D打印企业——Organovo公司宣布正式成立商业部，专注于提供3D打印人类肝脏细胞。当然，这只是Organovo公司宏伟目标的一小步，和众多奋战在该领域的研究人员一样，他们的最终目的是通过3D打印实现器官移植。

4. 3D打印的发展瓶颈

当然，3D技术也有"软肋"。例如，很多功能性的金属合金能够被打印出来，但用于飞机发动机内部的高性能零件仍然无法使用这种方法制造；又如在制造过程中，需要对温度进行精确控制的零件目前还无法打印出来。除此之外，还有许多限制3D打印技术的因素需要解决。

（1）耗材成本问题　耗材价格是制约3D打印技术无法广泛应用的关键因素。从价格上来看，便宜的耗材几百元1kg，而最贵的耗材则要 4 万元/kg 左右。因此，从目前来看，3D 打印技术尚无法全面取代传统的制造技术，但是在单件小批量、个性化、网络社区化生产模式上具有无可比拟的优势。

（2）精度和质量问题　由于 3D 打印工艺发展还不完善，利用其快速成形零件的精度及表面质量大多不能满足工程使用要求，不能作为功能性部件，只能做原型使用。而且，由于 3D 打印采用层层叠加的增材制造工艺，层和层之间的粘结再紧密，也无法和传统模具整体浇铸而成的零件相媲美。

3.6.6　4D 打印技术

体现 4D 打印技术的最初思想是 2011 年由 Oxman 等人提出的一种变量特性快速原型制造技术，这项技术根据材料的变形特性和不同材料的属性，通过逐层铺粉成形具有连续梯度的功能组件，成形件随时间推移来实现自我变形。同年，Tibbits 提出了材料自组装的概念，进而进行了一系列探索性的试验研究，这也是 4D 打印技术的雏形和基础。

2013 年，在美国加州举办的 TED（Technology，Entertainment，Design）大会上，来自麻省理工学院（MIT）的 Skylar Tibbits 首次公开演示了 4D 打印技术并解释，4D 打印技术就是"自我组装"，即材料自动变形为预设的模型。4D 打印技术的横空出世，预示着 4D 打印正式开始启动智能新时代。

1. 4D 打印与 3D 打印的区别

（1）4D 打印与 3D 打印的概念区别　3D 打印是一种快速原型技术，它是以数字模型文件为基础，利用粉末状金属或塑料等可粘结材料，通过逐层打印的方式来构造物体的技术。3D 指的是描述现实世界中几何结构尺寸的 3 个空间维度变量 X、Y、Z。

所谓的 4D 打印技术，就是在传统 3D 打印的概念基础上增加了时间维度 t（其中 t 应理解成是广义的，它是表征一切 4D 打印中的第四维材料中所隐含的可变参量的总代表）。也就是说，被打印物体可以随着时间的推移而在形态上发生自我变形，核心是记忆合金，人们可通过软件预设特定的模型和时间，变形材料就能在设定时间内变成所需的形状。3D 打印和 4D 打印的区别可通过图 3-53 中的立方体模型对比简单来示意一下。

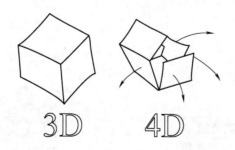

图 3-53　立方体的3D 模型与4D 模型示意

（2）4D 打印与 3D 打印的原理区别　3D 打印通常采用数字技术材料打印机来实现。Tibbits 认为，3D 打印必须预先建模、扫描，之后使用物料打印出产品，而4D 打印颠覆了这种先模拟后制造，或一边建物一边调整模拟效果的一般传统意义上的造物过程，使快速建模发生了根本性的转变。与3D打印的预先建模、扫描，再使用物料成形不同，4D打印直接将设计内置到物料当中，简化了从设计理念到实物的造物过程，让物体如机器般灵活地"自动"创造，而不需要连接其他任何复杂的机械电子装备。

4D打印技术生产的产品，不仅是立体的，而且还能随时间的变化自动组装成形，这是3D打印技术无法比拟的。

2. 4D打印技术材料

发展了30年之余的3D打印方兴未艾，4D打印已"蠢蠢欲动"。比起3D打印，4D打印更具智能化和个性化，但同时也对打印材料提出了更高的要求，需要使用某些特殊智能材料。这些智能材料可自动响应所接触到的水、重力、温度、气体、磁性等外界变化，当感知到不同的环境状态时，可以通过自适应、自编程来改变自身的形状。例如，一条打印出来的管道能按照之前预设的模型，以水为活化能从而发生自动变形。由此可见，4D打印技术比3D打印技术多了一种超能力，即"变形"能力。

3. 4D打印技术的应用

近两年，Tibbits一直在探索如何使用4D打印来制造不需要传统机器人结构的机器这个问题。在麻省理工学院自组装实验室里，他和同事们研制出了大量的相关成果。其中，图3-54所示为一个4D打印物体的案例，它能够被预编程来响应水的刺激并且改变形状。上面的图演示了一个一维物体（利用某种特殊聚合物制成）被放入水中后，可折叠成二维的麻省理工学院的英文字母缩写字母"MIT"。底部的两幅图演示了如何从平面和线框结构创建出自动折叠立方体。图3-55所示为这种单链聚合物由字母"MIT"自动变形为字母"SAL"形状的过程，一种平面结构自动折叠成截角八面体，以及一种扁平圆盘在接触到水时自主折叠成一个曲面有凸纹的折纸结构。这项实验是由Skylar Tibbits和Stratasys公司、欧特克（Autodesk）公司共同开展的，他们采用的是Stratasys公司的Connex复合材料打印机和一种新型聚合物，该聚合物在入水后体积可以膨胀至原来的150%。

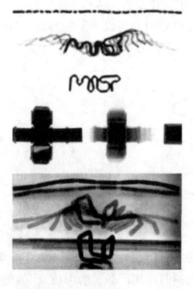

图 3-54　4D打印案例一

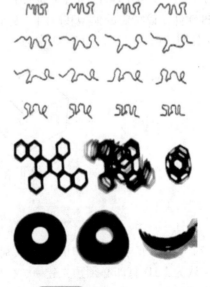

图 3-55　4D打印案例二

另一项 4D 打印技术是在 3D 打印作业期间将导线或导体嵌入到特殊兼容组件中。当打印完成以后，这些组件可以被外界信号激活，进而引发全部自组装行为，如图 3-55 和图 3-56 所示。图 3-56 所示为机器人手指的设计和制造过程，通过在 4D 打印过程中嵌入某些特殊组件而成，其中图 3-56a 所示为该机器人手指的 CAD 图，图 3-56b 所示为手指被嵌入单丝纤维制造完成的形态，图 3-56c 所示为通过滑动手指驱动关节。图 3-57 所示为通过 4D 打印制造集成了传感和驱动功能的飞机襟翼，其中图 3-57a 所示为在材料沉积过程中直接将导体布线嵌入到平面和立体中，图 3-57b 所示为具备形变驱动的记忆合金线嵌入后的详细几何视图，图 3-57c 所示为当感应到电流时襟翼会随之摆动。还有其他 4D 打印技术进展，包括复合材料的应用，基于不同的物理机制和热动力学可以转变成一些不同的复杂形状，已有证据可证明一些材料可以通过光的照射而自动折叠。

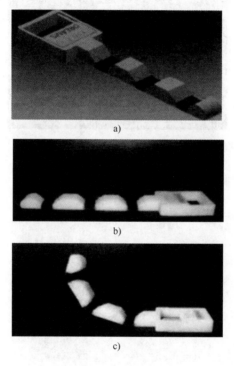

图 3-56 4D 打印案例三

美国神经系统（Nervous System）设计工作室人员开发了一件采用 4D 打印技术制成的完全可穿戴的连衣裙（图 3-58），这也是通过 4D 打印技术印制成的世界上首件 4D 打印连衣裙。此件 4D 打印连衣裙是通过 3316 个连接点把 2279 个打印块连在一起的，堪称为模特量身定制。神经系统设计工作室的创意主管杰茜卡·罗森克兰茨说，4D 打印或许将成为未来时装的发展方向。

4D 打印有望在制造过程中扮演非常重要的角色。4D 打印技术能使编程材料根据内置的程序从一维或二维打印自我转变成三维对象。2020 年，4D 打印市场价值 6202 万美元，预计到 2026 年将达到 4.8802 亿美元，在预测期间（2021—2026 年）的复合年增长率为 41.96%。生物制造技术的进步将在预测期内推动 4D 打印市场。

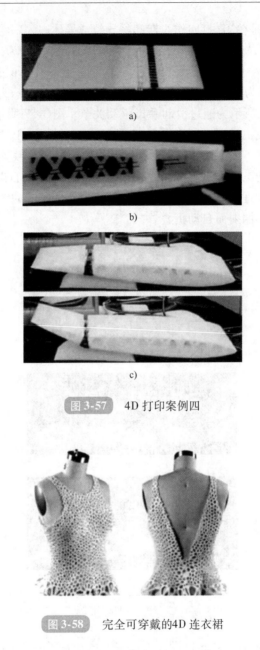

a)

b)

c)

图 3-57   4D 打印案例四

图 3-58   完全可穿戴的4D 连衣裙

4D 打印技术的潜力是无穷的，横跨军工、汽车、建筑、医疗保健、服装等各大领域，其应用前景之广阔是目前无法估量的。4D 打印技术是对 3D 打印技术的延伸，它使得打印并不只是创造的终极，而仅仅是一条路径，这条神奇之路值得世界为之探索。只有想不到的，没有做不到的，4D 打印技术将还原你的幻想为真实。相信4D 打印技术势必会给制造行业带来巨大的变革，"e 制造"时代已蓄势待发。

思考与练习

1. 超精密加工技术分为哪几类？

2. 就目前技术条件下精密加工和超精密加工是如何划分的？

3. 试说明超精密切削、超精密磨削加工的特点和各自的适用场合。

4. 超精密加工对机床设备和环境有何要求？

5. 在怎样的速度范围下加工属于高速加工？分析高速切削加工所要解决的关键技术。

6. 超高速切削包含哪些相关技术？

7. 简述超高速磨削的特点及关键技术。

8. 简述超高速铣削的特点及关键技术。

9. 简述特种加工技术的特点及应用领域。

10. 简述电火花加工的原理与应用。

11. 电解加工的应用有哪些？

12. 简述超声加工的工艺特点及应用。

13. 试说明离子束刻蚀的加工方法及应用。

14. 简述高压水射流加工的原理。

15. LIGA 技术加工工艺及主要应用对象是哪些？

16. 微机械加工中的关键技术是什么？

17. 简述虚拟制造技术的特征。

18. 简述快速原型技术的特点及工艺。

19. 试论述 3D 打印技术的原理。

20. 简述 4D 打印与 3D 打印的区别。

第4章

先进制造自动化

4.1 传感器及仪器仪表

4.1.1 产业现状

在利用信息生产和管理的过程中首先要解决的是获取准确可靠的信息，传感器及仪器仪表是获取自然和生产领域中信息的最主要途径与手段，是智能制造的基础技术和装备核心。

为在新一轮产业变革中继续维持领先地位，欧洲、美国、日本等发达地区和国家都把传感器及仪器仪表技术列为国家发展战略。美国国防部将传感器技术视为当今 20 项关键技术之一，美国国家长期安全和经济繁荣至关重要的 24 项技术中有 6 项与传感器技术直接相关；德国视军用传感器技术为优先发展技术，英、法等国对传感器的开发投资逐年升级；日本在"国家支柱技术 10 大重点战略目标"中，有 6 项与传感器及智能化仪器仪表技术有关，日本工商界人士甚至声称"支配了传感器技术就能够支配新时代"。

基于传感器及仪器仪表行业在国民经济发展中的重要作用，国家近年来推出了一系列相关政策大力支持行业技术研究和产业发展。例如，2015 年，国务院印发了《中国制造 2025》，其中提出要"突破新型传感器、智能测量仪表、工业控制系统、伺服电机及驱动器和减速器等智能核心装置"；2016 年，国务院印发了《"十三五"国家战略性新兴产业发展规划》，其中把传感器及仪器仪表产业作为"推动智能制造关键技术装备迈上新台阶""超前布局战略性产业，培育未来发展新优势"等工作的重要内容；2017 年，工业和信息化部印发了《智能传感器产业三年行动指南（2017—2019 年）》，明确了我国智能传感器的发展目标和方向。2021 年，国务院印发了《"十四五"数字经济发展规划》，规划指出 2020 年我国数字经济核心产业增加值占国内生产总值（GDP）比重达到 7.8%，到 2025 年，数字经济迈向全面扩展期，该指标发展目标为 10%。智能传感器及仪器仪表是数字化产业的基础，对促进工业转型升级和高质量发展、推动数字社会建设将起着至关重要的作用。

4.1.2 发展趋势

传感器及仪器仪表随着制造业的数字化、网络化和智能化趋势不断升级和发展，使得传感器及仪器仪表具有更高的传送和测量精度，使得仪表具有自动检测、自动补偿等强大的功能，并能实现远程设定、远程修改数据及信息存储和记忆等。其技术发展趋势如下：

1. 高性能

传感器及仪器仪表的高性能主要体现在产品测量精度高和产品功能丰富方面。

新型硅传感器、光纤传感器、复合传感器等新型传感器的研发使现场仪器仪表的精度提高了 1~2 个档次；数字技术与传感器技术的结合使新一代高性能现场仪表成熟完善；智能化和网络化技术使现场仪表具有运算、补偿、控制和通信等模拟仪表难以实现的丰富功能。

2. 高可靠性

工业自动化仪表是大型化、多参数化、工况复杂化的现代工业重大设备的神经中枢、运行中心和安全屏障，由于其在智能制造中日益提升的重要地位和作用，国外将该类产品的高可靠性作为重要发展方向。现场仪表复杂、易损、难以修复的状况正在改变；国外领先企业开始提供保修期长达 10 年、使用期不需调整维修的产品。

采用智能化技术及现场总线技术，不但能及时发现单个产品或设备的故障，而且能及时监控整个工程或系统的自动控制设备，并可根据运行状态实现预防性维护，使得整个系统的运行可靠性大大提高；符合功能安全技术的产品开发和系统整体安全等级的论证技术也是高可靠性技术发展的重要内容。

3. 高适用性

新原理、新技术、新材料的应用显著提高了现场仪表对复杂工况条件和不良环境的适应性。例如耐高温、耐高压、强辐射、多相流、非接触检测、无损检测等产品的出现解决了绝大部分用户的现场检测难题。高量程比、模块化结构、红外技术、无线通信、自校正、自适应、自诊断等技术的发展应用使得现场仪表操作应用便捷，从而降低了工作人员的劳动强度，同时也使备品备件减少。

智能制造数字化、智能化和网络化的实现使众多测控设备通信方便、操作简化、功能设置灵活，并使测量控制系统与车间级管理、企业级经营管理系统紧密结合，形成管控一体化，实现了企业从工艺流程的底层开始到工业企业管理的信息化。

4. 网络化和智能化

当前国际上现场总线与智能仪表的发展呈现多种总线及其仪表共存发展的局面。各种总线技术及智能技术都在自动化仪表上得到广泛应用，工业以太网技术也开始出现在国际工业自动化控制领域，具有我国自主知识产权的工业以太网（Ethernet for Plant Automation，EPA）协议等工业通信协议也在智能化仪表中应用，仪器仪表正经历着深刻的智能化变革，所有这些集中表现为仪器仪表智能化程度普遍提高。

此外，多传感器数据融合技术也是当前研究的热点，它形成于 20 世纪 80 年代，不同于一般信号处理，也不同于单个或多个传感器的监测，而是基于多个传感器测量结果基础上的更高层次的综合决策过程，使系统获得更充分的信息，目前已用于军事、机器人、海洋监测、医学诊断、遥感技术等领域。

4.2　控制系统

4.2.1　控制系统的发展

随着计算机技术、通信技术和控制技术的发展，工业控制已由单机控制逐步转变为网络化、智能化控制。控制系统的结构从最初的直接式数字控制系统，发展到现在的集散控制系统和现场总线控制系统。

1. 直接式数字控制系统

由于模拟信号精度低、信号传输的抗干扰能力较差，人们开始寻求用数字信号取代模拟信号，出现了直接式数字控制。直接式数字控制（Direct Digital Control，DDC）系统于20世纪七八十年代占主导地位。其采用单片机、微机或PLC作为控制器，控制器采用数字信号进行交换和传输，克服了模拟仪表控制系统中模拟信号精度低的缺陷，显著提高了系统的抗干扰能力。

直接式数字控制系统的优点是在控制方式、控制时机的选择上可以统一调度和安排，可以根据全局情况进行控制、计算和判断；缺点是对控制器要求很高，要求其必须具有足够的处理能力和极高的可靠性；当系统任务增加时，控制器的效率和可靠性会相应下降。

2. 集散控制系统

集散控制系统（Distributed Control System，DCS）于20世纪八九十年代占据主导地位，是一个由过程控制级和过程监控级组成的以通信网络为纽带的多级计算机控制系统，其核心思想是集中管理、分散控制，即管理与控制相分离，上位机用于集中监视管理功能，下位机分散下放到现场实现分布式控制，上、下位机通过控制网络互相连接以实现相互之间的信息传递。因此，这种分布式的控制系统结构能有效地克服直接式数字控制系统中对控制器处理能力和可靠性要求高的缺陷，并广泛应用于大型工业生产领域。

但由于DCS在形成过程中，受计算机系统早期存在的系统封闭这一缺陷及厂家为达到垄断经营的目的对其控制通信网络采用封闭形式的影响，各厂家的产品自成系统，不同厂家的设备不能互连在一起，难以实现设备的互换与互操作，DCS与上层局域网和因特网络之间实现网络互连和信息共享也存在很多困难，因此集散控制系统实质上是一种封闭的、专用的、不具备互操作性的分布式控制系统，而且系统造价昂贵。在这种情况下，用户对网络控制系统提出了开放性和降低成本的迫切要求。

3. 现场总线控制系统

现场总线技术产生于20世纪80年代，用于过程自动化、制造自动化、楼宇自动化等领域的现场智能设备互连通信网络。现场总线控制系统（Fieldbus Control System，FCS）是继集散控制系统之后的新一代控制系统，是在DCS的基础上发展起来的。它把DCS中由专用网络组成的封闭系统变成了通信协议公开的开放系统，即可以把来自不同厂家而遵守同一协议规范的各种自动化设备，通过现场总线网络连接成系统，从而实现自动化系统的各种功能；同时还将控制站的部分控制功能下放到生产现场，依靠现场智能设备本身来实现基本控制功能，使控制站可以集中处理更复杂的控制运算，更好地体现"功能分散、危险分散、信息集中"的思想。

4.2.2　可编程序控制器

可编程序控制器（Programmable Logic Controller，PLC）的定义有许多种，国际电工委员会（International Electrotechnical Commission，IEC）对 PLC 的定义是：可编程序控制器是一种专为在工业环境下应用而设计的数字运算操作的电子装置。它采用可编程序的存储器，用来在其内部存储执行逻辑运算、顺序控制、定时、计数和算术运算等操作的指令，并通过数字的或模拟的输入和输出，控制各种类型的机械或生产过程。可编程序控制器及其有关的外围设备，都应按易于与工业控制系统形成一个整体、易于扩展其功能的原则而设计。

20 世纪 80～90 年代中期是 PLC 发展最快的时期，年增长率一直保持在 30%～40%。这一时期，PLC 在处理模拟量能力、数字运算能力、人机接口能力和网络能力等方面得到大幅度提高，同时 PLC 逐渐进入过程控制领域，在某些方面逐步取代了在过程控制领域处于统治地位的集散控制系统。目前，世界上有 200 多厂家生产 300 多个品种的 PLC 产品，应用在汽车、粮食加工、化学、制药、金属、矿山和造纸等许多行业。

PLC 具有以下特点：

1. 抗干扰能力强、可靠性高

在工业现场存在着电磁干扰、电源波动、机械振动、温度和湿度的变化等因素，这些因素都会影响到计算机的正常工作。而 PLC 从硬件和软件两个方面都采取了一系列的抗干扰措施，能够安全可靠地在恶劣的工业环境中工作。

硬件方面，PLC 采用大规模和超大规模的集成电路，采用了隔离、滤波、屏蔽、接地等抗干扰措施，并采取了耐热、防潮、防尘、抗振等措施；软件上，PLC 采用周期扫描工作方式，减少了由于外界环境干扰引起的故障；系统程序中设有故障检测和自诊断程序，能对系统硬件电路等故障实现检测和判断；并采用数字滤波等抗干扰和故障诊断措施。以上这些使 PLC 具有了较高的抗干扰能力和可靠性。

2. 控制系统结构简单、使用方便

在 PLC 控制系统中，只需在 PLC 的输入/输出端子上接入相应的信号线即可，不需要连接时间继电器、中间继电器之类的电压电器和大量复杂的硬件接线，大大简化了控制系统的结构。PLC 体积小、质量轻，安装与维护也极为方便。另外 PLC 的编程大多采用类似于继电器控制线路的梯形图形式，这种编程语言形象直观、容易掌握，编程非常方便。

3. 功能强大、通用性好

PLC 内部有大量可供用户使用的编程元件，具有很强的功能，可以实现非常复杂的控制功能。另外 PLC 的产品已经标准化、系列化、模块化，配备有品种齐全的各种硬件装置供用户使用，用户能灵活方便地进行系统配置，组成不同功能、不同规模的控制系统。

PLC 在性能、功能、易用性和产品形态等方面历经几代变革，已经发展成为具有运动控制功能、过程控制功能的通用控制器。技术演进的背后是需求的驱动，PLC 作为目前信息采集和控制的主要技术手段，将在智能制造中起到至关重要的作用。在制造业发展的过程中，对 PLC 的发展需求总体上涨，特别是随着工业 4.0 及中国智能制造热潮不断升温，PLC 市场持续增长，PLC 技术也朝着集成化、开放性等方向发展。目前国内 PLC 市场中，国外 PLC 有西门子（SIEMENS）、施耐德（SCHNEIDER）、三菱（MITSUBISHI）等品牌，国内 PLC 有汇川、信捷、中达电通、禾川等品牌。

4.2.3 集散控制系统

智能制造的一个重要环节是利用计算机技术对生产过程进行监视、管理和控制，涉及众多现场设备的分布式自动控制和信息集成。集散控制系统起源于 20 世纪 70 年代。1975 年美国霍尼韦尔（HoneyWell）公司首先推出世界上第一台集散控制系统——TDC2000，成为最早提出分布式控制系统设计思想的开发商。此后，欧洲、美国、日本等地区和国家的仪表公司纷纷研制出各自的集散控制系统，应用较多的有美国福克斯波罗（Foxboro）公司的 SPECTRUM、美国贝利控制（Bailey Controls）公司的 Network90、英国肯特（Kent）公司的 P4000、德国西门子（SIEMENS）公司的 TELEPERM 以及日本横河（YOKOGAWA）公司的 CENTUM 等系统。

我国使用 DCS 始于 20 世纪 80 年代初，由中国石油吉林石化公司化肥厂在合成氨装置中引进了日本横河公司的产品，运行效果较好。随后我国引进的 30 套大化肥项目和大型炼油项目都采用了 DCS 控制系统，同时，我国坚持自主开发与引进技术相结合，在 DCS 国产化产品开发方面取得了可喜的成绩，比较有代表性的产品有浙江中控技术股份有限公司的 WebField ECS‑100、北京和利时系统工程有限公司的 MACS 等系统。国产化 DCS 近年来取得了较大的发展，但仍与世界领先的品牌存在一些差距，今后的发展仍是任重道远。

图 4-1 所示为一个典型 DCS 结构示意，系统包括分散过程控制级、集中操作监控级和综合信息管理级，各级之间通过网络互相连接。分散过程控制级主要由 PLC、智能调节器、现场控制站及其他测控装置组成，是系统控制功能的主要实施部分；它直接面向工业对象，完成生产过程的数据采集、闭环调节控制、顺序控制等功能，并可与上一级的集中操作监控级进行数据通信。通信网络是 DCS 的中枢，它将 DCS 的各部分连接起来构成一个整体，使整个系统协调一致地工作，从而实现数据和信息资源的共享，是实现集中管理、分散控制的

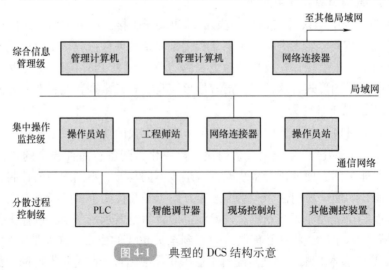

图 4-1 典型的 DCS 结构示意

关键。集中操作监控级包括操作员站、工程师站和网络连接器等，完成系统操作、组态、工艺流程图显示、监视过程对象和控制装置的运行情况，并可通过通信网络向分散过程控制级设备发出控制和干预指令。综合信息管理级由管理计算机和层间网络连接器构成，主要是指工厂管理信息系统，其作为 DCS 更高层次的应用，监视企业各部门的运行情况，实现生产管理和经营管理等功能。

集散控制系统技术与计算机支持的协同工作技术具有相似点。应用于智能制造的集散控制系统将突出智能性和系统性，并日益与生产、管理过程的其他环节集成，实现高效率、高可靠性的现场控制。

4.2.4 现场总线控制系统

国际电工委员会对现场总线（Fieldbus）的定义是：现场总线是一种应用于生产现场，在现场设备之间、现场设备与控制装置之间实行双向、串行、多节点数字通信的技术。它综合运用了微处理技术、网络技术、通信技术和自动控制技术，把通用或者专用的微处理器置入传统的测量控制仪表，使之具有数字计算和数字通信的能力；采用诸如双绞线、同轴电缆、光缆、无线、红外线和电力线等传输介质作为通信总线；按照公开、规范的通信协议，在位于现场的多个设备之间以及现场设备与远程监控计算机之间，实现数据传输和信息交换，形成各种适应实际需要的自动化控制系统。

现场总线控制系统既是一个开放通信网络，又是一个全分布控制系统，其结构示意如图 4-2 所示。现场总线作为智能设备的纽带，将挂接在总线上、作为网络节点的智能设备相互连接，构成相互沟通信息、共同完成自动控制功能的网络系统与控制系统。生产现场控制设备之间、控制设备与控制管理层网络之间通过这样结构的连接和通信，为彻底打破自动化系统的信息孤岛创造了条件，使得设备之间以及系统与外界之间的信息交换得以实现，促进了自动控制系统朝着网络化、智能化的方向发展。

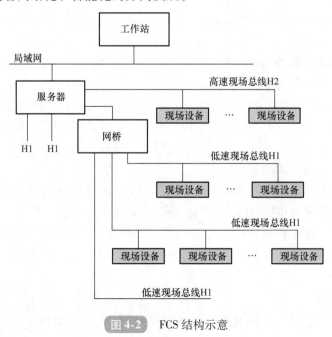

图 4-2　FCS 结构示意

FCS 的关键要点如下：

① FCS 的核心是总线协议，即总线标准。国际上最新版的总线技术标准有 Ethernet/IP、Profinet、EtherCAT、EPA（中国自主知识产权）等 20 种。

② FCS 的基础是数字智能现场装置。

③ FCS 的本质是信息处理现场化。

由于现场总线为工业控制系统向分散化、网络化、智能化发展提供了解决办法，因此在智能工厂发展中起到了不可替代的作用。现场总线控制系统的出现，导致目前生产的自动化仪表、集散控制系统、可编程序控制器在产品的体系结构、功能结构方面发生了较大的变革，自动化设备制造商被迫面临产品更新换代的一次又一次挑战。从某种程度上来说，FCS 的出现和广泛应用促进了智能制造的发展。

4.2.5　系统集成

1. 系统集成的概念

我国制造业企业都面临着实现产业升级的迫切需求，但当前企业在开展智能制造、产业升级过程中暴露出很多问题，大多数问题都是由集成问题导致的信息孤岛引起的。

系统集成（System Integration）是 20 世纪 90 年代在计算机业界用得比较普遍的一个词，包括计算机软件、硬件及网络系统的集成，以及围绕集成系统的相关咨询、服务和技术支持等。实际上集成的思想并不只在计算机业界专有，在传统制造业中，如汽车工业，从手工作坊发展到大规模自动化生产方式后，为追求产品的批量和低成本，采用标准化生产线及加工工艺，零部件制造商专业化、标准化，总装厂与协作厂之间的协作生产化，都体现着系统集成的思想。

系统集成可以理解为按系统整体性原则，将原来没有联系或联系不紧密的元素组合起来，使其成为具有一定功能的、满足一定目标的、相互联系、彼此协调工作的新系统的过程。通过系统集成，可以最大限度地提高系统的有机构成、系统的效率、系统的完整性、系统的灵活性，同时简化系统的复杂性，并最终为企业提供一套切实可行、完整的解决方案。

系统集成不是系统间的简单堆积，而是系统间的有机集合。系统集成可以是人员的集成、管理的集成以及企业内部组织的集成，也可以是各种技术的集成、信息的集成以及功能的集成等，因此系统集成涉及的内容非常广泛，其实现的关键在于解决系统之间的互连和相互间操作性的问题，它是一个多厂商、多协议和面向各种应用的体系结构，需要解决各类设备、协议、接口、系统平台、应用软件等与子系统、建筑环境、施工配合、组织管理和人员配备相关的一切面向集成的问题。

在计算机及相关技术得以迅速发展和普及的今天，系统集成已成为提供整体解决方案、提供整套设备、提供全方位服务的代名词，是改善系统性能的重要手段，也是当前智能制造的热点技术之一。集成是智能工厂建设的手段和实现载体，企业整体集成致力于提高企业内相互发生作用的组织、个体及系统之间的协调能力和协同效果，以完成企业经营目标和开拓市场机遇。

2. 系统集成技术

（1）机器对机器技术　机器对机器（Machine to Machine，M2M）技术用于终端设备之间的数据交换。M2M 技术的发展，使得制造设备之间能够主动地进行通信，配合预先安装在制造设备内部的嵌入式软件系统和硬件系统实现生产过程的智能化。

（2）物联网技术　物联网（Internet of Things，IoT）技术的应用范围超越了单纯的机器对机器的互联，将整个社会的人与物连接成一个巨大的网络。按照国际电信联盟（International Telecommunication Union，ITU）的解释，这是一个无处不在与时刻开启的普适网络社会。知名的信息技术研究和分析公司——高德纳咨询公司预计，至 2020 年加入物联网的终端设备将达到 260 亿台，约是 2009 年 9 亿台的 30 倍。

（3）软件集成技术　制造业生产模式日趋复杂，信息化建设需要企业各个业务领域协同配合，主要由实现企业系统化管理的企业资源计划系统、产品生命周期管理、供应链管理，系统生命周期管理等软件系统组成，这些软件系统在智能工厂中进一步发挥协同的作用，成为企业进行智能化生产和管理的利器。这些软件系统可以采用中间文件 XML、Web Service 等集成技术，实现数据的共享和集成。

4.3　数控机床及加工中心

4-01
沈阳机床"龙门"产品

4-02
我国高端机床的发展

4.3.1　数控机床及其发展

数控机床是机械制造业的主流设备，是一种采用计算机技术，利用数字进行控制的高效、可实现自动加工的机床，它能够按照数字和文字编码方式，把各种机械位移量、工艺参数、辅助功能用数字、文字符号表示出来，经过程序控制系统发出各种控制指令，实现要求的机械动作，自动完成加工任务。

数控系统是数控机床的核心，经历了数控（Numerical Control，NC）、计算机数控（Computer Numerical Control，CNC）两个阶段共六代的发展。

1. NC 阶段（1952—1970）

早期的计算机运算速度低，这对当时的科学计算和数据处理影响不大，但它不能适应机床实时控制的要求。人们不得不采用数字逻辑电路搭成机床专用计算机作为数控系统，被称为硬件连接数控（HARD-WIRED NC），简称为数控（NC）。

随着电子元器件的发展，这个阶段又历经了三代的变革：

1952 年的第一代——电子管计算机组成的数控系统。

1959 年的第二代——晶体管计算机组成的数控系统。

1965 年的第三代——小规模的集成电路计算机组成的数控系统。

2. CNC 阶段（1970 至今）

1970 年研制成功大规模集成电路，并将其用于通用小型计算机。小型计算机运算速度比 20 世纪五六十年代的计算机有了大幅度的提高；比专门搭成的专用计算机成本低、可靠性高，用作数控系统的核心部件，从此 NC 阶段进入了 CNC 阶段。

CNC 阶段也经历了三代：

1970 年第四代——小型计算机数控系统。

1974 年第五代——微处理器组成的数控系统。

1990 年第六代——基于计算机的数控系统。

数控机床技术是推动我国制造业转型升级的重要驱动力，从技术层面上来讲，加速推进数控技术将是解决机床制造业持续发展的一个关键。目前数控技术正朝着以下几个方向发展：

① 向着高速、高精度和高可靠性方向发展。随着数控系统运算速度的不断提高和高速机床主要功能部件的研发和突破，目前直线电动机驱动的主轴转速最高可达 100000r/min、进给速度可达 60 ~ 200m/min，加工精度都在几微米甚至进入纳米级，这就要求采用高速高精度的数控系统，驱动系统应采用直线电动机或高速永磁同步电动机，且系统性能稳定可靠。

② 向着多轴联动和复合加工的控制方向发展。理论上数控机床只需要 3 轴联动，但在实际加工中 3 轴联动对于三维曲面加工很难使刀具以最佳几何形状进行切削，不仅加工效率低而且表面粗糙度值高，往往需要采用手动进行修补。而在修补过程中，也可能导致已加工的表面精度丧失。5 轴联动中除了 X、Y、Z 这 3 轴外，主要还有刀具轴旋转、工作台旋转这两种方式的复合运动，采用 5 轴联动可以使用刀具的最佳几何形状对工件进行加工，5 轴联动数控机床是数控技术的制高点标志之一。

③ 朝着智能化、网络化和开放性的方向发展。将来的数控机床中的 NC 系统能部分代替机床设计师和操作者的大脑，具有一定的智能，能把特殊的加工工艺、管理经验和操作技能嵌入 NC 系统，同时也具有图形交互、诊断等功能，从而达到最佳控制的目的；数控系统的网络化是实现虚拟制造、敏捷制造等新型制造模式的基础；开放性数控系统是指能够被用户重新配置、修改、扩充和改装等而不必重新设计软硬件，尽管目前封闭式数控系统占有量大，但开放性系统已逐渐应用于高档数控机床，发展前景良好。

4.3.2 数控机床的组成与工作原理

计算机数控机床一般由人机交互设备、CNC 装置（或称 CNC 单元）、伺服驱动系统、检测反馈装置、可编程序控制器及机床本体等组成。除了机床本体之外，其他系统都称为计算机数控（CNC）系统，如图 4-3 所示。

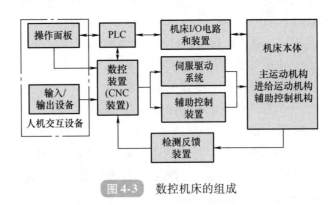

图 4-3 数控机床的组成

1. 人机交互设备

人机交互设备是操作人员与机床数控装置进行信息交流的工具，如通过操作面板进行操作命令的输入和加工程序的编辑、修改和调试，同时机床以信号灯、数码管等方式，为操作人员显示数控系统和数控机床的状态信息，如坐标值、机床的工作状态、报警信号等，是数控机床特有的部件。图4-4所示为发那科（FANUC）数控系统操作面板。

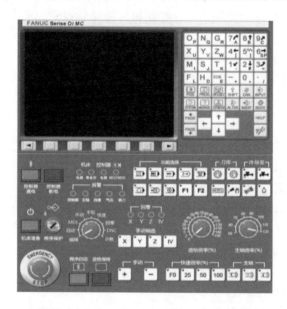

图4-4 发那科（FANUC）数控系统操作面板

2. CNC装置

CNC装置是CNC系统的核心，这一部分主要包括微处理CPU、存储器、局部总线、外围逻辑电路以及与CNC系统其他组成部分联系的接口等。其本质是根据输入的数据插补出理想的运动轨迹，然后输出到执行部件（伺服单元、驱动装置和机床），加工出需要的零件。

3. 伺服驱动系统

伺服驱动系统包括伺服单元和驱动装置，是机床工作的动力装置。CNC装置的指令要靠伺服驱动系统付诸实施，所以伺服驱动系统是数控机床的重要组成部分。

伺服单元接收来自CNC装置的进给指令，经变换和放大后通过驱动装置转变成机床工作台的位移和速度，因此伺服单元是CNC装置和机床本体的联系环节，它把来自CNC装置的微弱指令信号放大成控制驱动装置的大功率信号。

驱动装置把经放大的指令信号变为机械运动，通过简单的机械连接驱动机床工作台，使工件台精确定位或按规定的轨迹做严格的相对运动，最后加工出符合图样要求的零件。

4. 辅助控制装置

辅助控制装置包括主轴运动部件的变速、换向和起停指令，刀具的选择和交换指令，冷却、润滑装置的开关，工件和机床部件的松开、夹紧，分度工作台转位分度等辅助动作。

5. 检测反馈装置

检测装置主要是用于位置和速度测量，将实际测量值经反馈系统输入到机床的数控装置中，以实现进给伺服系统的闭环控制。

6. PLC、机床 I/O 电路和装置

PLC 主要用于控制机床顺序动作，完成与逻辑运算有关的一些控制，它接收 CNC 的控制代码 M 指令（辅助功能）、S 指令（主轴转速）、T 指令（选刀和换刀）等顺序动作信息，对其进行译码，转换成对应的控制信号，控制机床辅助装置完成机床相应的开关动作，如工件的装夹、刀具的更换、切削液的开关等一些辅助动作；接收机床操作面板的指令，一方面直接控制机床的动作，另一方面将一部分指令送往 CNC 装置中用于加工过程的控制。

机床 I/O 电路和装置是指继电器、行程开关、电磁阀等电器以及由它们组成的逻辑电路。

7. 机床本体

机床本体是数控机床的主体，是实现制造加工的执行部件。它包括主运动部件、进给运动部件（工作台、滑板以及相应的传动机构）、支承体（立柱、床身等）以及特殊装置（刀具自动交换系统、工件自动交换系统）和辅助装置（如排屑装置等）。最初的数控机床使用的是普通机床，只是在自动变速、刀架或工作台自动转位和手柄等方面做些改变。CNC 机床由于切削用量大、连续加工时间长、发热量大等原因，所以其设计要求比普通机床更严格，制造要求更精密，因而采用了许多新的加强刚度、减少热变形、提高精度等方面的措施。

数控机床加工零件的工作过程如下：

首先将加工图样上几何信息和工艺信息数字化，即将刀具与工件的相对运动轨迹按规定的规则、代码和格式编写成加工程序，再将所编写程序指令输入数控装置，数控装置按照程序的要求进行相应的运算、处理，然后发出控制命令，使各坐标轴、主轴以及辅助动作相互协调运动，实现刀具与工件的相对运动，自动完成零件的加工。

4.3.3　加工中心

加工中心是带有刀库和自动换刀装置的数控机床，加工中心刀库及自动换刀装置如图 4-5 所示。

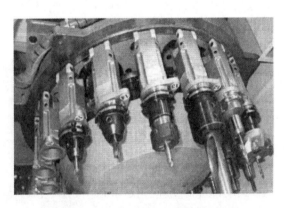

图 4-5　加工中心刀库及自动换刀装置

自动换刀装置用于交换主轴与刀库中的刀具。刀库主要有两种：一种是盘式刀库，另一种是链式刀库。盘式刀库容量相对较小，一般有 1 ~ 24 把刀具，主要适用于小型加工中心；

链式刀库容量较大，一般有 1~100 把刀具，主要适用于大中型加工中心。

换刀有机械手换刀和主轴换刀两种方式；刀具通过刀座编码或刀柄编码来识别；换刀过程由选刀和换刀两部分组成。

工件在加工中心上经一次装夹后，数控系统能控制机床按不同的加工工序，自动选择及更换刀具，自动改变机床主轴转速、进给速度和刀具相对工件的运动轨迹及其他辅助功能，依次完成工件的多工序加工。

加工中心按加工工序可分为镗铣、车铣；按控制轴数分为 3 轴加工中心、4 轴加工中心及 5 轴加工中心；按主轴与工作台相对位置分为卧式加工中心、立式加工中心和万能加工中心；按可加工工件类型可分为镗铣加工中心、车削中心、五面加工中心及车铣复合加工中心。

加工中心主要适用于加工形状复杂、工序多且精度要求高的工件，其特点是：

① 具有自动换刀装置，能自动更换刀具，在一次装夹中完成钻削、扩孔、铰孔、镗孔、攻螺纹、铣削等多种工序的加工，工序高度集中。

② 带有自动摆角的主轴或回转工作台的加工中心，在一次装夹后，可自动完成多个面和多个角度的加工。

③ 带有可交换工作台的加工中心，可在一个工作台上加工，同时在另一个工作台上装夹工件，具有极高的加工效率。

4.3.4 数控编程

使用数控机床加工时，必须编制零件的加工程序。理想的加工程序不仅要保证加工出符合设计要求的合格零件，同时还应使数控机床的功能得到合理的应用和充分发挥，并能安全、高效、可靠地运转。

数控加工程序编制包括刀具路径规划、刀位文件生成、刀具轨迹仿真及 NC 代码生成等。

1. 数控编程方法

数控编程的主要内容包括：分析零件图样，进行工艺处理，确定工艺过程；计算刀具中心运动轨迹，获得刀位数据，编制零件加工程序；校核程序。

数控程序的编制方法有两种：手工编程与自动编程。

（1）手工编程 从分析零件图样、制订工艺规程、计算刀具运动轨迹、编写零件加工程序、制备控制介质直到程序校核，整个过程全都是由人工完成，这种编程方法称为手工编程。

手工编程适用于几何形状简单、计算简便、加工程序不多的零件加工。对于形状复杂的零件，如具有非圆曲线轮廓、列表曲线轮廓的零件，特别是对于具有列表曲面、组合曲面的零件以及程序量很大的零件，手工编程难以胜任，必须采用自动编程加以解决。

（2）自动编程 自动编程是指在计算机及相应的软件系统的支持下，自动生成数控加工程序的过程。其特点是采用简单、习惯的语言对加工对象的几何形状、加工工艺、切削参数及辅助信息等内容按规则进行描述，再由计算机自动地进行数值计算、刀具中心运动轨迹计算、后置处理，生成零件加工程序单，并且对加工过程进行模拟。对形状复杂，具有非圆曲线轮廓、三维曲面等零件编写加工程序时，采用自动编程方法效率高，可靠性好。在编程过程中，程序编制人员可及时检查程序是否正确，需要时可及时修改。

图 4-6 所示为数控自动编程过程。编程人员根据零件图样和数控语言手册编写一段简短的零件源程序作为计算机的输入，计算机经过翻译处理，进行该刀具运动轨迹计算，得出刀位数据，再经过后置处理，最终生成符合具体数控机床要求的零件加工程序。该程序经相应的传输介质传送至数控机床并进行数控加工。还可在计算机屏幕上进行仿真加工，以检查后置处理结果的正确性。

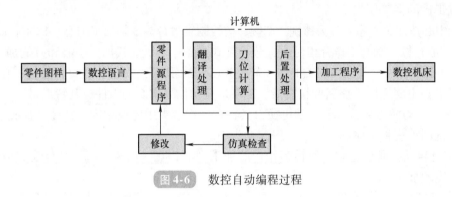

图 4-6 数控自动编程过程

2. 数控语言自动编程技术

（1）数控语言自动编程过程　数控加工程序编制可分为编制源程序和编制目标程序两个阶段。

① 编制源程序。源程序是使用专门的数控语言（如 APT、FAPT、EXAPT、EAPT 等），按指定的方式写出所需加工零件的形状、尺寸，加工该零件的刀具动作，指定的切削条件，机床的辅助功能等内容的程序。数控语言一般都是公开的，编程人员按照自动编程系统的说明书就能编写出零件源程序。在计算机集成制造系统中，可由计算机辅助设计输入零件图，由计算机辅助工艺过程设计输入零件工艺过程，系统即可自动编制用数控语言表示的源程序。

② 编制目标程序。零件源程序并不能被数控系统所识别，因此不能直接控制机床。零件源程序编好后，要输入给计算机，由编译程序（数控软件）翻译成机器语言，通过前置处理和后置处理，输出机床数控系统所需的加工程序，称为目标程序或结果程序。目标程序是用国际标准化组织颁布的数控代码来编写的，通常所说的数控程序就是指目标程序。

在手工编程时，可直接编制目标程序，但工作量大，易出错。自动编程时，可以手工编制源程序，再通过计算机从源程序自动生成目标程序，简单方便，工作量大为减少。

编译程序是针对加工对象事先编好的存放在计算机中的系统软件，包括前置处理程序和后置处理程序两大模块，大多是用高级语言（FORTRAN）开发的。前置处理程序是对源程序中表示零件的几何信息、刀具运动轨迹语句等进行编译，得到刀具位置数据文件。由于这部分处理不涉及具体数控机床的指令形式和辅助功能，因此具有通用性。后置处理程序将刀具位置数据再编译成特定的机床的数控指令，因为不同的机床功能不同，所以后置处理程序是不通用的。由此可见，经过数控程序系统处理后输出的程序才是控制数控机床的零件加工程序。数控自动编程语言和数控程序系统是实现自动编程的两个重要的组成部分。

（2）数控编程语言及源程序的编写　现在数控编程语言系统有很多种，其中以美国自动编程工具（Automatically Programmed Tools，APT）系统最为出名。它的通用性非常强，应用最为广泛，功能非常丰富，如可以处理自由曲面的自动编程，对于机械加工中的任何几何图形，都可给出刀具运动轨迹。另外的许多系统，如德国的 EXAPT、日本的 FAPT，以及中国的 SKC、ZCX 和 ZBC 等也都是以 APT 语言为基础开发的。

（3）图形交互自动编程技术　随着自动编程技术的发展，对自动编程系统的功能和应用的方便性也提出了更高的要求。尤其是在处理零件源程序的过程中，希望操作者能对计算机进行控制，就像与计算机进行对话一样。图形交互自动编程技术是一种可以直接将零件的几何图形信息自动转化为数控加工程序的计算机辅助编程技术，是通过专用计算机软件来实现的。

计算机辅助编程是近几年发展起来的新型自动编程方法，利用 CAD 软件的图形编辑功能，在计算机上绘制零件图，其几何形状数据储存在数据库中。然后调用数控编程模块，通过人机对话的方式选择刀具、走刀路径及工艺参数之后，计算机便可自动进行必要的数学处理并编制出数控加工程序，同时在计算机屏幕上动态地显示出刀具的加工轨迹。这种方法的优点是零件的几何数据已经在 CAD 中建立，省去了像使用 APT 自动编程时人工编写零件源程序的工作，避免了数据重复输入引起的错误。此外，可在屏幕上进行各种角度下的零件显示和放大，还可以显示刀具的运动轨迹，用剖切面来检查加工情况，以便检查程序中的错误。

采用图形交互自动编程比用高级语言自动编程大大提高了数控编程的效率，对降低成本、缩短生产周期有明显效果。因此，计算机辅助图形自动编程已经成为目前国内外先进的 CAD/CAE/CAM 软件所普遍采用的数控编程方法。

4.4　工业机器人

4-03
我国工业机器
人的发展

4.4.1　工业机器人简介

按照 ISO 定义，工业机器人就是面向工业领域的多关节自由度机器人，是自动执行工作的机器装置，是靠自身动力和控制能力来实现各种功能的一种机器；它可以接受人类指挥，也可以按照预先编排的程序运行。

工业机器人的典型应用范围包括搬运、焊接、装配、喷涂、洁净、分拣和加工等。

1. 工业机器人的发展

1）1959 年，美国推出了世界上第一台工业机器人样机并定型生产。

2）1967 年，日本引进了美国的农业机器人技术，经过消化、仿制、改进、创新，到 1980 年，机器人技术在日本取得了极大的成功与普及。

3）20 世纪 80 年代，国际机器人的发展速度平均保持在 25% ~ 30% 年增长率，所生产的机器人主要用于条件恶劣的工作环境。

4）我国机器人技术起步较晚，1987 年北京首届国际机器人展览会上，我国展出 10 余台自行研制或仿制的工农业机器人。经过"七五""八五"攻关，我国研制和生产的工业机器人已达到了工业应用水平。

5）20 世纪 90 年代是机器人的扩展渗透期，具有感觉的机器人实用化，智能机器人出现并开始走向应用，1997年底机器人总量达95万台。

从近些年世界机器人推出的产品来看，机器人技术正在向智能化、模块化和系统化的方向发展，其发展趋势主要为：结构的模块化和可重构化；控制技术的开放化、PC化和网络化；伺服驱动技术的数字化和分散化；多传感器融合技术的实用化；工作环境设计的优化和作业的柔性化以及系统的网络化和智能化等方面。

由于工业机器人技术日趋成熟，已经成为一种标准设备而得到工业界广泛应用，从而也形成了一批国际上较有影响力的、著名的工业机器人公司，包括瑞典的ABB Robotics公司，德国的KUKA Roboter（库卡）公司，瑞士的Staubli（史陶比尔）公司，日本的FANUC公司、Yaskawa（安川）公司、Kawasaki（川崎）公司、Epson（爱普生）公司、NACHI（不二越）公司，美国的Adept Technology（爱德普）公司、American Robot公司、Emerson Industrial Automation（艾默生）公司、S-T Robotics公司，意大利的COMAU（柯马）公司，英国的AutoTech Robotics公司，加拿大的Jcd International Robotics公司等，这些公司已经成为其所在地区的支柱性企业。

国内工业机器人产业起步晚，但增长势头强劲。我国工业机器人在驱动系统（减速机、伺服电机）、控制系统等核心零部件上严重依赖国外企业，可谓是挑战与机遇并存。国内企业在政府的扶持和市场的驱动下，经过技术引进和自我研发，在工业机器人的设计、研发、制造等方面都有了长足的进步和发展，例如沈阳新松机器人自动化股份有限公司、南京埃斯顿自动化公司、安徽埃夫特智能装备股份有限公司、深圳市汇川技术股份有限公司等为代表已具备一定规模和技术实力。

2021年12月，工业和信息化部联合15部门发布的《"十四五"机器人产业发展规划》指出，到2025年，我国成为全球机器人技术创新策源地、高端制造集聚地和集成应用新高地。一批机器人核心技术和高端产品取得突破，整机综合指标达到国际先进水平，关键零部件性能和可靠性达到国际同类产品水平。机器人产业营业收入年均增速超过20%。到2035年，我国机器人产业综合实力将达到国际领先水平，机器人成为经济发展、人民生活、社会治理的重要组成。

4-04
机器人素描

4-05
机器人换模

4-06
机器人拧螺钉

4-07
焊接机器人

从2022年的数据来看，我国工业机器人密度提高，产量首次突破40万套，稳居全球第一大工业机器人市场。工业机器人已成为制造产业的核心力量。

2. 工业机器人核心技术

1）共性技术：包括机器人系统开发技术、机器人模块化与重构技术、机器人操作系统技术、机器人轻量化设计技术、信息感知与导航技术、多任务规划与智能控制技术、人机交互与自主编程技术、机器人云-边-端技术、机器人安全性与可靠性技术、快速标定与精度维护技术、多机器人协同作业技术、机器人自诊断技术等。

2）前沿技术：包括机器人仿生感知与认知技术、电子皮肤技术、机器人生机电融合技术、人机自然交互技术、情感识别技术、技能学习与发育进化技术、材料结构功能一体化技术、微纳操作技术、软体机器人技术、机器人集群技术等。

3. 工业机器人的分类

1）工业机器人按照系统功能可分为：

① 专用机器人。以固定程序工作的机器人，结构简单，无独立控制系统，造价低廉，如自动换刀机械手。

② 通用机器人。可完成多种作业，结构复杂，工作范围大，定位精度高，通用性强。

③ 示教再现式机器人。在示教操作后，能按示教的步骤重现示教作业。

④ 智能机器人。具有视觉、听觉、触觉等功能，通过比较和识别做出决策和规划，完成预定的动作。

2）工业机器人按照驱动方式可分为：

① 气动传动机器人。以压缩空气作为动力源，高速轻载。

② 液压传动机器人。采用液压驱动，负载能力强、传动平稳、结构紧凑、动作灵敏。

③ 电力传动机器人。交直流伺服电动机驱动，结构简单、响应快、精度高。

3）工业机器人按照结构可分为：

① 直角坐标型机器人。有三个正交平移坐标轴，各个坐标轴运动独立，可沿三个直角坐标移动。该种形式的工业机器人定位精度较高，空间轨迹规划与求解相对较容易，计算机控制相对简单；但空间尺寸较大，运动的灵活性相对较差，运动的速度相对较低。

② 圆柱坐标机器人。有一个旋转轴和两个平移轴，可做升降、回转和伸缩动作。该种形式的工业机器人空间尺寸较小，工作范围较大，末端操作器可获得较高的运动速度；但其末端操作器离 Z 轴越远，切向线位移的分辨率就越低。

③ 关节机器人。类似于人手臂，由各关节组成，可实现三个方向的旋转运动，可做回转、俯仰和伸缩动作。该种形式的工业机器人空间尺寸相对较小，工作范围相对较大，还可以绕过机座周围的障碍物，是目前应用较多的一种机型。

④ 球坐标机器人。有两个旋转轴和一个平移轴，有多个转动关节。该种形式的工业机器人空间尺寸较小，工作范围较大。

4.4.2　工业机器人的工作原理及组成

工业机器人是机电一体化系统，其基本工作原理是示教再现。示教也称导引，即由用户导引机器人，一步一步按照实际任务操作一遍，机器人在导引过程中自动记忆示教的每个动作的位置、姿态、运动参数、工艺参数等，并自动生成一个连续执行全部操作的程序。示教完成后，给机器人一个起动命令，机器人按示教动作精确地运行和动作，完成全部操作。

工业机器人由三大部分六个子系统组成，如图4-7所示，三大部分是机械部分、传感部分和控制部分；六个子系统是机械结构系统、驱动系统、感受系统、机器人-环境交互系统、人机交互系统、控制系统。

1. 机械结构系统

工业机器人的机械结构系统包括工业机器人为完成各种运动的机械部件，如图4-8所示。系统由杆件和连接它们的关节构成，具有多个自由度，主要包括手部、腕部、臂部（包括小臂和大臂）、腰部和基座等部件，相当于人的肢体。

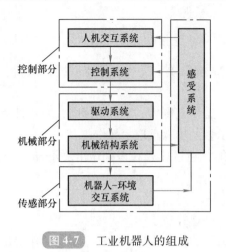

图 4-7 工业机器人的组成

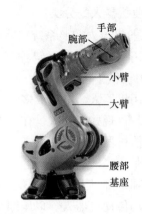

图 4-8 工业机器人机械结构

① 手部。手部又称末端执行器或夹持器，是工业机器人对目标直接进行操作的部分。在手部可安装专用的工具，如焊枪、喷枪、电钻、吸盘等。

② 腕部。腕部是连接手部和臂部的部分，其主要功能是调整手部的姿态和方位。

③ 臂部。臂部是连接机身和腕部，支承腕部和手部的部件，由动力关节和连杆组成。臂部用以承受工件或工具的负载，改变工件或工具的空间位置，并将它们送至预定的位置。

④ 腰部。腰部是支承手臂的部件，也可以是手臂的一部分，手臂的回转运动和升降运动均与腰部有密切的关系。

⑤ 基座。基座是机器人的支承部分，有固定式和移动式两种。

2. 控制系统

控制系统的任务是根据机器人的作业指令从传感器获取反馈信号，控制机器人的执行机构，使其完成规定的运动和功能。控制系统的主要功能是示教再现和运动控制。如果机器人不具备信息反馈特征，则该控制系统称为开环控制系统；如果机器人具备信息反馈特征，则该控制系统称为闭环控制系统。控制系统主要由计算机硬件、软件和一些专用电路组成，其中软件主要由控制器系统软件、动力学软件、机器人自诊断/自保护功能软件等组成，它处理机器人工作过程中的全部信息和控制其全部动作。

3. 驱动系统

驱动系统用于提供机器人各部位、各关节动作的原动力，有电气、液压和气动三种形式，可以直接驱动或者通过同步带、链条、轮系、谐波齿轮等机械传动机构进行间接驱动。

（1）电气驱动 电气驱动是利用各种电动机产生的力或转矩，直接或经过减速机构驱动负载，以获得要求的机器人运动。

电气驱动是最普遍、应用最多的驱动方式。按照电动机的工作原理不同可分为普通交流电动机驱动、直流（交流）伺服电动机驱动和步进电动机驱动；按照控制系统不同可分为开环控制系统和闭环控制系统。

电气驱动的能源简单，速度变化范围大，效率高，速度和位置精度很高。但它们多与减速装置相连，直接驱动比较困难，适合于中等负载，特别适合于动作复杂、运动轨迹严格的各类机器人。

（2）液压驱动 从运动形式来分，液压驱动可分为直线驱动（如直线驱动液压缸）和旋转驱动（如液压马达）；从控制系统来分，可分为开环控制液压驱动系统和闭环控制液压驱动系统。

液压驱动的优点是功率大，可省去减速装置而直接与被动的杆件相连，结构紧凑，刚度好，响应快，伺服驱动具有较高的精度。但需要增设液压源，易产生液体泄漏，不适合高、低温场合，故液压驱动目前多用于特大功率的机器人系统。

（3）气压驱动 气压驱动按驱动机构不同可分为直线气缸驱动、摆动气缸驱动和旋转气动马达驱动。

气动驱动的结构简单，清洁，动作灵敏，具有缓冲作用。但与液压驱动器相比，功率较小，刚度差，噪声大，速度不易控制，所以多用于负载小且精度不高的场合，如点位控制机器人。

机器人系统对驱动装置的要求如下：

① 驱动装置的质量尽可能要小；单位质量的输出功能（即功率质量比）要高，效率也要高。

② 反应速度要快，即要求力与质量之比和力矩与转动惯量之比大。

③ 动作平滑，不产生冲击。

④ 控制尽可能灵活，位移偏差和速度偏差要小。

⑤ 安全可靠。

⑥ 操作维修方便。

⑦ 对环境无污染，噪声要小。

4. 感受系统

感受系统由内部传感器和外部传感器组成，其作用是获取机器人内部和外部环境信息，并把这些信息反馈给控制系统。内部传感器用于检测各个关节的位置、速度等变量，为闭环伺服控制系统提供反馈信息。外部传感器用于检测机器人与周围环境之间的一些状态变量，如距离、接近程度和接触情况等，用于引导机器人，便于其识别物体并做出相应处理。外部传感器一方面使机器人更准确地获取周围环境情况，另一方面也能起到误差校正的作用。对于一些特殊的信息，传感器比人类的感受系统更有效。

5. 人机交互系统

人机交互系统是使操作人员参与机器人控制，并与机器人进行联系的装置。例如示教盒（也称示教编程器），主要由液晶屏幕和操作按键组成，可由操作者手持移动，机器人的所有操作基本上都是通过它来完成的。

6. 机器人 环境交互系统

机器人-环境交互系统是实现工业机器人与外部环境相互联系和协调的系统。工业机器人与外部环境的交互包括与硬件环境交互和与软件环境交互。与硬件环境交互主要是与外部设备的通信，如工作域中的障碍、自由空间的描述以及操作对象的描述等；与软件环境交互主要是与生产单元监控计算机所提供的管理信息系统的通信等。

4.4.3 工业机器人的技术参数

1. 自由度

自由度也称坐标轴数，是指机器人独立运动数。自由度数越高，机器人完成的动作越复杂，通用性越强，应用范围也越广；手指的开、合，以及手指关节的自由度一般不包括在机器人的自由度内。

机器人的自由度越高，就越能接近人手的灵活度；但自由度越高，结构就越复杂，对机器人的整体要求也就越高。目前焊接、涂装等作业机器人多为6或7个自由度，而搬运和装配等作业机器人多为4~6个自由度。

2. 工作精度

工作精度包括定位精度和重复定位精度。

如图4-9所示，定位精度是指机器人末端参考点实际到达的位置与所需要到达的理想位置之间的差距。重复定位精度是指机器人自身重复到达原先被命令或者训练位置的能力，它是衡量一列误差值的密集程度，即重复度。依据作业任务和末端持重不同，机器人的重复定位精度亦不同。

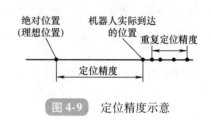

图 4-9　定位精度示意

机器人的定位精度一般为 ±（0.02~5）mm，重复定位精度为 ±（0.01~0.5）mm。影响定位精度的因素主要有机械零件加工精度、定位传感器分辨率、定位算法的选择、原始数据处理误差和不确定性误差；影响重复定位精度的因素主要有机械结构的设计、机械零件加工精度、定位传感器精度、定位算法精度的选择、原始数据处理误差和不确定性误差。

3. 工作空间

工作空间也称工作范围、工作行程，是指机器人在执行任务时其手腕参考点或末端操作器安装点（不包括末端操作器）所能到达的所有空间区域，一般不包括末端操作器本身能到达的区域。目前单体工业机器人的工作范围可达3.5m左右。

4. 工作速度

工作速度是指机器人各个方向的移动速度或转动速度，这些速度可以相同，也可以不同。机器人的最大工作速度通常指机器人手腕中心的最大速度。工作速度影响工作效率，与提取的重力和位置精度有关。

5. 承载能力

承载能力是指机器人在工作范围内的任何位姿上，在正常操作的条件下，作用于机器人手腕末端，不会使机器人性能降低的最大负载。目前使用的工业机器人负载（用质量表示）范围一般在0.5~800kg。

4.4.4　工业机器人的编程技术

对于工业机器人来说，编程技术主要有用示教器进行现场编程（示教编程）、机器人语言编程及离线编程三类。

1. 示教编程

示教编程是一种成熟的技术，是目前大多数工业机器人的编程方式。采用这种方法时，程序编制是在机器人现场进行的。示教编程可以在线示教，也可以离线示教，分为示教、存储和再现3个步骤。

① 示教。示教是机器人学习的过程。在这个过程中，操作者操作示教器按钮或手握机

器人手臂，使之按需要的姿势和路线进行工作。

② 存储。机器人的控制系统以程序的形式将示教的动作记忆下来。

③ 再现。机器人从记忆装置中调用存储信息，再现示教阶段动作。

为了示教方便以及获取信息的快捷和准确，操作者可以选择在不同的坐标系下示教，如可以选择在关节坐标系（Joint Coordinates）、直角坐标系（Rectangular Coordinates）以及工具坐标系（Tool Coordinates）或用户坐标系（User Coordinates）下进行示教。

示教编程的特点是：通过示教直接生成控制程序，无须手工编程，简单方便，适用于大批量生产；轨迹精确度不高，需要存储容量大。

2. 机器人语言编程

随着机器人作业动作的多样化和作业环境的复杂化，依靠固定的程序或示教方式已经满足不了要求，必须依靠能适应作业和环境随时变化的机器人语言编程来完成机器人工作。

机器人语言可以按照作业描述水平的程度分为动作级编程语言、对象级编程语言和任务级编程语言三种。

① 动作级编程语言。动作级编程语言是最低级的机器人语言。它以机器人的运动描述为主，通常一条指令对应机器人的一个动作，表示从机器人的一个位姿运动到另一个位姿。动作级编程语言的优点是比较简单，编程容易。其缺点是：功能有限，无法进行繁复的数学运算，不接收浮点数和字符串，子程序不含有自变量；不能接收复杂的传感器信息，只能接收传感器开关信息；与计算机的通信能力很差。典型的动作级编程语言为 VAL 语言，如语句"MOVE TO（destination）"的含义为机器人从当前位姿运动到目的位姿。VAL 语言是在 BASIC 语言基础上扩展的一种机器人语言，因此具有 BASIC 语言的内核与结构，成功地用于 PUMA 型和 UNIMATE 型机器人。

② 对象级编程语言。所谓对象即作业及作业物体本身。对象级编程语言是比动作级编程语言高级的编程语言，它不需要描述机器人手爪的运动，只要由编程人员用程序的形式给出作业本身顺序过程的描述和环境模型的描述，即描述操作物与操作物之间的关系。机器人通过编译程序即可知道如何动作，代表性语言有 AML 语言和 AUTOPASS 语言等。

③ 任务级编程语言。任务级编程语言是比前两类更高级的一种语言，也是最理想的机器人高级语言。这类语言不需要用机器人的动作来描述作业任务，也不需要描述机器人对象物的中间状态过程，只需要按照某种规则描述机器人对象物的初始状态和最终目标状态，机器人语言系统即可利用已有的环境信息和知识库、数据库自动进行推理、计算，从而自动生成机器人详细的动作、顺序和数据。

3. 离线编程

离线编程是在专门的软件环境下，用专用或通用程序在离线情况下进行机器人轨迹规划编程的一种方法，是机器人编程技术的一种发展方向。一些离线编程系统带有仿真功能，用户可以在不接触实际机器人工作环境的情况下，在三维软件中提供一个和机器人进行交互作用的虚拟环境。

同在线示教编程相比，离线编程具有如下优点：

① 减少机器人不工作时间。当机器人下一个任务进行编程时，机器人仍可在生产线上工作，编程不占用机器人的工作时间。

② 使编程者远离危险的编程环境。

③ 使用范围广。离线编程可对机器人的各种工作对象进行编程。

④ 便于与 CAD/CAM 系统结合，使 CAD/CAM/Robotics 一体化。

⑤ 可使用高级计算机编程语言对复杂任务进行编程。

⑥ 便于修改机器人程序。

离线编程系统是当前机器人实际应用的一个必要手段，也是开发和研究任务及规划方式的有力工具。离线编程系统主要由用户接口、机器人系统三维几何构型、运动学计算、轨迹规划、三维图形动态仿真、通信接口和误差校正等部分组成。

4.5 自动化立体仓库

4.5.1 自动化立体仓库的发展

自动化立体仓库又称自动存取系统或自动化仓储系统，就是采用高层货架存放货物，以巷道堆垛起重机为主，结合入库与出库周边设备进行自动化仓储作业的一种仓库。

美国于 1959 年开发了世界上第一座自动化立体仓库，并在 1963 年率先使用计算机进行控制和管理。此后，自动化立体仓库在美国和欧洲迅速发展起来，并形成了专门的学科。20 世纪 60 年代中期，日本开始兴建高架仓库，并且发展迅速；20 世纪 70 年代，发达国家纷纷建立大型自动化立体仓库；20 世纪 80 年代末，自动化立体仓库在世界各国发展迅速，使用范围几乎涉及所有行业。

同发达国家相比，我国自动化立体仓库的发展起步较晚，自 1974 年在郑州纺织机械厂建成第一座自动化立体仓库以来，发展速度缓慢，且大部分是简易的、中低层小型分离式仓库。

随着科技的不断发展，先进的技术手段在自动化立体仓库中及时得以应用，实现了仓储信息自动采集、货物自动分拣、货物自动输送和存取等功能，库存控制也逐渐走向智能化，自动导引小车得到广泛应用，大大提高了仓储作业效率，大型自动化立体仓库每小时出入库作业可达几百次甚至上千次。

自动化立体仓库按照自动化的程度可分为以下五个阶段：

（1）人工仓储技术阶段 仓储过程各环节作业，包括物品的输送、存储、管理和控制等环节主要靠人工来完成，初期的设施设备投资较少。

（2）机械化仓储技术阶段 作业人员通过操纵机械设备来实现物品的装卸、搬运和储存作业活动。机械化设备的使用大大提高了劳动生产率和装卸、搬运、存储货物的质量，减少了作业人员的劳动强度；且使储存空间向立体方向发展，有效提高了存储空间的利用率。但仓储机械设备需要投入大量的资金及管理和维护费用。

（3）自动化仓储技术阶段 随着计算机技术的发展，信息技术已成为仓储系统的核心技术和重要内容。这一阶段，在仓储系统中采用了自动输送机械、自动导引小车、货物自动识别系统及巷道式堆垛机等，仓储计算机可及时记录货物出入库时间、显示库存量，计划人员可以方便地做出供货计划，管理人员可以随时掌握货源及需求情况。

（4）集成自动化仓储技术阶段 将仓储过程各环节的作业系统集成为一个有机的综合系统，称为仓储管理系统。在仓储管理系统的统一控制指挥下，各子系统密切配合，有机协作，使整个仓储系统的总体效益大大超过了各子系统独立工作的效益综合。这一阶段的仓储过程几乎不需要人工参与，完全实现仓储的自动化运作。

（5）智能自动化仓储技术阶段　人工智能技术的发展推动了自动化仓储技术向智能化方向发展。在这一阶段，系统不仅可以完全自动运行，而且可以根据实际运行情况，自动向作业人员提供许多有价值的参考信息，如根据货物的需求情况对仓储资源的有效利用提出合理化建议，对系统运行效果提供科学的评价等。

目前，智能化仓储技术阶段还处于初级发展阶段，在这一技术领域还需要持续的研究和探索，具有广阔的应用前景和发展空间。

近年来国内外在建设物流系统及自动化立体仓库方面更加注重实用性和安全性。随着现代工业生产的发展，柔性制造系统、计算机集成制造系统和工厂自动化对自动化立体仓库提出更高的要求，搬运仓储技术要具有更可靠、更实时的信息，使用自动化立体仓库进行仓储管理具有以下优点：

① 高层货架存储，节省库存占地面积，提高空间利用率。

② 采用自动存取货物，运行和处理速度快，提高了劳动生产率，降低了劳动强度。

③ 采用计算机控制，将生产和库存进行有效衔接，便于清点和盘库，合理、有效地进行库存控制，减少货物处理和信息处理过程的差错。

自动化立体仓库的建立和投入使用需要大量的资金投入，对货物包装要求严格，对人员素质要求高，适用于在物流管理上货物出入库频率高、货物流动稳定的环境。

4.5.2　自动化立体仓库的组成

仓库由一些货架组成，货架之间留有巷道，巷道的多少视需要而定。一般入库和出库布置在巷道的某一端，有时也由巷道的两端入库和出库，每个巷道都有自己专有的堆垛起重机。

自动化立体仓库由货物存储系统、存取和传递系统、控制和管理系统组成。其中货物存储系统包括高层货架、托盘、货箱和其他集装容器；存取和传递系统包括巷道堆垛机（堆垛叉车）、输送机及自动导向车；控制和管理系统包括控制系统、监控系统及计算机管理系统。

1. 高层货架

如图4-10所示，高层货架是自动化立体仓库系统实现货物立体存放的主要支承结构，作为仓库不可或缺的组成部分，其性能直接影响仓库及其设备的使用。目前高层货架主要有焊接式和组合式两种形式。

图 4-10　高层货架

2. 托盘

托盘是用于集散、堆放、搬运和运输时放置作为单元负载的货物和制品的水平平台装置，如图 4-11 所示。托盘作为与集装箱类似的一种集装设备，已广泛应用于生产、运输、仓储和流通等领域，被认为是 20 世纪物流产业中两大关键性创新之一。

图 4-11　托盘

托盘根据不同材质可分为木托盘、塑料托盘、塑木混合托盘及金属托盘等。使用托盘的主要优点是：

① 货物装入托盘后，搬运或出入库可用机械操作，从而缩短货载时间，减少劳动时间。

② 以托盘为运输单位，货物件数变少，体积、重量变大，且每个托盘所装载货物数量相同，便于清点、理货交接；货物装盘后可采用捆扎、紧包等技术处理，又可减少货损等事故。

③ 托盘投资少，容易相互代用。

由于托盘的使用可以实现物品包装的单元化、规范化和标准化，且保护物品、方便物流管理，与自动物流小车配合使用后在现代物流中发挥着巨大的作用，因此它在市场上的使用率越来越高。

3. 巷道堆垛机

巷道堆垛机又称为巷道堆垛起重机，是自动化立体仓库中最重要的搬运设备，一般由机架、运行机构、升降机构、货叉伸缩机构、电气控制设备等组成，如图 4-12 所示。

图 4-12　巷道堆垛机

巷道堆垛机是用于自动存取货物的设备,上面装有电动机,可以带动堆垛机移动和托盘升降,并且辨认货物的位置和高度。它在货架的巷道内来回穿梭运行时,一旦找到需要的货物,就可以将零件货箱自动拉出货架,堆垛机将仓位中的货物取出,运送到巷道口出入货站。

巷道堆垛机按照结构形式可分为单立柱巷道堆垛机和双立柱巷道堆垛机两种;按照服务方式分为直道堆垛机、弯道堆垛机和转移车巷道堆垛机三种。

4. 出入库输送设备

出入库输送设备是立体仓库的主要外围设备,它负责将货物运送到堆垛机或从堆垛机将货物移走。如图4-13所示,输送设备种类非常多,常见的有辊道输送机、链条输送机、带式输送机以及自动导引小车、升降台、分配车、提升机等。

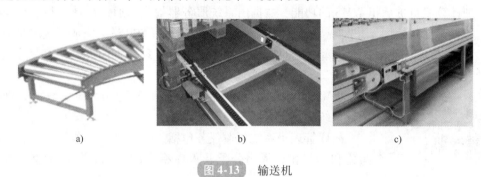

a)　　　　　　　　　b)　　　　　　　　　c)

图 4-13　输送机

a)辊道输送机　b）链条输送机　c）带式输送机

5. 控制系统

巷道堆垛机与出入库输送设备的控制系统彼此独立,又彼此联系。

巷道堆垛机自动控制系统由通信接口、控制器、速度和位置控制系统、制动系统、传动机构、传感检测系统、控制软件等构成。速度和位置的传感检测系统和控制系统是堆垛机自动控制系统中的关键部分。其中,传感检测系统可采用传统的光电开关检测,也可以采用激光测距仪等先进的高精度检测设备检测;而位置、速度控制系统一般采用先进的变频器控制技术,通过变频器的无级或有级调速从而有效地控制位置和速度。利用闭环控制系统或开环控制系统,可在控制方式上实现对堆垛机的精确控制。

出入库输送设备自动控制系统主要包括通信接口、主控制器、信息控制、传感检测系统、输入及显示操作系统、控制软件及货物运动控制系统。出入库输送设备自动控制系统的关键在于货物运动控制系统,可采用仓库路由调度系统,实现货物运动链路路由的动态生成、实时跟踪管理和动态调度、避免并发任务的路由冲突等功能,从而简化货物运动控制系统。

控制系统是自动化立体仓库的核心部分之一,直接关系到仓库作业的正常进行,因此控制系统中所使用的材料、设备、传感器和元件都应采用可靠性高、寿命长、易于维护和更换的产品。

4.5.3　自动化立体仓库管理系统

仓库管理系统（Warehouse Management System,WMS）,也称中央计算机管理系统,是全自动化立体仓库系统的核心。目前典型的自动化立体仓库管理系统均采用大型的数据库系统，如 ORACLE 数据库、SYBASE 数据库等构筑典型的客户机/服务器体系。

存取系统的计算机中心或中央控制室接收到出库或入库信息后，通过对输入信息的处理，由计算机发出出库、入库的指令，巷道机、自动分拣机及其他周边搬运设备按指令起动，协调完成自动存取作业，管理人员可在控制室对整个过程进行监控和管理，也可以与其他系统，如 ERP 系统等联网或集成。

管理计算机、监控计算机、数据库服务器、调度计算机等设备以局域网的形式组合构成管理控制系统计算机网络，网络中的各个计算机可以通过操作本系统用的数据库相互交换信息。监控计算机和调度计算机通过以太网或现场总线接口实现对堆垛机、输送机等底层设备的通信与监控。

管理计算机负责承担 WMS 的功能，数据由系统服务器提供，通过局域网与监控层进行货物的数据交互与处理，并实现与企业内部系统信息集成与资源共享，完成系统的高级管理工作。WMS 负责自动化立体仓库系统的货位管理、出入库管理、查询报表、库存分析、系统维护、故障分析等。

4-08
立体仓库入库
操作

WMS 可由入库管理子系统、出库管理子系统、数据处理子系统、系统管理子系统等子系统构成。

入库管理子系统作业任务包括入库单处理、条码管理、货物托盘化和标准化、货物分配及入库指令的发出、货位调整、入库确认等。

出库管理子系统作业任务包括出库单管理、拣货单生成、出货指令的发出、容错处理、出库确认、出库单据打印等。

数据处理子系统处理库存管理和数据管理两类数据。其中库存管理作业任务包括货物管理、货物编码查询、入库时间查询和盘点管理等。数据管理作业任务包括货物编码管理、安全库存量管理、供应商数据管理、使用部门管理、未操作的查询和处理、数据库与实际不符记录的查询和处理等。

4-09
立体仓库出库
操作

系统管理子系统作业任务包括系统管理设置、数据库备份、系统通信管理和系统使用管理等。

WMS 支持以下功能：

① 定义和管理仓库中的存储区和仓位。

② 处理所有的记账和事务，如收货、发货和一般的转储等。

③ 对库存的变动情况进行监测。

④ 按仓位进行存储。

⑤ 确保存储管理系统中的记账与仓库中的实际库存情况一致。

⑥ 与材料管理系统、产品计划系统、质量管理系统和销售与分销系统的集成。

可将仓库实际区域按照功能划分为收货区、发货区、存储区、回收物料区等存储类型，也可通过仓库管理系统将库存划分为不同的逻辑区域，从而对商品进行准确的定位。

监控系统包括监控计算机和调度计算机。各设备的实时状态信息由监控计算机监视并动态显示，出错报警情况也能及时显示。调度计算机负责完成入库信息和作业指令的运行，还可独立对所有设备进行控制。

4.6　柔性制造系统

4.6.1　柔性制造系统介绍

1. 概念与类型

柔性制造系统（Flexible Manufacturing System，FMS）是一组数控机床和其他自动化的工艺设备，由计算机信息控制系统和物料自动储运系统有机结合的整体。柔性制造系统由加工、物料流、信息流三个子系统组成，在加工自动化的基础上实现物料流和信息流的自动化。

FMS的工艺基础是成组技术，它按照成组的加工对象确定工艺过程，选择相应的数控加工设备和工件、工具等物料的储运系统，并由计算机进行控制，故能自动调整并实现一定范围内多种工件的成批高效生产（即具有柔性），并能及时地改变产品以满足市场需求。

FMS兼有加工制造和部分生产管理两种功能，因此能综合地提高生产效益。FMS的工艺范围正在不断扩大，可以包括毛坯制造、机械加工、装配和质量检验等。投入使用的FMS大都用于切削加工，也有用于冲压和焊接的。

柔性制造系统有以下三种类型：

（1）柔性制造单元　柔性制造单元是由一台或数台数控机床或加工中心构成的加工单元。该单元根据需要可以自动更换刀具和夹具，加工不同的工件。柔性制造单元适合加工形状复杂、加工工序简单、加工工时较长、批量小的零件。它有较大的设备柔性，但人员和加工柔性低。

（2）柔性制造系统　柔性制造系统是以数控机床或加工中心为基础，配以物料传送装置的生产系统。该系统由电子计算机实现自动控制，可在不停机的情况下，满足多品种的加工。柔性制造系统适合加工形状复杂、加工工序多、批量大的零件。其加工和物料传送柔性大，但人员柔性仍然较低。

（3）柔性自动生产线　柔性自动生产线是把多台可以调整的机床（多为专用机床）连接起来，配以自动运送装置的生产线，可以用于加工批量较大的不同规格零件。柔性程度低的柔性自动生产线，在性能上接近大批量生产用的自动生产线；柔性程度高的柔性自动生产线，则接近于小批量、多品种生产用的柔性制造系统。

2. 系统组成

（1）加工设备　加工设备主要采用加工中心和数控车床，前者用于加工箱体类和板类零件，后者则用于加工轴类和盘类零件。中、大批量少品种生产中所用的FMS，常采用可更换主轴箱的加工中心，以获得更高的生产率。

（2）储存和搬运　储存和搬运系统搬运的物料有毛坯、工件、刀具、夹具、检具和切屑等；储存物料的方法有平面布置的托盘库，也有储存量较大的巷道式立体仓库。

4-10 搬运物料

毛坯一般先由工人装入托盘上的夹具中，并储存在自动仓库中的特定区域内，然后由自动搬运系统根据物料管理计算机的指令送到指定的工位。固定轨道式台车和传送辊道适用于按工艺顺序排列设备的 FMS，自动引导台车搬送物料的顺序则与设备排列位置无关，具有较大灵活性。

工业机器人可在有限的范围内为 1~4 台机床输送和装卸工件，对于较大的工件常利用托盘自动交换装置（Automatic Pallet Changer，APC）来传送，也可采用在轨道上行走的机器人同时完成工件的传送和装卸。

磨损的刀具可以逐个从刀库中取出更换，也可由备用的子刀库取代装满待换刀具的刀库。车床卡盘的卡爪、特种夹具和专用加工中心的主轴箱也可以自动更换。切屑运送和处理系统是保证 FMS 连续正常工作的必要条件，一般根据切屑的形状、排除量和处理要求来选择经济的结构方案。

（3）信息控制　FMS 信息控制系统的结构组成形式很多，但一般多采用群控方式的递阶系统。第一级为各个工艺设备的计算机数控装置，实现对各加工过程的控制；第二级为群控计算机，负责把来自第三级计算机的生产计划和数控指令等信息，分配给第一级中有关设备的数控装置，同时把它们的运转状况信息上报给上级计算机；第三级是 FMS 的主计算机（控制计算机），其功能是制订生产作业计划，实施 FMS 运行状态的管理及各种数据的管理；第四级是全厂的管理计算机。

性能完善的软件是实现 FMS 功能的基础，除支持计算机工作的系统软件外，更多的是根据使用要求和用户经验所发展的专门应用软件，主要包括控制软件（控制机床、物料储运系统、检验装置和监视系统）、计划管理软件（调度管理软件、质量管理软件、库存管理软件、工装管理软件等）和数据管理软件（仿真软件、检索软件和各种数据库）等。

为保证 FMS 的连续自动运转，须对刀具和切削过程进行监视，可能采用的方法有：测量机床主轴电动机输出的电流功率，或主轴的转矩；利用传感器拾取刀具破裂的信号；利用接触测头直接测量刀具的切削刃尺寸或工件加工面尺寸的变化；累积计算刀具的切削时间以进行刀具寿命管理。此外，还可利用接触式测头来测量机床热变形和工件安装误差，并据此对其进行补偿。

3. 发展趋势

柔性制造系统的发展趋势大致有两个方面：一方面是与计算机辅助设计和辅助制造系统相结合，利用原有产品系列的典型工艺资料，组合设计不同模块，构成各种不同形式的具有物料流和信息流的模块化柔性制造系统；另一方面是实现从产品决策、产品设计、生产到销售的整个生产过程自动化，特别是管理层次自动化的计算机集成制造系统。在这个大系统中，柔性制造系统只是它的一个组成部分。

（1）模块化柔性制造系统　为了保证系统工作的可靠性和经济性，可将其主要组成部分标准化和模块化。例如，加工件的输送模块，有感应线导轨小车输送和有轨小车输送；刀具的输送和调换模块，有刀具交换机器人和与工件共用输送小车的刀具输送方式等。

（2）计算机集成制造系统　从 1870 年到 1970 年的 100 年中，加工过程的效率提高了 2000%，而生产管理的效率只提高了 80%，产品设计的效率仅提高了 20% 左右。显然，后两种的效率已成为进一步发展生产的制约因素。因此，制造技术的发展就不能局限在车间制造过程的自动化，而要全面实现从生产决策、产品设计到销售的整个生产过程的自动化，特别是管理层次工作的自动化。这样集成的一个完整的生产系统就是计算机集成制造系统（Computer Intergrated Manufacturing System，CIMS）。

4.6.2　计算机集成制造系统介绍

CIMS 是随着计算机辅助设计与制造的发展而产生的。它是在信息技术、自动化技术与制造的基础上，通过计算机技术把分散在产品设计制造过程中各种孤立的自动化子系统有机地集成起来，形成适用于多品种、小批量生产，实现整体效益的集成化和智能化制造系统。

CIMS 的主要特征是集成化与智能化。集成化即自动化的广度，它把系统的空间扩展到市场、产品设计、加工制造、检验、销售和为用户服务等全部过程；智能化即自动化的深度，不仅包含物料流的自动化，而且还包括信息流的自动化。

CIMS 是自动化程度不同的多个子系统的集成，如管理信息系统、制造资源计划系统、计算机辅助设计系统、计算机辅助工艺设计系统、计算机辅助制造系统、柔性制造系统，以及数控机床、机器人等。CIMS 正是在这些自动化系统的基础之上发展起来的，它根据企业的需求和经济实力，把各种自动化系统通过计算机实现信息集成和功能集成。当然，这些子系统也使用了不同类型的计算机，有的子系统本身也是集成的，如 MIS 实现了多种管理功能的集成，FMS 实现了加工设备和物料输送设备的集成等。但这些集成是在较小的局部，CIMS 是针对整个工厂企业的集成。它面向整个企业，覆盖企业的多种经营活动，包括生产经营管理、工程设计和生产制造各个环节，即从产品报价、接受订单开始，经计划安排、设计、制造直到产品出厂及售后服务等的全过程。

在当前全球经济环境下，CIMS 被赋予了新的含义，即现代集成制造系统（Contemporary Integrated Manufacturing System）。它将信息技术、现代管理技术和制造技术相结合，并应用于企业全生命周期各个阶段，通过信息集成、过程优化及资源优化，实现物料流、信息流、价值流的集成和优化运行，达到人（组织及管理）、经营和技术三要素的集成，从而提高企业的市场应变能力和竞争力。

思考与练习

1. 传感器及仪器仪表的发展趋势是什么？
2. 控制系统的发展经历了哪几代？各有什么特点？
3. 什么是数控机床？它由哪几部分组成？
4. 数控机床与加工中心有什么区别？
5. 数控机床对自动换刀装置有什么样的要求？
6. 工业机器人由哪几部分组成？它们各起什么作用？
7. 影响工业机器人定位精度和重复定位精度的因素有哪些？
8. 什么是自动化立体仓库？它一般由哪些设备组成？
9. 什么是托盘？使用托盘的优点是什么？
10. 柔性制造系统由哪几部分组成？

第5章

现代生产管理技术

5.1 现代生产管理技术的发展

20 世纪 80 年代，通过计算机集成制造系统来改善产品上市时间、产品质量、产品成品和售后服务等方面是当时的主要竞争手段，同时制造资源计划（MRP Ⅱ）、精益生产（LP）管理模式等成为生产管理的主流。

20 世纪 90 年代，市场的焦点转为如何以最短时间开发出顾客需求的新产品，并通过企业间合作快速生产新产品。并行工程作为新产品开发集成技术成为竞争的重要手段，面向跨企业生产经营管理的企业资源计划（ERP）管理模式也应运而生。

进入 21 世纪后，集成化的敏捷制造技术（AM）是制造业采取的主要竞争手段之一，基于制造企业合作的全球化生产体系与敏捷虚拟企业的管理模式将是未来管理技术的主要议题。

制造业的不断发展，促进了企业生产管理模式的变革；同时，企业的管理技术为了紧跟不断变化的市场需求，也在不断地完善和更新。现代生产管理具有如下特点：

1）重视人的作用。
2）重视发挥计算机的作用。
3）强调技术、组织、信息与管理的集成与配套。
4）重视企业生产组织新模式。
5）强调柔性化生产。
6）强调以顾客为中心。

5.2 企业资源计划

5.2.1 物料需求计划

1965 年，美国 IBM 公司的管理专家 Oliver Wight 提出了独立需求和相关需求的概念，物料需求计划由此诞生。

物料需求计划（Material Requirement Planning，MRP）是指在产品生产中对构成产品的各种物料的需求量与需求时间所做的计划。在企业的生产计划管理体系中，MRP 一般被排在主生产计划之后，属于实际作业层面的计划决策。MRP 解决的问题见表 5-1。

表 5-1　MRP 解决的问题

问题	解决方案
要生产什么、生产多少	从主生产计划 MPS（Master Production Schedule）获得
用到什么	从产品信息获得，包括物料清单 BOM（Bill of Material）和工艺路线等
已经有了什么	从库存信息获得（物料可用量）
还缺什么，何时下达计划	根据 MRP 计算结果获得

可见，MRP 的制订需要 MPS、BOM 及库存信息三个关键信息。它是 MPS 需求的进一步展开，也是实现 MPS 的保证和支持；它根据 MPS、BOM 和物料可用量，计算出企业要生产的全部加工件和采购件的需求量，按照产品出厂的优先顺序，计算出全部加工件和采购件的需求时间，并提出建议性的计划订单（采购计划、加工计划）。

MRP 具有需求优先级计划、分时段计划、快速修订计划等优点，但 MRP 没有做到以下内容：

1）仅说明需求，但没有说明可能。

2）仅说明计划要求，没有说明计划的执行结果。

因此 20 世纪 70 年代，在 MRP 的基础上出现了闭环 MRP。闭环 MRP 将能力需求计划和执行、控制与反馈等功能引入 MRP 系统，并利用反馈信息进行计划调整平衡，从而使生产计划方面的各个子系统得到协调发展。

闭环 MRP 把需求与供给结合起来，体现为一个完整的计划与控制系统，具有自上而下的可行计划、自下而上的执行反馈及实时调整变化等特点。

5.2.2　制造资源计划

制造资源计划（Manufacturing Resource Planning，MRP Ⅱ）是美国 20 世纪 70 年代末、80 年代初提出的一种企业生产管理模式和组织生产方式，是 MRP 的开创者 Oliver Wight 在闭环 MRP 的基础上继续发展起来的。

MRP Ⅱ 是一个围绕企业的基本经营目标，以生产计划为主线，对制造企业的各种资源进行统一计划和控制的生产经营计划管理系统；也是管理企业的物流、信息流和资金流，并使之畅通的动态反馈系统。MRP Ⅱ 涵盖了整个企业的生产经营活动，包括销售、生产、库存、作业计划、财务等子系统，为企业生产经营提供一个完整而详尽的计划，使企业内各部门的活动协调一致，形成一个整体，从而提高企业的整体效率和效益。

MRP Ⅱ 管理模式的特点是：

（1）管理的系统性　将企业所有经营活动联系在一起，是一个完整的经营生产管理计划体系。

（2）数据共享性　企业各部门都依据同一数据库提供的信息，按规范化的处理流程进行管理和决策。

（3）动态应变性　不断跟踪、控制和反馈瞬息万变的实际情况，使企业管理层能够对企业内外环境的变化做出快速反应和调整，以提高企业在市场中的应变力和竞争力。

（4）模拟预见性 模拟未来变化，对生产信息进行分析，做出合理决策，以保障企业平稳运行。

（5）物流与资金流的统一性 生产活动直接产生财会数据，通过资金流监控物流，指导经营生产活动。

MRPⅡ是计算机集成制造系统（CIMS）的重要单元技术，也是企业资源计划（ERP）的核心组成部分。

5.2.3 企业资源计划

随着企业生产经营信息化和全球化的发展，MRPⅡ软件的功能已不能满足企业全范围经营管理的需要，因此 Gartner Group 咨询公司从 1991 年开始发布了《设想下一代的 MRP Ⅱ》等系列报告，并于 1993 年正式提出企业资源计划（Enterprise Resource Planning，ERP）的概念。

ERP 是在 MRPⅡ基础上发展起来的，基于供应链管理思想，以计算机及网络通信技术为平台，将供应链上合作伙伴之间的物流、资金流、信息流进行全面集成的管理系统。除 MRPⅡ原有的制造、销售、财务、成本管理等功能外，ERP 集成了质量管理、产品数据管理、仓库管理、标准管理以及流程工业管理等多种功能，集成了整个供应、制造和销售过程，并将系统延伸到供应商和客户，成为一种覆盖整个企业生产经营活动的管理信息系统。

ERP 的特点如下：

1）面向供应链的管理、面向流程的信息集成。

2）采用计算机及网络通信技术。

3）支持企业业务流程重组（Business Process Re－engineering，BPR）。

国外提供 ERP 软件的著名公司有德国 SAP 公司，美国 Oracle 公司和 Microsoft 公司等；国内提供 ERP 软件的著名公司主要有金蝶国际软件集团有限公司、用友网络科技股份有限公司、鼎捷软件股份有限公司等。ERP 系统应用界面如图 5-1、图 5-2 所示。

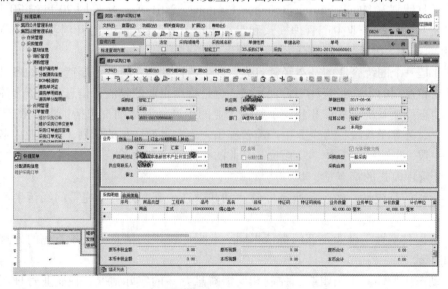

图 5-1 维护采购订单

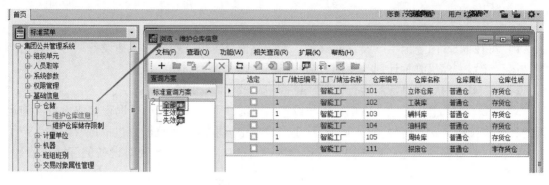

图 5-2　维护仓库信息界面

ERP 系统主要由生产管理、物流管理和财务管理三大系统及扩展功能模块组成。

1）生产管理系统：主要包括生产计划、物料需求计划、能力需求计划、车间作业控制等模块。

2）物流管理系统：主要包括采购管理、销售管理、库存管理等模块。

3）财务管理系统：主要包括总账管理、应收款管理、应付款管理、现金管理、固定资产管理、工资管理、成本管理等模块。

4）扩展功能模块：主要包括供应链管理、客户关系管理、电子商务管理、人力资源管理、质量管理、设备管理、技术管理、工作流管理、决策管理等模块。

ERP 是包括 MRP 和 MRP Ⅱ 所有信息集成功能的面向供应链管理的信息集成系统。MRP、MRP Ⅱ 和 ERP 是企业管理信息系统发展的不同阶段，ERP 是在 MRP Ⅱ 的基础上发展起来的，是功能更加丰富、适用性更广的企业信息管理系统。

5.3　制造执行系统

制造执行系统（Manufacturing Execution System，MES）是美国先进制造研究中心（Advanced Manufacturing Research，AMR）于 20 世纪 90 年代提出的关于生产组织和管理的概念，是一套面向制造企业车间执行层的生产信息化管理系统，主要解决车间生产任务的执行问题。

按照美国生产执行系统协会（Manufacturing Execution System Association，MESA）的定义，MES 能通过信息的传递对从订单下达开始到产品完成的整个产品生产过程进行优化管理，对工厂发生的实时事件，及时做出相应的反应和报告，并用当前准确的数据对它们进行相应的指导和处理。

MES 具有现场作业管控、产品信息追踪追溯、专业条码支持、流程和规则配置灵活及对外接口标准化等特点，其功能模块包括资源管理模块、生产调度模块、人力资源模块、过程管理模块、设备维护管理模块、质量管理模块、生产跟踪模块等。它为操作人员及管理人员提供计划的执行、跟踪，以及人、设备、物料及客户需求等方面的当前运行状态。下面简单介绍几种 MES 功能模块的应用。

5.3.1 设备管理

1）可在 MES 内登记生产设备如机台、产线、模具等设备档案，包括设备型号、理论产能、运行计划、停机维护计划、使用寿命、备品管理、保养周期等信息。

2）在 MES 内登记设备的运行记录、维修记录及保养记录。

3）MES 可通过设备上的 PLC 实现与设备的通信，生产管理人员可远程获取设备实施运行的状况，设备异常及时报警；可实时从生产设备中读取出生产数据，包括每台设备生产了多少产品、设备稼动率等；MES 也可远程控制设备的作业动作，实现对设备的智能化管理。应用案例如图 5-3 所示。

图 5-3 设备稼动率界面

5.3.2 质量管理

1）从来料质量控制（IQC）检验、发料检验、仓库检验、生产过程检验（巡检、抽检、首件检验）以及质量保证（QA）检验等所有的海量工厂检验数据均保存在 MES 数据库中。根据质量目标来实时记录、跟踪和分析产品和加工过程的质量，以保证产品的质量控制和确定生产中需要注意的问题。应用案例如图 5-4 所示。

2）建立质量档案。可预先在 MES 内登记好产品常见的质量问题及原因，方便检测人员进行质量信息的录入。

3）质量登记。每道工序在制品加工完成后，生产人员对次品信息进行数量登记，记录质量事故原因，建立产品检测档案。

4）维修管理。不良下线维修，维修人员根据不良检测档案进行维修，在系统内录入维修方法，建立产品维修档案。

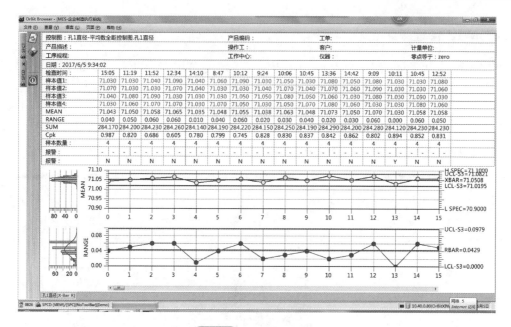

图 5-4　质量管理界面

5.3.3　工序过程管理

灵活定义产品的加工工艺与生产过程，通过基于有限资源能力的作业排序和调度来优化车间性能。在生产过程中该单元模块还能对工艺流程进行严格管控，保证产品按事先设定的流程生产，如果发生任何异常情况将自动进行纠正与报警处理。应用案例如图 5-5 所示。

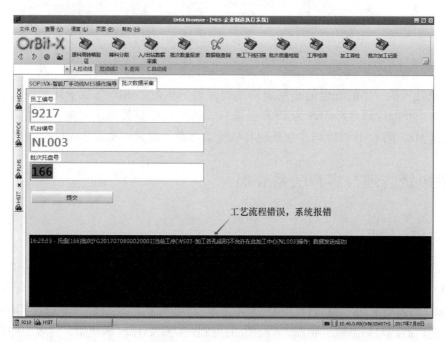

图 5-5　工序流程错误提示界面

5.3.4 WIP 管理

WIP（Work In Product）指的就是工作中心在制品。WIP 是车间生产过程中的重要数据，体现了每个工序有多少残留的在制品在车间。供应商可实时、动态得到其原材料在仓库及生产现场的消耗状况，从而主动补料，实现材料的拉动式管理与准时制生产方式（Just In Time，JIT）管理；客户随时可以得到其订单在工厂的实时生产进度与交货情况，更好地安排运输与市场。WIP 管理界面如图 5-6 所示。

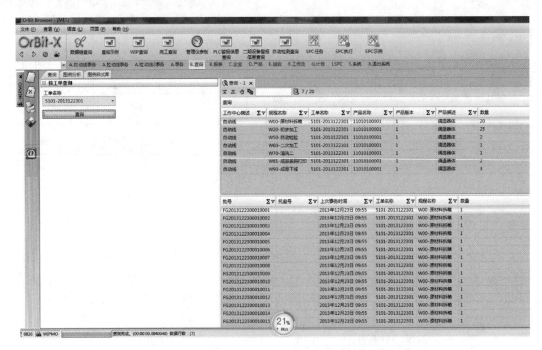

图 5-6　WIP 管理界面

MES 是处于执行层的管理信息系统，强调计划的执行。ERP 是处于计划层的管理信息系统，强调企业的计划性。MES 为 ERP 提供有效的生产信息数据，对企业计划进行指导和处理。通过 MES 把 ERP 与现场控制系统有机地结合在一起，可实现企业信息的集成。

5.4　供应链管理与客户关系管理

5.4.1　供应链管理

供应链管理（Supply Chain Management，SCM）的思想产生于 20 世纪 80 年代中后期；最早来源于彼得·德鲁克（P. F. Drucker）提出的"经济链"，而后经由迈克尔·波特（M. E. Porter）发展成为"价值链"，最终演变为"供应链"。供应链（Supply Chain）是围绕核心企业，通过对信息流、物流、资金流的控制，从采购原材料开始，制成中间产品以及最终产品，最后由销售网络把产品送到消费者手中的将供应商、制造商、分销商、零售商及最终用户连成一个整体的功能网链结构。SCM 是借助信息技术和管理技术，将供应链上业务伙伴的业务流程相互集成，从而有效地管理从原材料采购、产品制造、分销到交付给最终用户的全过程。

SCM 是一种管理策略，把不同企业集成起来以增加整个供应链的效率，注重企业之间的合作，旨在提高客户满意度的同时，降低整个系统的成本、提高企业效益。英国供应链管理专家马丁·克里斯托弗（Martin Christopher）在 1992 年就指出 21 世纪的竞争不再是企业与企业之间的竞争，而是供应链与供应链之间的竞争。可见，供应链管理对当前企业的经营模式和经营管理有着重要的影响，并朝着与电子商务协同发展的方向快速发展。

例如，着力于生产打印机和 PC 机的美国惠普（HP）公司，在其打印机生产中，原有的供应链是采用备货生产模式，一方面由于零部件、原材料、交货质量等不确定因素会导致出现分销中心库存不能及时补充或库存堆积或重复订货等现象；另一方面由于产品运输时间长，分销中心没有足够的时间应对快速变化的市场，要用大量的库存来满足客户需求，不仅占用大量的资金而且会造成相当多的浪费。HP 公司重新设计和投入使用的新的供应链运作模式如图 5-7 所示，打印机的主要生产过程由在温哥华的 HP 公司完成，包括印刷电路板组装与测试（Printed Circuit Assembly and Test，PCAT）和总机装配（Final Assembly and Test，FAT）环节，各种零部件和原材料等由各地的供应商供应，对分销商中心实施 JIT 供应，以保持目标库存量，基本实现了零库存生产。

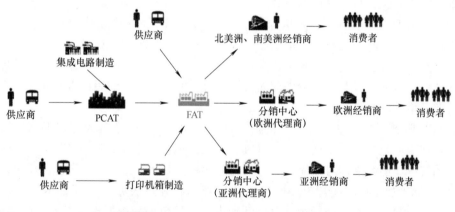

图 5-7　HP 公司通用打印机供应链运作模式

前面提及的 ERP 也包含了供应链管理的内容，但这种管理侧重于企业内部供应链的管理，而 SCM 则覆盖了供应链上的所有环节，将整个供应链的需求计划、生产计划、供应网络计划整合在一起，加强了对供应网络上企业的协调和信息系统的集成，从而提高了整个供应链对客户的影响力和竞争力。

5.4.2　客户关系管理

1999 年，高德纳（Gartner Group）咨询公司提出了客户关系管理（Customer Relationship Management，CRM）概念。Gartner Group 在早些提出的 ERP 概念中，强调对供应链进行整体管理，而客户是供应链中的一环。一方面，在 ERP 的实际应用中发现，由于 ERP 系统本身功能方面的局限，也由于 IT 技术发展阶段的局限，ERP 系统并没有很好地实现对供应链下游即客户端的管理，针对"3C"（一套运用流程控制技术来评估、管理以及提高客户表现和客户关注的商业方法）因素中的客户多样性，ERP 并没有给出良好的解决办法；另一方面，在 20 世纪 90 年代末期，随着互联网技术应用的普及，信息技术也得到了推广和发展。结合新经济的需求和新技术的发展，Gartner Group 提出了 CRM 概念，并在市场上快速成长起来。

CRM 的定义不一。Gartner Group 认为 CRM 是一种商业策略，它按照客户的情况有效地组织企业资源，培养以客户为中心的经营行为，实施以客户为中心的业务流程，并以此为手段来提高企业的盈利能力，提高顾客的满意度。可见，CRM 的核心是"以客户为中心"，实施的重要手段是信息技术；它不仅是一种管理软件，更是一种管理理念，是一种把客户信息转化成良好客户关系的可重复性过程。

从 CRM 软件关注的重点来看，可将其分为操作型和分析型两类：操作型更加关注业务流程、信息记录，提供便捷的操作和人性化的界面；而分析型往往基于大量的企业日常数据，对数据进行挖掘分析，找出客户、产品、服务的特征，从而修正和改进企业的产品策略和市场策略。

CRM 的主要功能包括市场营销中的客户关系管理（简称市场营销）、销售过程中的客户关系管理（简称销售管理）以及客户服务过程中的客户关系管理（简称客户服务）三方面。

（1）市场营销　CRM 系统在市场营销过程中，可有效帮助企业分析现有的目标客户群体，如主要客户群体集中在哪个行业、哪个职业、哪个年龄段等，从而帮助企业制订营销战略和营销计划，并实行精确的市场投放。

（2）销售管理　销售的任务是执行营销计划，是 CRM 的主要组成部分，包括发现潜在客户、进行信息沟通和信息收集、推销产品或服务等。业务员通过记录沟通内容、建立日程安排、查询预约提醒、快速浏览客户数据等，可有效缩短工作时间；通过大额业务提醒、业绩指标统计等功能又可以有效帮助管理人员提高公司的成单率、缩短销售周期，从而实现最大效益的业务增长。

（3）客户服务　在客户购买了企业提供的产品或服务后，还需为客户提供后续的维护与服务。客户服务包括客户反馈、方案解决、满意度调查等功能，有些 CRM 软件还会集成呼叫中心系统等功能，这样可以缩短对客户服务的响应时间，提高服务客户的质量。

CRM 以客户为中心，包含市场营销、销售管理和客户服务支持等基本功能，弥补了 ERP 在前台的不足，通过分析销售、营销活动中产生的数据，挖掘出对企业有价值的信息，将其反馈到企业的生产制造系统和营销活动中，并通过合理配置企业资源，增加企业效益，为客户提供个性化服务。

对一些成功实现 CRM 的企业调查，有资料表明：顾客满意度增加了 20%，销售和服务成本降低了 20%，销售周期减少了三分之一，利润增加了 20%，每个销售员的销售额增加了 51%。我国的 CRM 市场也在迅速发展和壮大，其中孕育了巨大的商机，已成为投资商、软件开发商和用户共同关注的对象，前景广阔。

国内的 CRM 产品，例如金蝶国际软件集团有限公司的 EAS-CRM 产品，其主要功能包括：系统设置模块、销售管理模块、服务管理模块、市场管理模块、商业智能分析模块、客户在线模块和离线应用模块等；国外的 CRM 产品例如美国甲骨文（Oracle）公司的 Siebel CRM，该产品几乎涵盖了 CRM 的所有领域，提供的解决方案主要有呼叫中心、销售机构、服务团队和营销组织等，贯穿了整个销售过程。

5.4.3　ERP、SCM 及 CRM 的整合

ERP、SCM 和 CRM 是密不可分的三大电子商务解决方案，各有侧重而又相互联系。SCM 和 CRM 是在 ERP 管理思想的基础上扩展和发展起来的，是对 ERP 的补充和扩展。三者集成在一起，才能更好地构成一个企业信息的闭环系统，也才能更好地发挥企业信息管理的作用。

5.5　产品数据管理

5.5.1　产品数据管理的内涵

在 20 世纪的六七十年代，CAD、CAM 等技术开始应用于企业的设计环节和生产过程，这些新技术的应用在促进生产力发展的同时也带来了新的挑战。对于制造企业而言，虽然各单元的计算机辅助技术日益成熟，但都自成体系，缺少有效的数据交互和信息共享。许多企业都意识到要想在未来的竞争中保持领先的关键因素是实现信息的有序管理和利用。产品数据管理（Product Data Management，PDM）正是在这一背景下应运而生的一项新的管理思想和技术。

可以将 PDM 定义为一种以软件技术为基础，以产品为核心，实现对产品相关的数据、过程、资源一体化集成管理的技术，它面向产品全生命周期，为产品设计与制造建立一个并行化的协作环境。

PDM 的基本原理是在逻辑上将各个 CAX 信息化孤岛集成起来，利用计算机系统控制整个产品的开发设计过程，通过逐步建立虚拟的产品模型，最终形成完整的产品描述、生产过程描述以及生产过程控制数据。技术与管理的集成构成了支持整个产品形成过程的信息系统，同时也建立了 CIMS（Computer/Contemporary Integrated Manufacturing Systems）的技术基础。通过建立虚拟的产品模型，PDM 系统可以有效、实时、完整地控制从产品规划到产品报废处理的整个产品生命周期中的各种复杂的数字化信息，能够有效组织企业生产工艺过程卡片、零件蓝图、三维数模、刀具清单、质量文件和数控程序等生产作业文档，实现车间无纸化生产。PDM 系统结构如图 5-8 所示。

5.5.2　PDM 技术及发展热点

PDM 关键技术涉及网络技术、成组技术、数据库技术、组件技术、可视化技术、软件集成技术、标准化技术等。当前对 PDM 技术的研究热点简述如下：

（1）Web 技术　通过 Web 技术，可使 PDM 技术与互联网技术结合，提供能在浏览器上运行的 PDM 客户端，满足随时随地的信息查询、浏览、更新等需求，支持异地设计、管理及并行工作，因此未来 PDM 产品的开发将越来越多地基于网络平台。

（2）分布式计算　分布式数据库和 Web 技术的应用，以及企业所处的分布式计算环境和应用系统的异构性，常常需要进行不同计算模型和应用系统之间的互操作。当下常用的分布式计算机技术标准有两个：一个是国际 OMG（Object Management Group）组织核心的 CORBA（Common Object Request Broker Architecture）标准，另一个是以微软为代表的基于

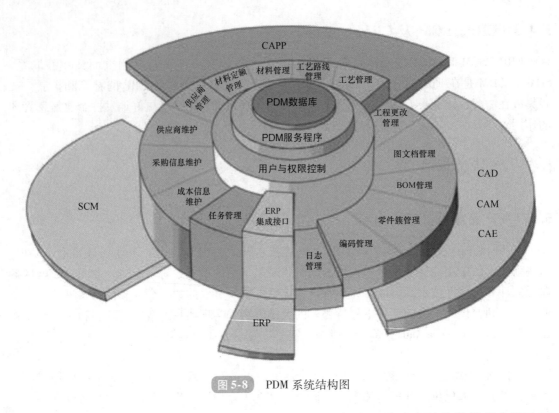

图5-8　PDM系统结构图

DCOM（Distributed Component Object Model）的 ActiveX 标准。许多商品化软件都支持这两个标准。

（3）软件集成　一方面不同的 PDM 系统之间要进行数据交互，另一方面 PDM 系统要与 ERP、CRM、SCM、CAD 等系统集成，建立统一的有关产品组成的各种数据管理。因此，PDM 系统与其他管理软件的集成也是 PDM 技术的研究热点之一。

（4）标准化技术　为了实现不同 PDM 系统间及与其他应用系统间的数据互操作或实现数据的统一管理，标准化技术显得尤为重要。标准化技术包括图形子系统内部的接口及标准（如 CGI、CGM）、通用图形标准（如 GKS、PHIGS）、数据交换标准（如 IGES、SET、PDES、CAD＊I、STEP）、软件设计标准及 PDM 实施的规范等。

5.5.3　PDM 的应用

据国外资料统计，采用 PDM 技术管理可使产品设计周期缩短25%，减少工程修改4%，加快产品投放市场50%～80%，总成本缩减25%以上。据国内对近 500 家企业的调查，新产品开发周期平均达 24 个月，其中单件或小批量产品的生产技术准备时间占供货期的32%，甚至高达60%，采用 PDM 技术后，生产周期缩短50%～80%，对降低产品开发成本、提高设计能力均有显著的成效。

国内外典型的 PDM 产品有法国达索（Dassault）公司的 SmarTeam、美国参数技术公司（PTC）的 Windchill、武汉开目信息技术股份有限公司的 KMPDM、北京艾克斯特科技有限公司的 XTPDM 等。华为技术有限公司就选择了 PTC 的 Windchill 系统。该系统提供了有关整个产品和服务生命周期中的所有产品内容和业务过程的完整信息，是第一个以 Web 为中心的 PDM 系统。它将 Web 的优势带入产品数据管理，被著名的电信公司朗讯科技（Lucent Technologies）定义为标准 PDM 平台，并结为合作关系，被多家全球著名电子行业的公司采用。从产品的覆盖面来看，Windchill 提供了 PDM/PLM 产品的解决方案组合，适用于各类企业广泛的产品开发需求；从产品的功能深度来看，Windchill 提供了功能强大、灵活易用的工作流建模工具，能够支持企业复杂产品开发流程的运作。Windchill 系统部分功能模块简介见表 5-2。

表 5-2　Windchill 系统部分功能模块简介

序号	模块名称	模块简介
1	Windchill PDMLink	该模块是 Windchill 的基础模块，也是研发管理的核心模块，提供了以技术状态管理为核心的产品数据管理平台所需的全部功能，例如提供了文档管理、产品管理、产品配置管理、生命周期管理、业务和系统管理、Office 集成等功能
2	Windchill ProjectLink	该模块是 Windchill 项目管理的核心模块，提供了以项目计划为核心，以项目执行为主线，以项目协同为目标，综合产品数据管理和项目管理的功能，例如提供了项目计划管理、协同工作环境、项目执行与监督、一体化交互等功能
3	Windchill PartsLink	该模块是零部件分类管理模块，基于 Windchill PDMLink，建立零部件分类库，进一步规范数据和设计过程，例如提供零部件的分类查找、支持不同行业标准和计量单位制的自动转换等功能
4	Windchill ProductView	该模块是可视化查看工具模块，不需要借助特定应用工具，可对 2D/3D、Office、图像等多种格式进行可视化查看，例如提供二维图档的查看和批注、三维 MCAD 数据的浏览等功能
5	Windchill Workgroup Manager	该模块基于 Windchill PDMLink，用于 Windchill 系统与 CAD 软件的集成，例如与二维软件 AutoCAD、三维软件 Creo 的集成
6	Windchill ECAD Workgroup Manager	该模块基于 Windchill PDMLink，用于 Windchill PDMLink 系统与各种电子设计工具的集成，可以很好地管理电子设计过程，例如提供对 ECAD 数据的检入、检出、下载和修订等功能
7	Windchill Supplier Management	该模块基于 Windchill PDMLink，提供对外合作伙伴（零部件供应商）管理，建立企业供应商及零部件战略资源库，并通过网络化的协作平台实现与零部件供应商的产品协同设计与制造提供，例如提供供应商优选等级管理、零部件质量整改控制等功能
8	Windchill MPMLink	该模块基于 Windchill PDMLink，是进行制造工艺过程管理的重要模块，使工艺过程可以有效利用设计过程中的产品结构、设计信息等，保证数据的有效性和更改的严格控制，例如提供了从设计产品结构到制造产品结构转化、工艺路线管理、制造资源管理等方面的功能
9	Windchill RequirementsLink	该模块基于 Windchill PDMLink，用于对产品研发的需求信息进行结构化和条目化的管理，以实现需求与设计数据的关联及对需求的追溯，例如提供捕捉需求、跟踪需求、控制需求等功能
⋮	⋮	⋮

PDM 是一种帮助管理人员管理产品数据和产品研发过程的工具，而企业实施 PDM 的最终目标是达到企业级信息集成的目的。通过实施 PDM，可以提高企业的管理水平和产品开发效率，有利于对产品的全生命周期进行管理，加强文档、图样、数据的高效利用，使工作流程更加规范化。PDM 广泛应用于工业领域，由于每个领域都有自身的特点和需求，因此应用的层次要求和水平并不相同。

5.6 产品生命周期管理

5.6.1 产品生命周期管理内涵

产品生命周期管理（Product Lifecycle Management，PLM），是指从人们对产品的需求开始，到产品淘汰报废的全部生命历程。按照美国著名市场调研和咨询企业 CIMdata 公司的定义，PLM 主要包含三部分，即 CAX 软件、cPDM（collaborative Product Development Management，协同产品开发管理）软件和相关的咨询服务；其中，cPDM 是一种面向多个组织进行异地化、网络化、数字化协同产品研发的数据共享与过程管理。

人们思考在激烈的市场竞争中，如何用最有效的方式和手段来为企业增加收入和降低成本，继 ERP、CRM、SCM 之后 PLM 由此产生。PLM 以网络为基础，主要针对制造业，在包括产品开发、设计、采购、生产、售后服务在内的全生产周期中进行数据管理。无论使用者在产品的商品化过程中担任何种角色，使用什么样的终端登录上机，或身处何地，都可以同步共享、使用产品数据。PLM 是当代企业面向客户和市场，快速重组产品每个生命周期中的组织结构、业务过程和资源配置，从而使企业实现整体利益最大化的先进管理理念。实质上 PLM 有三个层面的概念，即 PLM 领域、PLM 理念和 PLM 软件产品。

PLM 是与产品创新有关的信息技术的总称，与我国提出的"C4P"（CAD/CAPP/CAM/CAE/PDM）或技术信息化是同样的领域。

PLM 是一种理念，即对产品从创建、使用到最终报废等全生命周期的产品数据信息进行管理的理念。在 PLM 理念产生之前，PDM 主要是针对产品研发过程中数据和过程的管理；而在 PLM 理念之下，PDM 的概念得到延伸，成为 cPDM，即基于协同的 PDM，可以实现研发部门、企业各相关部门，甚至不同企业间对产品数据的协同应用。

软件厂商推出的 PLM 软件是 PLM 第三个层次的概念。这些软件部分地覆盖了 CIMdata 公司定义中 cPDM 应包含的功能，即不仅针对研发过程中的产品数据进行管理，同时也包括产品数据在生产、营销、采购、服务、维修等部门的应用。因此，从技术角度上来说，PLM 是一种对所有与产品相关的数据、在其整个生命周期内进行管理的技术。

5.6.2 产品生命周期管理的解决方案

PLM 业内著名的厂商及产品有美国参数技术公司的 PTC Windchill、法国达索公司的 Dassault Enovia、德国西门子 PLM 工业软件公司的 Teamcenter 等。国内 PLM 软件厂商起步较晚，但发展迅速，已存在一些独立的 PLM 软件开发商，如金蝶国际软件集团有限公司、用友网络科技股份有限公司、鼎捷软件股份有限公司等。

1. Siemens PLM Software

西门子的 Teamcenter 系统是一个内容全面、基于标准的 Web 体系结构的 PLM 解决方案，已在全球数百家企业实施了几十万套用户许可证，绝大部分都取得了成功，在业界被称为"经过验证"的、成熟的 PLM 系统。

Teamcenter 有两个主要功能：一是统一管理整个产品生命周期，二是针对行业提供即装即用的解决方案，例如面向航空/国防、汽车供应、高科技/电子等行业的专项解决方案。针对某个行业，一旦明确了该行业的期望值，总结了最佳实践经验，Siemens PLM Software 公司就能根据此行业特定的需求，提供满足行业需求的、经过预先配置的、具有即装即用功能的 Teamcenter 行业解决方案。这些行业解决方案融合了行业惯例、行业最佳经验、大众术语以及该行业用户日常所熟悉的文档和报表格式，特别是提供了经过验证的行业模板与成熟的流程，容易实施且见效快，为广大行业用户喜爱和接受，波音、通用汽车、LG 电子等公司都采用了该系统。Teamcenter 系统提供的核心解决方案见表 5-3。

表 5-3　Teamcenter 系统提供的核心解决方案

序号	解决方案领域	方案说明
1	Systems Engineering&Requirements Management（系统工程和需求管理）	根据产品需求进行开发，使其符合战略意图、市场、客户需求及法规要求，提高客户交付成功产品的能力
2	Portfolio，Program&Project Management（组合、计划和项目管理）	通过持续地控制和选择正确的投资组合，使投资回报最大化；组织资源并驱动活动，以便最大限度地提高业绩。例如提供协同组合管理，资源、财务和业务绩效管理等功能
3	Engineering Process Management（工程过程管理）	提供了一个单一的、组织化的、安全的产品工程和过程知识来源；可把不同的开发小组作为一个单一实体来合作，从而缩短开发时间，提高质量和生产力。例如提供工程数据管理、工程结构和配置管理等功能
4	Bill of Materials Management（物料清单管理）	允许公司对整个产品生命周期进行高效管理，包括设计和工程等的重要产品定义。例如提供产品配置和企业 BOM 管理，过程专用的数据结构和数据管理等功能
5	Compliance Management（符合性管理）	提供了一个包含整个产品生命周期的法规符合性框架，以增强标准、简化管理并降低违规的风险。例如提供业务过程的可见性和实施功能、执行管理层策略和控制功能
6	Mechatronics Process Management（机电一体化过程管理）	提供了一个丰富的集成环境，可关联地进行机械、电子、电气和嵌入式软件技术开发。例如提供与 ECAD 工具集成、上下文管理等功能
7	Manufacturing Process Management（制造过程管理）	提供了一个单一的、可扩展的、安全的制造数据来源；全面管理产品、过程、资源和工厂，并将这些连接在一起以支持从工程到生产的生命周期过程。例如提供过程、资源和工厂数据管理，制造变更、配置和工作流管理等功能
8	Simulation Process Management（仿真过程管理）	提供了一个单一的、组织化的、安全的仿真数据和过程源，并能嵌入产品生命周期中，以便更好地评估产品性能和质量，同时提高产品开发效率。例如提供仿真数据管理、仿真变更和过程管理等功能

（续）

序号	解决方案领域	方案说明
9	Supplier Relationship Management （供应商关系管理）	提供了一个可配置的解决方案组合，利用这些解决方案组合，企业能够通过一个协同的环境来更加高效地参与供应链，支持更好的成本管理以及更高效的产品开发和制造。例如提供协同 RFx 管理、供应商管理等功能
10	Manintenance，Repair&Overhaul （维护、修理和大修）	提供了配置驱动的服务数据管理和 MRO 功能，MRO 桥接了物流、维护与工程社区，以帮助驱动更具利润的增长。例如提供维护规划、维护执行、报告和分析等功能
11	Reporting&Analytics （报告和分析）	用于提取、聚集、分析并传播业务信息，以便帮助企业做出更好的决策
12	Community Collaboration （社区协同）	提供了一个协同的框架产品，信息能够在产品生命周期的所有关键参与者之间沟通，消除了功能组之间的障碍，把不同来源的 PLC 数据集成到一个易用的界面中。例如提供产品生命周期协同、实时和即时协同等功能
13	Enterprise Knowledge Management （企业知识管理）	把一个企业的产品、过程、制造和服务知识以及参与者一起融入一个单一的产品生命周期管理环境之中。例如提供企业信息、知识和知识产权管理，变更和过程管理等功能
14	Lifecycle Visualization （生命周期可视化）	提供了经过证明的可视化和虚拟样机功能。通过允许每个人都能利用二维文件、图样和三维模型来对数据进行可视化处理，并分析和沟通数据，使得整个企业可以利用封闭在数据中的知识产权

Teamcenter 系统基于开放的、面向服务的体系架构，通过提供经过验证的产品全生命周期集成解决方案组合，最大限度地发挥产品知识的力量，并利用这些知识提高产品生命周期中每一个环节的盈利能力和生产力，推动企业创新。

2. 达索系统公司的 PLM

达索系统公司是全球产品生命周期管理解决方案和 3D 技术的领导者，为 80 个国家的 9 万多名客户创造价值。

自 1981 年以来，达索系统公司一直是 3D 软件的先驱，致力于开发和推广支持工业流程的 PLM 应用软件和服务，以及提供产品从概念到维护生命周期的 3D 构想。达索系统软件系列由用于设计虚拟产品的 CATIA、用于虚拟生产的 DELMIA、用于全球协同生命周期管理的 ENOVIA（由 ENOVIA VPLM 软件、ENOVIA MatrixOne 软件和 ENOVIA SmarTeam 软件组成）、用于虚拟测试的 SIMULIA 及逼真体验的 3DVIA 组成。

（1）ENOVIA VPLM 软件　ENOVIA VPLM 软件面向的是产品、资源和制造工艺流程都高度复杂的企业，主要针对中型和大型扩展型企业，形成 3D 协同虚拟产品生命周期管理解决方案。

（2）ENOVIA MatrixOne 软件　ENOVIA MatrixOne 软件横跨各种行业和企业的协同产品开发业务流程，包括半导体和设计数据管理的同步。

（3）ENOVIA SmarTeam 软件 ENOVIA SmarTeam 软件主要针对中小企业、大型组织机构工程部门的协同产品数据管理，它横跨整个供应链。

我国自主生产的新一代动车组首辆高速列车"和谐号"380A 就是采用达索系统公司的 PLM 解决方案，研发周期缩短了 30%，产品交付时间提升了 20%。在建筑行业，国家体育场就是运用达索系统 PLM 解决方案来完成设计和项目管理的，成功地保障了项目如期竣工，完美地应对了运用最小耗材打造独特建筑体的极大挑战。另外，上海环球金融中心、中央电视台新址、世界罕见的索膜结构建筑——上海世博园园区内最大的单体项目世博轴和世界上第一座全地下、全电缆的最大变电站——世博变电站工程等均采用了达索系统的抗振分析解决方案，有效地确保了项目的整体性能和安全性。

PLM 可使企业建立起全球化信息网络，这对于企业立足国际市场、开发和提供世界一流产品具有重要意义。

5.6.3 PLM 与 PDM、ERP 的关系

1）同 PDM 相比，PLM 包含了 PDM 的全部内容，PDM 功能是 PLM 系统中的一个子集。PDM 主要用来管理所有与产品相关信息和相关流程的技术；PLM 则是把管理的概念扩大到整个企业甚至到供应链，包含了先进的协同和项目管理的理念。

2）同 ERP 相比，PLM 以产品研发为中心，注重促进产品和流程的创新。ERP 侧重于管理生产制造资源、控制对资源利用的生产过程；PLM 侧重于管理产品全生命周期内相关的信息和过程。

PLM 的协同是制造企业异地协同、跨组织协同的必然要求，PLM 与 ERP 等管理软件的整合代表了 PLM 的发展方向。因此，PLM 与 ERP/PDM/CAX 的集成也是 PLM 实施中的一个主要技术议题，这些系统的有效集成，可加快产品从设计到制造转化的时间，提高企业管理水平和加快企业信息化过程，使得产品的设计、制造和生产向着优质、低成本、柔性的高效体系发展。

5.7 精益生产与敏捷制造

5.7.1 精益生产

精益生产（Lean Production，LP）是美国麻省理工学院数位国际汽车计划（International Motor Vehicle Program，IMVP）组织的专家对日本丰田准时生产生产方式的赞誉性称呼。精益生产方式的基本思想可以用一句话来概括，即"旨在需要的时候，按需要的量，生产所需的产品"。因此，有些管理专家也称精益生产方式为 JIT 生产方式、准时制生产方式、适时生产方式或看板生产方式。

精益生产方式的优越性不仅体现在生产制造系统，同样也体现在产品开发、协作配套、营销网络以及经营管理等各个方面，是一种有效地运用现代先进制造技术和管理技术成就，从整体优化出发，满足社会需求，发挥人的因素，有效配置和合理使用企业资源，优化组合产品形成全过程的诸要素，以必要的劳动，在必要的时间，按必要的数量，生产必要的零部件，杜绝超量生产，消除无效劳动和浪费，降低成本、提高产品质量，用最少的投入实现最

大的产出，最大限度地为企业谋求利益的新型生产方式。它是当前工业界一种最佳的生产组织体系和方式，也必将成为 21 世纪标准的全球生产体系。

精益生产的核心是：

（1）追求零库存　精益生产是一种追求无库存生产或使库存达到极小的生产系统，为此而开发了包括看板在内的一系列具体方式，并逐渐形成了一套独具特色的生产经营体系。精益生产认为库存提高了经营的成本，同时库存掩盖了企业的问题。

（2）追求快速反应，即快速应对市场的变化　为了快速应对市场的变化，精益生产者开发出了细胞生产、固定变动生产等布局及生产编程方法。

（3）企业内外环境的和谐统一　精益生产方式成功的关键是把企业的内部活动和外部的市场（顾客）需求和谐地统一于企业的发展目标。

（4）人本主义　精益生产强调人力资源的重要性，把员工的智慧和创造力视为企业的宝贵财富和未来发展的原动力。

精益生产作为一种从环境到管理目标都全新的管理思想，在实践中取得成功，并非只是简单地应用了一两种新的管理手段，而是一套与企业环境、文化以及管理方法高度融合的管理体系，因此精益生产自身就是一个自治的系统。精益生产与大批量生产方式管理思想相比，主要在优化范围、对待库存的态度、业务控制观、质量观以及对人的态度方面有很大的不同。精益生产在管理方法上的特点主要表现在如下几点：

① 拉动式准时化生产。拉动式准时化生产以最终用户的需求为生产起点，强调物流平衡，追求零库存，要求上一道工序加工完的零件立即可以进入下一道工序。组织生产线依靠一种称为看板的形式。由于采用拉动式生产，生产中的计划与调度实质上是由各个生产单元自己完成（图5-9），在形式上不采用集中计划，但操作过程中生产单元之间的协调则极为必要。

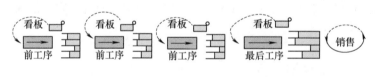

图 5-9　TPS 后拉动式生产方式

② 全面质量管理。全面质量管理强调质量是生产出来而非检验出来的，由生产中的质量管理来保证最终质量。其重在培养每位员工的质量意识，在每一道工序进行时注意质量的检测与控制，保证及时发现质量问题。

③ 团队工作法。团队工作法要求每位员工在工作中不仅仅是执行上级的命令，更重要的是积极地参与，起到决策与辅助决策的作用。组织团队的原则并不完全按行政组织来划分，而主要根据业务的关系来划分。

④ 并行工程。在产品的设计开发期间，将概念设计、结构设计、工艺设计、最终需求等结合起来，保证以最快的速度按要求的质量完成。依据适当的信息系统工具，反馈与协调整个项目的进行。利用现代 CIM 技术，在产品的研制与开发期间，辅助项目进程的并行化。

5.7.2 敏捷制造

敏捷制造指企业快速调整自己，以适应当今市场持续多变的能力；以任何方式来高速、低耗地完成它所需要的任何调整，依靠不断开拓创新来引导市场，赢得竞争。

5-01
敏捷制造

20世纪90年代，信息技术突飞猛进，信息化的浪潮汹涌而来，为了重新夺回制造业的世界领先地位，美国政府把制造业发展战略目标瞄向21世纪。美国通用汽车公司（GM）和里海大学的雅柯卡研究所在国防部的资助下，组织了百余家公司，由通用汽车公司、波音公司、IBM公司、德州仪器公司、AT&T公司、摩托罗拉公司等15家著名大公司和国防部代表共20人组成了核心研究队伍。此项研究历时三年，于1994年底提出了《21世纪制造企业战略》报告。在这份报告中，提出了既能体现国防部与工业界各自的特殊利益，又能获取他们共同利益的一种新的生产方式，即敏捷制造。

敏捷制造是将柔性生产技术、有技术和知识的劳动力与能够促进企业内部和企业之间合作的灵活管理集中在一起，通过所建立的共同基础结构，对迅速改变的市场需求和市场进度做出快速响应。敏捷制造比起其他制造方式具有更灵敏、更快捷的反应能力。

敏捷制造的优点是：生产更快，成本更低，劳动生产率更高，机器生产率加快，质量提高，生产系统可靠性提高，库存减少，适用于CAD/CAM操作。其缺点是实施起来费用高。

思考与练习

1. MRP的制订需要哪些基础数据？
2. MRPⅡ管理模式的特点是什么？
3. 什么是ERP？什么是MES？
4. MES与ERP有什么区别？
5. ERP、SCM及CRM有什么关系？
6. 什么是PDM？什么是PLM？
7. PDM与PLM有什么不同？
8. PLM与ERP有什么不同？
9. 精益生产的核心思想是什么？
10. 简述敏捷制造包括哪三个要素？敏捷制造的目的是什么？

第6章

先进制造技术应用案例

6.1　智能工厂及智能制造系统

6.1.1　智能工厂

智能工厂以打通企业生产经营全部流程为着眼点，充分利用自动化技术和信息技术交互融合等新一轮技术革命带来的新的解决方案，通过数据互通、柔性制造、人机交互、复杂系统及信息分析等手段，实现从产品设计到销售，从设备控制到企业资源管理所有环节的信息快速交换、传递、存储、处理和无缝智能化集成。

智能工厂具有以下特征：

① 信息基础设施高度互联，包括生产设备、机器人、操作人员、物料和成品。

② 制造过程数据具备实时性，生产数据具有平稳的节拍和到达流，数据的存储与处理也具有实时性。

③ 可以利用存储的数据从事数据挖掘分析，有自我学习、自行维护的能力，还可以改善不优化的制造工艺过程，实现人与机器的相互协调合作。

与传统的工厂自动化系统不同，智能工厂采用面向服务的体系架构，如图 6-1 所示。信

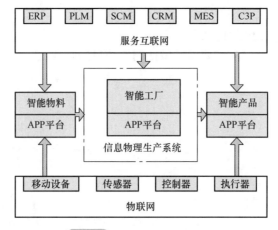

图 6-1　智能工厂体系结构

息物理融合系统（CPS）进入制造和物流的技术集成，在工业流程中使用物联网及其服务互联网；对应于传统自动化系统的现场级，智能工厂使用物联网技术，用于制造过程中的工况感知与制造数据采集；对应于控制级，智能工厂采用信息物理生产系统（Cyber－Physical Production System，CPPS），实现车间物理系统与信息系统的双向流动；同时，对应的监控管理级连接到安全可靠和可信的云网络主干网，采用服务互联网提供的服务。

　　智能工厂的核心是智能设备的互联，通过网络把生产设备、机器人、生产线、物料、供应商、产品和客户紧密地联系在一起。智能设备或终端通过 CPS 构成一个智能网络，使人与人、人与机器、机器与机器、服务与服务之间能够形成一个互联，从而实现横向、纵向和端到端的高度集成。

　　智能装备是智能工厂生产的基础设施，主要包括生产现场设备及其控制系统。其中生产现场设备主要包括检测设备及智能仪表、数控机床、机器人、物流设备等，控制系统主要包括适用于流程制造的过程控制系统、适用于离散制造的单元控制系统和适用于运动控制的数据采集与监控系统等。例如，夹具设计的关键要素是定位与夹紧，将定位与夹紧等关键技术升级，实现夹具智能化、快速定位、快速夹紧，定位和夹紧同步完成，使得整个加工过程有效、可控。

6-01
智能制造系统
制造装备

6-02
智能夹具

6.1.2　智能制造系统

1. 系统特征

6-03
智能制造系统
（微课）

　　智能制造是基于先进制造技术与新一代信息技术的深度融合，其本质是先进制造。智能制造系统（Intelligent Manufacturing System，IMS）是一种由智能机器和人类专家共同组成的人机一体化智能系统，它在制造过程中以一种高度柔性与集成的方式，借助计算

6-04
虚拟现实技术
（微课）

机模拟人类专家的智能活动，进行分析、判断、推理、构思和决策，从而取代或延伸制造环境中人的部分脑力劳动，并收集、存储、完善、共享、继承和发展人类专家的制造智能。其主要特征表现为：

　　（1）人机一体化　在智能机器的配合下可以更好地发挥人的潜能，使人-机系统之间达到互相理解、互相协作的平等共事关系。随着人机协作机器人、可穿戴设备的发展，机器成为人的感官、体力和脑力的延伸，人机融合在制造系统中会有越来越多的体现。但需要注意的是，人在制造系统中仍处于核心地位。

　　（2）虚拟现实　智能制造系统的基础是 CPS，它包含了由机器实体和人员组成的物理世界以及由数字模型、状态信息、控制信息构成的虚拟世界。制造系统采用虚拟现实技术，一方面，产品的设计与工艺在实际执行之前，可以在虚拟世界中进行验证；另一方面，生产过程中，实际物理世界的状态可以在虚拟环境中进行实时、动态、逼真的呈现。因此，通过虚拟现实，可缩短新产品开发周期，降低产品成本，实现组织生产的有效性和灵活性。

　　（3）自律能力　自律能力即系统能够感知与理解环境信息和自身的信息，并根据这些信息进行分析判断和规划自身行为的能力。强大的知识库和基于知识的模型是自律能力的基础。

（4）自组织能力 智能制造系统中的各组成单元能够根据工作任务的需要，自行组成一种最佳组织结构和生产运行方式，因此其柔性不仅表现在结构形式上，也表现在运行方式上。这种自组织带来的生产柔性也称为超柔性，对于快速变化的市场及变化的制造要求有很强的适应性。

（5）自学习和自维护能力 智能制造系统能够在实践中不断充实知识库，完成自我学习功能；同时运行中能进行故障诊断，对故障进行排除、自行恢复，根据系统指标及走势进行预测性维护和健康诊断等。

从功能来看，智能制造系统可以看作若干子系统的综合集成，包括产品全生命周期管理系统（PLM）、企业资源计划系统（ERP）、生产制造执行系统（MES）、过程控制系统（PCS）等子系统以及将各个子系统无缝连接的信息物理系统（CPS）。

2. 系统架构

2021年工业和信息化部和国家标准化管理委员会联合印发的《国家智能制造标准体系建设指南（2021版）》指出，智能制造系统架构从产品生命周期、系统层级和智能特征三个维度对智能制造所涉及的活动、装备、特征等内容进行了描述，其系统架构如图6-2所示。

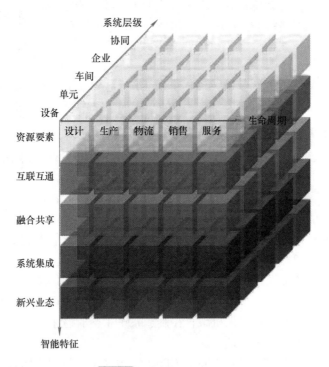

图 6-2 智能制造系统架构

（1）生命周期 生命周期涵盖从产品原型研发开始到产品回收再制造的各个阶段，包括设计、生产、物流、销售、服务等一系列相互联系的价值创造活动。生命周期的各项活动可进行迭代优化，具有可持续性发展等特点，不同行业的生命周期构成和时间顺序不尽相同。

1）设计是指根据企业的所有约束条件以及所选择的技术来对需求进行实现和优化等研发活动的过程。

2）生产是指将物料进行加工、运送、装配、检验等活动创造产品的过程。

3）物流是指物品从供应地向接收地的实体流动过程。

4）销售是指产品或商品从企业转移到客户手中的经营活动。

5）服务是指产品提供者与客户接触过程中所产生的一系列活动的过程及其结果。

（2）系统层级　系统层级是指与企业生产活动相关的组织结构的层级划分，包括设备层、单元层、车间层、企业层和协同层。

1）设备层是指企业利用传感器、仪器仪表、机器、装置等，实现实际物理流程并感知和操控物理流程的层级。

2）单元层是指用于企业内处理信息、实现监测和控制物理流程的层级。

3）车间层是实现面向工厂或车间的生产管理的层级。

4）企业层是实现面向企业经营管理的层级。

5）协同层是企业实现其内部和外部信息互联和共享，实现跨企业间业务协同的层级。

（3）智能特征　智能特征是指制造活动具有自感知、自决策、自执行、自学习、自适应之类的功能的表征，包括资源要素、互联互通、融合共享、系统集成、新兴业态等五层智能化要求。

1）资源要素是指企业从事生产时所需要使用的资源或工具及其数字化模型所在的层级。

2）互联互通是指通过无线或无线网络、通信协议与接口，实现资源要素之间的数据传递与参数语义交换的层级。

3）融合共享是指在互联互通的基础上，利用云计算、大数据等新一代信息通信技术，实现信息协同共享的层级。

4）系统集成是指企业实现智能制造过程中的装备、生产单元、生产线、数字化车间、智能工厂之间，以及智能制造系统之间的数据交换和功能互连的层级。

5）新兴业态是指基于物理空间不同层级资源要素和数字空间集成与融合的数据、模型及系统，建立的涵盖了认知、诊断、预测及决策等功能，且支持虚实迭代优化的层级。

6-05
关节机器人预测性维护

《国家智能制造标准体系建设指南（2021版）》是对我国智能制造建设的进一步规范。通过持续完善国家智能制造标准体系，指导建设各细分行业智能制造标准体系，切实发挥好标准对于智能制造的支撑和引领作用，帮助企业理解智能制造内涵，加快企业信息化、智能化的建设，助力智能制造的发展。

3. 智能制造三个范式

智能制造作为新一代信息技术和先进制造技术深度融合的产物，相关范式的诞生和演变发展与数字化、网络化和智能化的特征紧密联系。数字化是指将物理世界的信息转化为计算机能理解的信息；网络化是指将数字化信息通过网络进行传输和共享，网络的终端可以是人，也可以是物；智能化是指在数字化、网络化的基础上，深度处理和利用信息，实现制造过程的智能研发、生产、制造、控制等。根据智能制造数字化、网络化、智能化的基本技术要求，在我国智能制造发展战略报告中提出了中国智能制造发展的三种基本范式：数字化制造、网络化制造、智能化制造。

（1）数字化制造　数字化是智能制造的基础，数字化转型是推行智能制造的一个重要方面，数字化制造是智能制造的第一种基本范式，也称第一代智能制造，其特点如下：

1）实现制造过程的对象用数据来表述，具体包括产品和工艺的数字化，制造装备或设备的数字化，材料、元器件、被加工的零部件、磨具/夹具/刀具等"物"的数字化以及人的数字化。

2）数据的互联互通，包括网络通信系统构建，不同来源的异构数据格式以及数据语义的统一。

3）信息集成。数据互联互通的目的是要利用数据实现整个制造过程各环节的协同，例如 MES、ERP 及 PDM 等管理系统的协同功能，因此需要对各个子系统和用户的信息采用统一的标准、规范和编码。

数字化制造是实现智能制造的基础，贯穿于后两种基本范式的全过程，其内涵也在发展中不断扩充和丰富。数字化制造主要聚焦于如何提升企业内部竞争力，关注如何提高产品质量和劳动生产率、缩短产品研发周期和降低制造成本等。

20 世纪 80 年代，我国企业开始逐步推进应用数字化制造，取得了巨大的技术进步。但我国大多数企业并没有完成数字化制造的转型和改造，因此还必须踏踏实实地完成数字化"补课"，进一步夯实基础。

（2）网络化制造　网络化制造是智能制造的第二种基本范式，也称为第二代智能制造。网络化制造是指在数字化制造的基础上实现网络化，本质是"互联网＋数字化制造"，其特点如下：

1）在产品方面，充分了解用户产品需求，并使企业从以产品为中心向以用户为中心转型。

2）在制造方面，优化配置社会资源，实现全产业链上企业与企业之间的协同。

3）在服务方面，为用户提供个性化定制、远程运维等增值服务，使企业从传统的生产型向生产服务型转型。

网络化制造主要解决企业外围问题，为制造过程中"人-人""人-机""机-机"之间的信息共享和协同工作奠定基础。它把企业看作整个产业链的一环，追求产业链整体的优化。

网络将人、生产过程、数据和物联系起来，重塑了制造的价值链。德国工业 4.0 和美国工业互联网深刻阐述了"数字化＋网络化"的制造范式，提出了实现的技术路线；同样，我国工业界也在大力推进"互联网＋制造"，出现了一批数字化制造基础较好的企业。

（3）智能化制造　智能化制造是智能制造的第三种基本范式，也称新一代智能制造，是数字化制造、网络化制造的必然趋势。新一代人工智能技术和先进制造技术的深度融合，形成了新一代智能制造，即"数字化＋网络化＋智能化"制造，这也是真正意义上的智能制造。

新一代智能制造将基于知识的自动化制造和服务，通过深度学习、迁移学习、增强学习等技术的应用，使得制造数据和信息"自动地"被加工成为知识，即制造业具有了自主学习的能力，从而使制造知识的生成、积累、应用和传承的效率发生革命性的变化，极大地释放了人类智慧的潜能，显著提高了创新和服务能力。

需要注意的是，三个基本范式并不是完全分离的三个阶段，而是相互交叉、迭代升级的，如图 6-3 所示。从技术的角度来看，三种范式既有阶段性的特征，又具有融合发展的内在联系。根据企业已有的条件和需要，可以在各个阶段融入各种先进技术。实际上在数字化制造阶段，我们已经采用了网络通信技术，也采用了自动控制、专家库等初级的人工智能技术；随着智能制造范式的推进，智能制造系统的智能化份额越来越多，智能化程度越来越高。

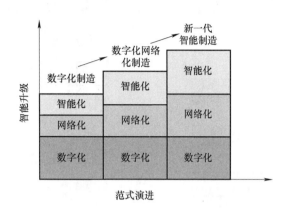

图 6-3　智能制造范式演进

由于我国制造业的发展只有几十年，并且量大、面广，发展不平衡，所以首先要明确发展方向，并对存在的"短板"补课，夯实智能制造发展基础，采取并行推进三种基本范式的策略。周济院士曾表示，智能制造在西方发达国家是一个串联式的发展过程，数字化、网络化、智能化是西方顺序发展智能制造的三个阶段；而我国应该发挥后发优势，采取三个基本范式，走一条数字化、网络化、智能化并行推进的创新之路。

6.2　基于工业视觉的印制电路板质量检测系统

6-06
PCB的检测

6.2.1　系统方案介绍

机器视觉系统借助光学装置和非接触的传感器获得被检测物体的特征图像，并通过视觉软件从图像中提取信息，进行分析处理，进而实现检测和控制，可以有效解决以往需要人眼进行的工件识别、定位、测量、检测等重复性劳动，具有实时性好、定位精度与智能化程度高等优点，逐渐成为实现工业自动化和智能化的核心技术。

本书中介绍的检测系统采用苏州富纳智能科技有限公司生产的 1 + X 职业技能标准《工业视觉系统运维》中要求的培训设备，可实现对印制电路板（Printed Circuit Board，PCB）的高精度测量、检测和定位功能。

PCB 缺陷检测是电子行业中非常关键的技术。电路板元件的大部分贴装缺陷，可以从贴装后元件的几何特征上体现出来，因此元件的几何特征提取是进行检测的一种重要手段。检测内容包括 PCB 正面尺寸检测、背面字符与条码的识别及比对，工作流程如图 6-4 所示。

根据工作流程，将系统设备划分为图像采集装置、工控机及机械手三个部分，如图 6-5 所示。

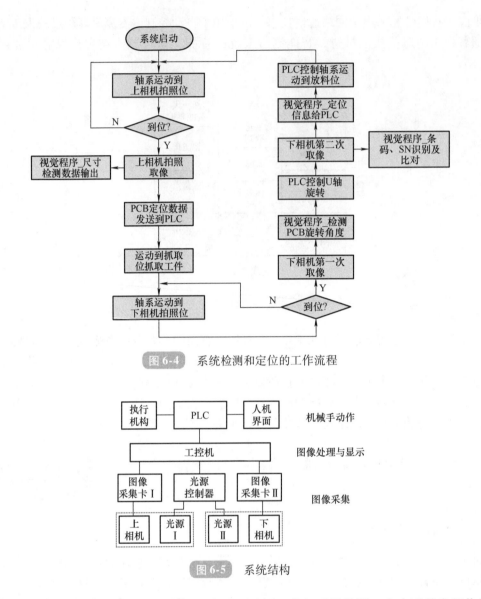

图 6-4 系统检测和定位的工作流程

图 6-5 系统结构

图像采集设备用于采集 PCB 图像，对 PCB 正反面进行质量检测。在合适的光源作用下，相机与图像采集卡完成图像数据的实时采集与读取。其中，上相机用于 PCB 正面质量检测与定位；下相机用于 PCB 反面质量检测与定位。

工控机是整个系统的核心控制部分，主要承担与相机、光源和 PLC 的通信以及图像处理与分析工作。工业相机通过千兆网接口与工控机连接，将采集的图像数据传输给计算机处理；PLC 与工控机采用以太网通信，接受工控机发出的控制信号及位置坐标等参数。

机械手系统包括 PLC、执行机构及人机界面，由 PLC、直角坐标机械手、伺服驱动器及伺服电动机等部件组成。PLC 接受计算机发出的控制命令，通过控制伺服电动机，驱动直角坐标机械手执行相应动作；人机界面用于设置和显示机械手运动坐标、系统手/自动模式切换操作等。

检测系统硬件结构如图6-6所示，检测时将PCB放置在治具的待检测区。上相机与光源安装在机械手的Z轴上，随着Z轴上、下移动；安装于Z轴上的真空吸嘴用于吸取PCB并将其移动到下相机工作位置；下光源安装在操作台面上，下相机安装在下光源下部；可手动调节相机工作距离、焦距、光圈等参数。

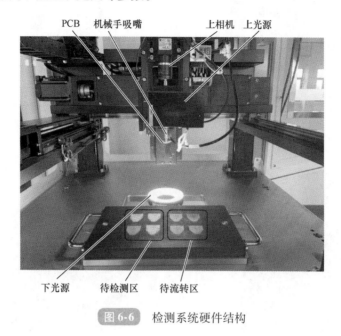

PCB　机械手吸嘴　上相机　上光源

下光源　待检测区　待流转区

图6-6　检测系统硬件结构

6.2.2　相机光源选择

光源及其产生的照明效果对视觉判断会产生极大的影响，是决定成像质量的重要因素。常用的光源主要有卤素灯、荧光灯、LED灯、氙灯等类型，形状有环形、条形、平面、同轴光源等，颜色有白色、红色、蓝色等。

系统上、下相机光源均采用白色LED光源，为了达到PCB表面光照基本均匀的同时，增大测量区域与背景区域对比度，保证图像的稳定性和图像处理的成像效果，还需要选择合适的LED照明形状。

上相机主要用于印制电路板的尺寸测量及划伤检测，光源采用同轴光源，以消除PCB表面不平整引起的反光及阴影，打光效果如图6-7所示。

同轴光源结构及工作原理如图6-8所示。高密度LED光源通过45°半透半反分光镜，一部分光经镜面反射到下面的物体上，然后从物体反射上来的光又通过半透半反镜面将一部分光照射到摄像头用于成像。成像的光源与相机、镜头在同一个轴上，可以有效消除物体表面的反光和避免图像中产生摄像头的倒影。

下相机主要用于对PCB背面的字符、二维码检测，并对PCB精确定位，以便PCB能精准进入待流转区的指定位置。系统采用的PCB图形为白底黑字，比较容易识别，选用一般的环形光源就可以达到检测要求。PCB背面打光效果如图6-9所示，环形光源实物如图6-10所示。

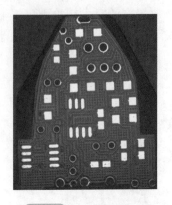

图 6-7 PCB 打光效果

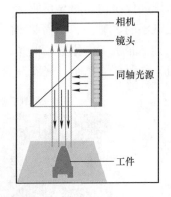

图 6-8 同轴光源结构及工作原理

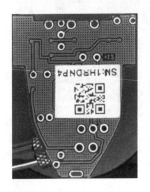

图 6-9 PCB 背面打光效果

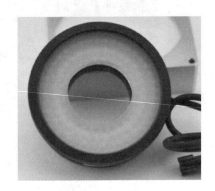

图 6-10 环形光源实物图

6.2.3 图像检测要点

1. 相机标定

视觉系统的开发环境选用 VisionPro 视觉软件, 它是一套基于 PC 架构的视觉系统软件开发包, 集成了用于定位、检测、识别和通信等任务的工具库, 可用 C#、VB 和 VC 等语言进行二次开发, 兼容多种图像采集卡, 适用于多种相机设备。

相机标定是从相机获取的图像信息出发, 计算三维空间中物体的几何信息, 并由此重建和识别物体。VisionPro 软件提供了 CogCalibCheckerboardTool (标定板标定工具) 和 Cog-CailbNPointToNPointTool (N 点标定工具) 两种标定工具。标定板标定是基于标定板来建立像素坐标和实际坐标之间的 2D 转换关系; N 点标定是利用像素坐标与物理空间的几何测量坐标间的对应关系来校正拍摄图片与实际物理空间的对应关系。本系统中, 尺寸测量工具采用标定板标定, 机械手位置坐标采用 N 点标定法标定。

上相机标定板采用棋盘格, 通过将校准板的图像和以实际物理单位表示的校准板上栅格点的间距提供给标定工具, 来计算物理坐标和图像坐标之间的最佳拟合二维变换。标定界面如图 6-11 所示。

机械手位置坐标的确定, 采用 N 点标定法。N 点标定法可以保证标定的坐标系和机械轴系坐标一致。用两组点集来校正图像, 一组点集为像素坐标点, 另一组点集是像素坐标点

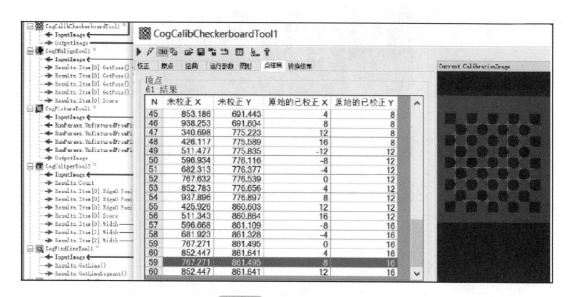

图 6-11　棋盘格标定界面

对应的物理坐标点。标定时，在相机视野内移动机械手并拍摄照片，记录移动的每个位置的空间坐标和像素坐标，记录界面如图 6-12 所示。

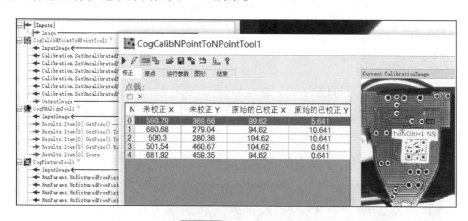

图 6-12　N 点标定法

2. 测量基准线的确定

检测 PCB 时，首先以训练的 PCB 的模板为基准，判断被测 PCB 是否与训练模型相匹配，如果不匹配，则输出未识别信息，然后系统自动进入下一个 PCB 的扫描拍摄和识别；如果匹配，则进行图像处理并输出计算结果。

上相机测量时，先在每一个指定的测量位置上利用 CogFindLineTool（找线工具）尽可能准确地找到对应的线段，以此线段为基准线，测量被测线段上的每一个有效点到基准线的垂直距离，再求平均值，以确保测量精度。例如在印制电路板上找三条线段的位置（图 6-13 中的元件 A、B、C 三个边），然后根据三条线段生成的有效点数拟合成直线（CogFitLine-Tool）作为基准线，这样处理可以有效剔除由于定位偏差等因素造成的测量偏差。

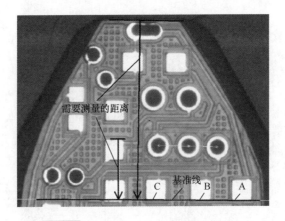

图 6-13 欲拟合的线段及拟合的基准线

3. 下相机两次定位

当上相机测量完成后，通过安装在机械手上的吸嘴，将 PCB 吸取并移动至下相机拍照位置，下相机进行定位和字符识别等处理。在移动过程中由于机械手移动、PCB 晃动等因素会带来新的误差。为了确保 PCB 能准确定位并搬移到待流转区的指定位置，需要通过两次定位，分别计算 PCB 的角度和位置偏差，此处不再赘述。

通过对 PCB 位置的两次偏移计算与处理，使 PLC 获得精准的机械手运动坐标，能确保 PCB 经过两次移动后仍然准确进入待流转区的指定位置。

6.2.4 系统功能实现

系统调试完成后，将运行模式调整为自动运行，PCB 的检测值、系统运行状态等参数可通过 PC 界面实时显示，如图 6-14 所示。检测界面包括检测的图像、检测数据和判定结果，以及系统实时运行时的偏移计算数据显示。

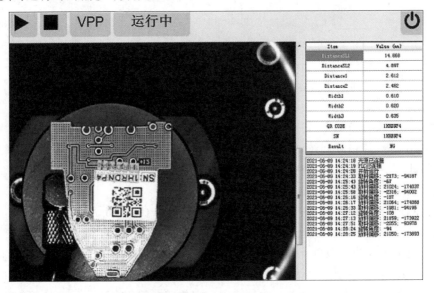

图 6-14 PCB 质量检测监视界面

6.3　自动导引小车的物料搬运功能

6.3.1　自动导引小车相关知识

1. 自动导引小车及其发展

图 6-15 所示为自动导引小车（Automatic Guided Vehicle，AGV），是一种能够沿规定的导引路径行驶，在车体上具有编程和停车选择装置、安全保护装置以及各种物料移载功能的搬运车辆。多台 AGV 在控制系统的统一指挥下，组成一个柔性化的自动搬运系统，称为自动导引车系统（Automated Guided Vehicle System，AGVS）。

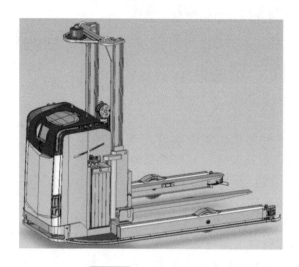

图 6-15　自动导引小车

AGV 以电池为动力来源，并装有非接触导航（导引）装置，可实现无人驾驶的运输作业。它的主要功能表现为可在计算机监控下，按路径规划和作业要求，精确地行走并停靠到指定地点，完成一系列作业功能。AGV 以轮式移动为特征，较之步行、爬行或其他非轮式的移动机器人具有行动快捷、工作效率高、结构简单、可控性强、安全性好等优势。与物料输送中常用的其他设备相比，AGV 的活动区域无须铺设轨道、支座架等固定装置，不受场地、道路和空间的限制。

AGV 是自动化物流运输系统以及生产系统的关键设备，在自动化物流仓库中起着重要的作用。世界上第一台 AGV 是由美国 Barrett 电子公司于 20 世纪 50 年代初开发成功的，它是一种牵引式小车系统，可十分方便地与其他物流系统自动连接，显著地提高劳动生产率，极大地提高了装卸搬运的自动化程度。1954 年英国最早研制了电磁感应导向的 AGVS，由于它的显著特点，迅速得到了应用和推广。1960 年欧洲就安装了各种形式、不同水平的 AGVS 共 220 套，使用 AGV 达 1300 多台。1976 年，北京起重机研究所（现为"北京起重运输机械研究院"）研制出第一台 AGV，建成第一套 AGVS 滚珠加工演示系统，随后又研制出单向运行载重 500kg 的 AGV，双向运行载重 500kg、1000kg、2000kg 的 AGV，开发研制了几套较简单的 AGV 应用系统。1999 年 3 月 27 日，由昆明船舶设备集团有限公司研制生产的激光导引无人车系统在红河卷烟厂投入试运行，这也是在我国投入使用的首套激光导引无人搬运车系统。

随着欧美以及日韩等地区和国家工业 AGV 的迅猛发展和应用，我国工业 AGV 关键技术也开始不断发展和突破，国内 AGV 应用市场潜力巨大，并逐渐引起国际市场的关注。目前，我国已成为全球 AGV 市场需求增长最快的国家，未来中国将成为全球最大的 AGV 需求市场。AGV 已广泛应用于汽车制造、仓储中心、食品加工、港口码头、图书馆等重要应用领域。

2. 自动导引小车的组成及分类

（1）AGV 的组成（如图 6-16）

1）车体。车体由车架和相应的机械装置所组成，它是 AGV 的基础部分，也是其他总成部件的安装基础。

2）蓄电池和充电装置。AGV 常用 24V 或 48V 直流蓄电池为动力。蓄电池供电一般应保证连续工作 8h 以上。

3）驱动装置。AGV 的驱动装置由车轮、减速器、制动器、驱动电动机及速度控制器等部分组成，它是控制 AGV 正常运行的装置。其运行指令由计算机或人工控制器发出，运行速度、方向、制动的调节分别由计算机控制。为了安全起见，在断电时制动装置应能靠机械实现制动。

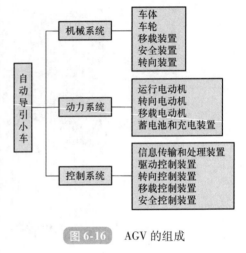

图 6-16 AGV 的组成

4）导向装置。导向装置接收导引系统的方向信息，通过转向装置来实现转向动作。

5）车上控制器。车上控制器接收控制中心的指令并执行，同时将本身的状态（如位置、速度等）及时反馈给控制中心。

6）通信装置。通信装置实现 AGV 与地面控制站及地面监控设备之间的信息交换。

7）安全保护装置。安全保护装置包括对 AGV 本身的保护、对人或其他设备的保护等方面，包含主动安全保护装置和被动安全保护装置。

8）移载装置。移载装置是与所搬运货物直接接触，实现货物转载的装置。

9）信息传输和处理装置。信息传输和处理装置的主要功能是对 AGV 进行监控，监控其所处的地面状态，并与地面控制站实时进行信息传递。

（2）AGV 的分类

1）AGV 按照导引原理的不同，可分为固定路径导引 AGV 和自由路径导引 AGV 两大类型。

① 固定路径导引 AGV。在事先规划好的运行路径上设置导向的信息媒介，如导线、光带等，通过 AGV 上的导向探测器检测到导向信息（如频率、磁场强度、光强度等），对信息实时处理后，控制车辆沿规定的运行线路行走。

② 自由路径导引 AGV。事先没有设置固定的运行路径，根据搬运任务要求的起讫点位

置，计算机管理系统优先运算得出最优路径后，由控制系统控制各个 AGV 按照指定的路径运行，完成搬运任务。

2）AGV 按照用途和结构可分为无人搬运车、无人牵引小车和无人叉车。

① 无人搬运车。无人搬运车主要用于完成搬运作业，采用人力或自动移载装置将货物装载到小车上，小车行走到指定地点后，再由人力或自动移载装置将货物卸下，从而完成搬运任务。具有自动移载装置的小车在控制系统的指挥下能够自动地完成货物的取放以及水平运行的全过程，而没有移载装置的小车只能先水平方向自动运行，再依靠人力或借助于其他装卸设备来完成货物的取放作业。

② 无人牵引小车。无人牵引小车的主要功能是自动牵引装载货物的平板车，仅提供牵引动力。当牵引小车带动载货平板车到达目的地后，自动与载货平板车脱开。

③ 无人叉车。无人叉车的基本功能与机械式叉车类似，只是一切动作均由控制系统自动控制，自动完成各种搬运任务。

3. 自动导引小车的主要导引方式

（1）电磁导引　如图 6-17 所示，在 AGV 的运行路线下面埋设导向电线，通以 3 ~ 10kHz 的低压、低频电流，该交流电信号沿电线周围产生磁场，AGV 上装设的信号检测器可以检测到磁场的强弱并通过检测回路以电压的形式表示出来。当导向轮偏离导向电线后，则信号检测器测出电压差信号，此信号通过放大器放大后控制导向电动机工作，然后导向电动机再通过减速器控制导向轮回位，这样，就会使 AGV 的导向轮始终跟踪预定的导引路径。

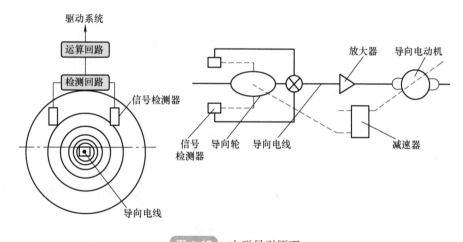

图 6-17　电磁导引原理

（2）磁带导引　磁带导引方式与电磁导引方式比较类似，只是把导引线换成了磁带。

如图 6-18 所示。磁带长度作为 AGV 运行的轨迹。由于磁带具有一定的厚度，会影响行驶路面的平整，在实际应用环境中，磁带可铺设在预定的坑道中。

在 AGV 底盘放两只对称的磁传感器，使其能对称处于磁导引轨迹的上方。当 AGV 的行驶与导引轨迹一致时，由于磁感应器正好对称处于磁导引轨迹的上方，两边的磁感应强度是一致的，因此两边的感应差值为 0，AGV 保持原行驶轨迹；当 AGV 偏离磁导引轨迹时，由于两边的磁感应强度发生偏差，两边的磁感应差值将不再为 0，传感器将误差输出至控制器，控制器判断误差方向并处理运算，最终使 AGV 按照磁导引轨迹行驶。

（3）激光导引 激光导引原理如图 6-19 所示，在 AGV 顶部装置一个沿 360°方向按一定频率发射激光的装置，同时在 AGV 四周的一些固定位置上放置反射镜片。当 AGV 运行时，控制系统不断接收到至少 3 个位置反射来的激光束，经过简单的几何运算，就可以确定 AGV 的准确位置，并根据 AGV 的准确位置对其进行导向控制。

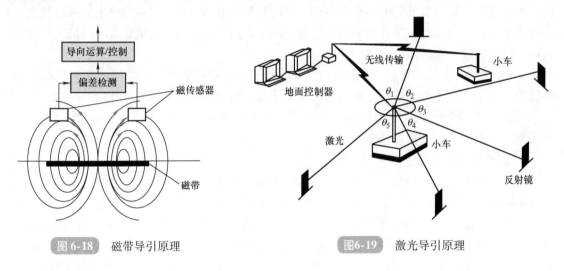

图 6-18　磁带导引原理

图 6-19　激光导引原理

6.3.2　系统硬件设计

本项目中的 AGV 用于搬运载有物料的托盘，运行路径相对固定，可考虑应用广泛、成本低、安装使用技术简单的路径导引方式，所以可在电磁导引和磁带导引两种方式中做进一步选择。

由于电磁导引需要在地面下预先铺设好电线，一旦运送线路发生变化，工作路径需要更改时就显得比较困难；而磁带导引只需在地面上放贴磁带，对已经装修完毕的厂房来说，磁带导引的铺设更为简单，当路径需要更改时，也只需撕下原来的磁带，重新进行铺设，更为灵活。

图 6-20 所示为用于 2015 年全国职业院校技能大赛工业机器人技术应用赛项的物料搬运 AGV。物料搬运 AGV 要求如下：

① 自动与立体仓库对接，以便接收来自立体仓库的货物。

② AGV 上托盘数量满足最大运输量时，AGV 按照预定的路径自动前行，到达与自动生产线对接位置处停止，将车载托盘放置在自动生产线入口处，借助辊道流入生产线。

③ 当自动生产线发出货物接收完毕信号时，AGV 按照预定路线返回至立体仓库货物对接处，重复步骤①和②，周而复始。

小车由传送带、传感器、电控板、电池、防撞器等部分组成。

AGV 的外形尺寸为：长 820mm，宽 480mm，高 774mm；总质量约为 70kg，载重为 200N；采用磁带导引方式；行走电动机采用两台带电磁抱闸装置的步进电动机，实现差速控制；最高速度为 0.72m/s，定位精度为 ±5mm；AGV 前后均有防撞器，实现碰撞后立即断电停车。

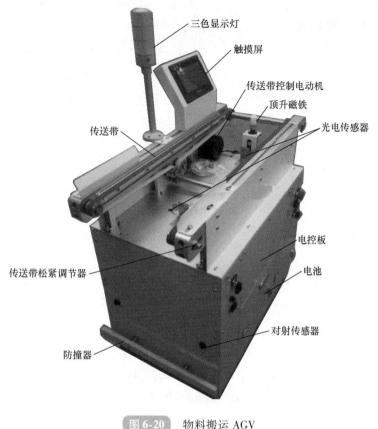

三色显示灯
触摸屏
传送带控制电动机
顶升磁铁
光电传感器
传送带
电控板
电池
传送带松紧调节器
对射传感器
防撞器

图 6-20　物料搬运 AGV

AGV 上部为传送带输送装置，采用直流电动机驱动，实现与自动生产线及立体仓库对接时货物的流转，传送带离地面高度为 774mm。

AGV 安装有用于操作及显示使用的触摸屏以及一个三色显示灯（AGV 工作警示灯），其控制采用 PLC 控制系统，可与自动生产线及立体仓库实时通信，保证相互之间信息交流及数据对接。

6.3.3　自动导引小车的控制系统

1. 控制系统结构

通过控制 AGV，使其能够自动沿着固定的导引标志路径行驶，最终到达装货、卸货地点，完成搬运任务。

AGV 控制系统结构如图 6-21 所示。

2. 电源模块

AGV 控制系统采用 24V 直流蓄电池供电。

3. 磁导航传感器

磁导航传感器用于 AGV 导航，使得 AGV 按照预先铺设好的磁带路径行走。AGV 运行时，依据位于磁带上方的安装在小车下部的磁

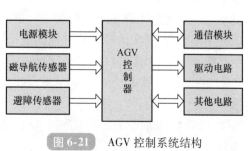

电源模块
磁导航传感器
避障传感器
AGV 控制器
通信模块
驱动电路
其他电路

图 6-21　AGV 控制系统结构

导航传感器输出信号，可以判断磁带（N3）相对于磁导航传感器的偏离位置，据此 AGV 会自动做出调整，确保沿磁带前行。依据磁带信号可设定 AGV 减速位置（S2）及停车位置（S1），磁带安装及信号设计如图 6-22 所示。

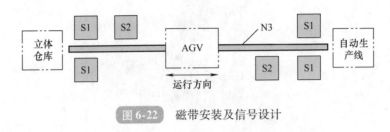

图 6-22　磁带安装及信号设计

S1、S2 为组合地标磁条，贴在导航磁带旁边，由多块 S 极磁条按顺序组合而成，代表减速、停车等不同指令。

4. 避障传感器

避障传感器能够避开行走中出现的阻挡物，保证 AGV 以及工作人员的安全，它可以采用激光雷达等非接触式测量系统，也可以采用直接接触式测量系统（如图 6-20 所示的防撞器）。

5. 通信模块

为了建立 AGV 控制器与立体仓库和自动生产线之间的信息交互，根据通信量的大小及控制需求，可以采用无线通信模块，也可以采用光电对射电路。

6. 驱动电路

驱动电路用于驱动直流电动机或交流电动机，配合减速器、驱动器等，完成 AGV 的速度和转向控制要求。

7. 其他电路

其他电路包括小车状态监控、小车上部传送带控制、托盘计数开关、顶升磁铁控制等功能的实现。

6.3.4　系统功能的实现

AGV 自动行驶在自动生产线及立体仓库之间的物料运送如图 6-23 所示。当 AGV 到达立体仓库指定位置时，一方面它要告知立体仓库系统可以出货，另一方面当 AGV 货物装满或要强制离开时告知立体仓库停止出货。当 AGV 到达自动生产线指定位置时，一方面它要告知自动生产线起动入口辊道进行接收货物，另一方面当自动生产线入口处确保货物全部可靠接收完毕后通知 AGV 离开，使其周而复始地行驶在磁带所在路径范围内。

在操作 AGV 时需要注意以下问题：

① 在 AGV 初次起动时，AGV 的循线传感器应摆放在磁带上，且方向与磁带的方向大体一致。

② 出现紧急情况时按下 AGV 车身上的急停按钮，或者按下车体两端的防撞器，AGV 会立即停止。

6-08
AGV输送工件

图 6-23　AGV 输送工件

③ 在正常工作时，AGV 的通信传感器要与立体仓库及自动生产线的对接信号传感器在同一条直线上，保证信号可靠对接，如图 6-24 和图 6-25 所示。

图 6-24　AGV 与立体仓库信号对接位置

图 6-25　AGV 与托盘生产线信号对接位置

6.4　生产现场可视化管理系统的应用

6.4.1　生产现场可视化管理系统内涵

生产现场可视化管理系统是快速帮助操作人员、管理人员的一种信号系统，是前后作业之间、生产运行各部门之间联系与沟通的工具。系统利用视觉与声音的传播，使操作人员、班组长、维护人员和管理者之间快速联络和迅速解决影响生产正常运作的问题。将生产现场可视化管理系统与 ERP 系统、MES 集成，则可实现生产监控与拉动、设备监控与调度、管理可视化等数字化管控功能。

生产现场可视化管理系统是国际流行的用于现代化生产现场中对物料、质量、设备监控的自动化管理和控制系统，是一个柔性的自动化控制系统，主要用于生产线的协调、调度和对生产过程设备的监控，以声、光信号展现当前生产线状态。在一个生产现场可视化管理系统中，对所有控制参数都可以根据工艺要求在监控计算机上进行灵活配置，动态反映车间实际的生产情况和各设备的运行状况，及时、准确地提示生产调度节点和指示各种故障的具体部位，及时调整生产计划，使生产管理科学化和可视化。

生产现场可视化管理系统的主要功能如下：

（1）工位作业管理 包括工位呼叫及集中事件呼叫，以便提供给相关管理人员或工作人员。

（2）设备运行管理 生产现场可视化管理系统用来监视设备的当前工作状态，包括正常运行、停止，以及运行中存在的状态，并在电子看板中显示设备状态及有故障设备的信息，必要时还可触发广播系统或设备处报警灯。

（3）车间生产管理 对车间生产计划、产量完成情况、班组工作时间和计划调整等内容进行统一管理，并通过电子看板等显示终端将每天、每班产量等生产信息发布出去。

（4）车间物流管理 根据现场的用料情况及呼叫情况及时补充物料，便于车间生产零件物流合理配送。可以根据工位实际材料的消耗进行补充，提高效率，避免以往由于经验不足造成的不合理用车，以及因为缺料配送造成的停线。

（5）产品质量管理 针对生产材料、加工质量、装配质量、前道工序造成的缺陷等进行详尽的记录，便于准确分析产品的缺陷和工艺问题，提高产品的整体质量。

（6）信息可视管理 通过电子看板、触摸屏界面、计算机屏幕和声光报警使得报警或求助信息可视化、问题表面化，也可将通知、口号、欢迎词等信息发送到车间，进行显示。

生产现场可视化管理系统的基本要求包括：

1）具备数据兼容性与安全性。

2）数据呈现应直观、准确、醒目。

3）设定标准的数据管理看板内容，生产过程实时数据的显示应能够自动刷新。

4）信息应根据使用地点或人员采取不同的显示内容和方式。

5）信息发布设备位置应符合人机工程要求，按照功能及生产现场有效管理指导原则摆放。

6.4.2 生产现场可视化管理系统体系

生产现场可视化管理系统主要由信息采集、信息组织、信息发布三部分构成。其中，信息采集部分主要采集现场设备层信息和管理层系统信息；信息组织部分主要包括基础规范信息、产品信息、设备信息、物流信息、生产状态信息、能源监管信息；信息发布部分主要包括现场标牌标识、电子看板、语音广播等可视化手段，用以显示或播报相关信息。生产现场可视化管理系统体系框架如图6-26所示。

生产现场可视化管理系统的数据可以来自现场设备层，如PLC、CNC等子系统，也可来自管理层，如ERP、PLM等子系统，典型子系统集成方法参考如图6-27所示，可通过自行开发中间软件或接口，例如使用API函数、开发Web Service程序、建立中间文件等，也可选用SCADA（或组态）系统自带的通信驱动器，还可采用适用于工业应用领域的OPC、OPC UA等接口标准。通过系统集成实现工厂（企业）系统信息流自顶向下的传递和信息流自底向上的反馈。

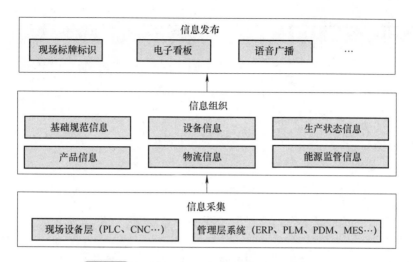

图 6-26 生产现场可视化管理系统体系框架图

注:生产现场可视化管理系统技术规范 GB/T 36531—2018。

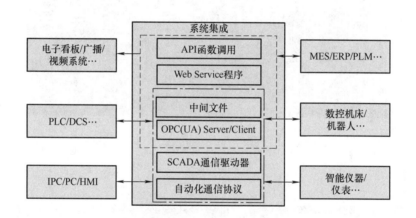

图 6-27 系统集成结构

注:生产现场可视化管理系统技术规范 GB/T 36531—2018。

6.4.3 生产现场可视化管理应用示例

生产现场可视化管理系统常用的信息交互内容见表6-1。

表 6-1 生产现场可视化管理系统常用的信息交互内容

信息需求	信息内容	信息发起端	信息末端
车间全貌、公共信息	车间影像、通知、生产安全教育知识、企业文化等	车间各摄像头、办公室	管理人员计算机终端、现场显示屏
作业人员信息	姓名、工号	识别码	电子看板、工位终端
生产信息	订单(或工单)号、产品(或零件)名称(或型号)、计划生产数量、完成数量、报废数量	中间数据	电子看板、工位终端、计算机终端

（续）

信息需求	信息内容	信息发起端	信息末端
作业文件信息	产品图样、加工流程图、作业指导书、检验指导书	MES、技术人员	工位终端、现场综合看板、计算机终端
求助信息	工位问题呼叫、缺料呼叫、设备故障呼叫、质量问题呼叫、维修呼叫、突发事件呼叫	工位按钮或求助拉绳	广播、电子看板、警灯
设备信息	设备运行状态、开机率、停机率、综合效率	设备控制系统	广播、电子看板、警灯、计算机终端
质量信息	故障信息、停线信息、生产线运行	中间数据	电子看板、计算机终端

［应用示例1］某生产线生产数据通过电子看板显示，如图6-28所示。

图6-28 电子看板显示示例

［应用示例2］某工位求助设计如图6-29所示。

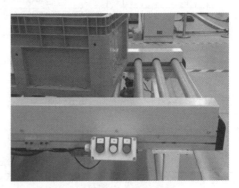

a) 操作终端求助按钮及显示终端　　　　b) 缺料呼叫按钮

图6-29 某工位求助设计示例

6-09
设备状态监测

［应用示例3］某自动产线设备状态监测通过电子看板显示如图6-30所示。

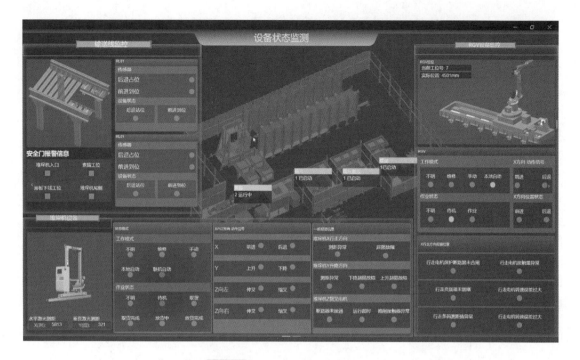

图 6-30　设备状态监测显示示例

［应用示例4］某数控机床运行状态通过可视化界面显示如图 6-31 所示。

6-10
数控机床可视
化状态监测

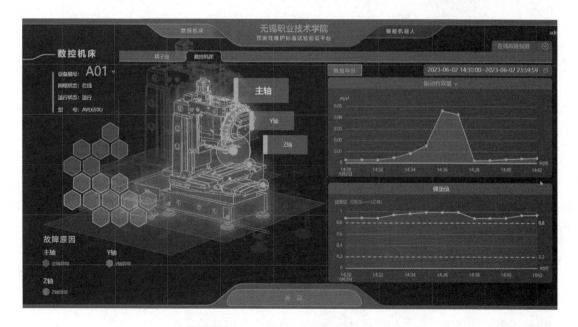

图 6-31　某数控机床运行状态显示示例

197

6.5　基于产品信息追溯的机加工自动生产线

6.5.1　项目简介

工业机器人为机床上下料是工业机器人在机加工生产线中的典型应用，它比人工上下料更准确、迅速和安全。对生产批量大、加工时间短的中小零件加工，或需要吊装的笨重工件而言，使用机器人的优势尤其明显。

本项目来源于无锡职业技术学院智能工程中心一期建设的机加工自动生产线。该产线通过工业网络把带有通信接口的数控机床、工业机器人、控制系统等设备连接起来，并集成上位管理系统，使得工业机器人能配合生产线工序和生产节拍，精准地为生产线上的机床、清洗机等设备上下料，满足物料的自动输送、加工、清洗、打标等工序要求。

为了实现对自动生产线上工件加工信息的全程跟踪、实时记录和有效追溯及实现对产品的库存管理，在生产线上的每一道工序布置有 RFID 读写器，对应的电子标签安装在承载物料的托盘上，使得管理系统能对托盘物料进行过程管理和信息追溯。

6.5.2　自动生产线硬件系统

自动生产线的线体由输送辊道、工装夹具、停止器、托盘等组成，在线体周边按照加工工序和工艺要求布置了立式加工中心、六关节机器人、清洗装置、桁架机械手、自动检测装置等设备，图 6-32 为现场实物图。

图 6-32　自动生产线现场实物图

整个生产线不仅要求各个机构能够自动配合、加工出合格的产品，而且要求工件从进入托盘到机床上下料、工件定位、机加工以及工件在各工序间的输送、检测等都能自动地进行。为此，需要在产线设备层通过液压系统、电气控制系统和 PLC 控制系统将各个部分的动作和逻辑关联起来，使其按照设计的程序和预定的节拍自动工作。

自动生产线控制系统结构如图 6-33 所示，控制系统网络采用 Profibus 与 Profinet 混合使用的结构。其中，Profibus 总线主要用于一些底层设备与 PLC 的通信，如机床控制系统、机器人控制系统等作为 PLC 的 Profibus – DP 从站接入自动生产线网络；Profinet 一方面与底层的部分设备，如现场 I/O 设备、通信模块及 RFID 读写器等具有以太网功能的模块连接，另一方面用于 PCS 系统与上位机系统通信。

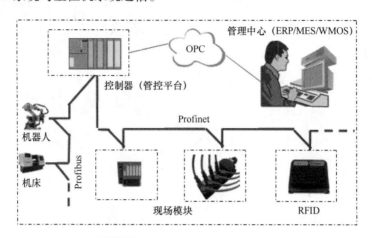

图 6-33　自动生产线控制系统结构

通过 PLC 网络，不仅实现了控制中心对机床、机器人等设备的交互连锁控制，而且实现了实时采集机床、机器人等底层设备的状态信息，如机床的主轴速度、运行状态、当前刀具号等，机器人的位姿、手爪状态等信息，从而实现整个车间的无人化生产和可视化管理。

工业机器人、机床和生产线集成的机加工生产线实物如图 6-34 所示。

图 6-34　机加工生产线集成实物

6.5.3　上位机及仓储管理系统

1. ERP

ERP 系统模块如图 6-35 所示，维护到货单界面如图 6-36 所示，维护领料出库单界面如图 6-37 所示。

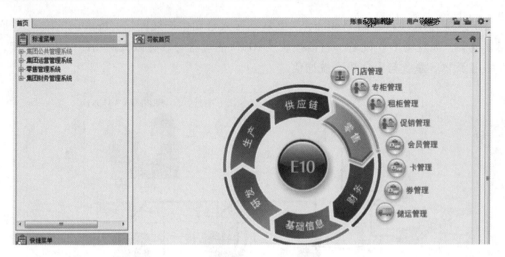

图 6-35　ERP 系统模块

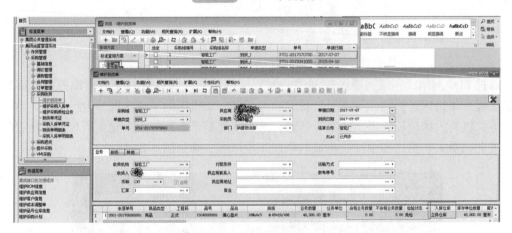

图 6-36　维护到货单界面

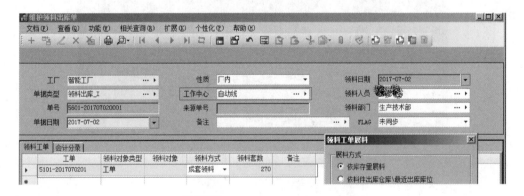

图 6-37　维护领料出库单界面

2. MES

MES 查询界面如图 6-38 所示，设备管理界面如图 6-39 所示，月度统计报表界面如图 6-40 所示。

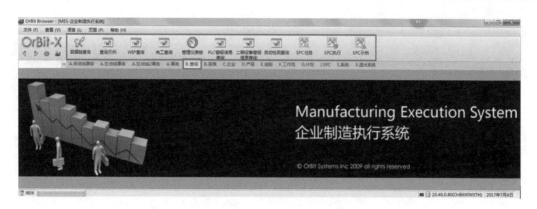

图 6-38　MES 查询界面

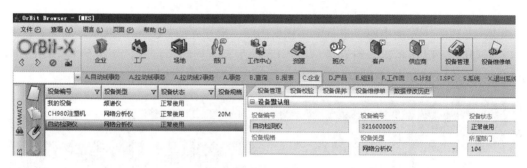

图 6-39　设备管理界面

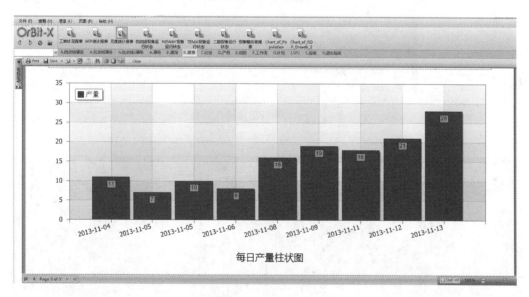

图 6-40　月度统计报表界面

3. WMS

仓储管理系统（Warehouse Management System，WMS）包括入库、出库、盘点、移库等操作，入库/出库历史记录如图 6-41 所示。

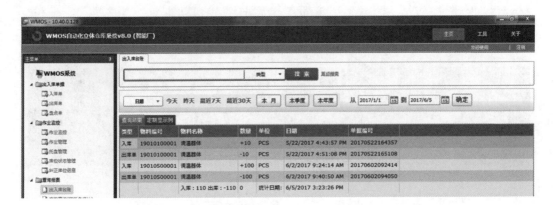

图 6-41　入库/出库历史记录

WMS 按 ERP 下发的出库单进行毛坯领料出库，操作界面如图 6-42 所示，电子看板出库显示界面如图 6-43 所示；领料完毕后向 MES 同步领料周转箱信息，如图 6-44 所示；MES 获得领料周转箱数据并同步跟踪与管理该批物料在产线上的过程数据。

图 6-42　领料出库操作界面

图 6-43　电子看板出库显示界面

采购订单号	▽	采购到货单号	▽	原材料周转箱号	▽	周转箱子批号	▽	序号	▽	采购订单序号	▽	数量	▽	启动数量	▽
5601-201707020001				113		201707020002		1		1		270.0000		270	

图 6-44　MES 系统获得立体仓库出库信息

6.5.4　物料配送

整个工厂立体仓库与生产单元之间采用激光导航 AGV 小车进行毛坯输送及成品入库运输，AGV 小车与车间管控平台通过无线网络通信。当自动生产线缺料时，操作人员按下毛坯超市的缺料按钮，缺料信号通过车间管理系统发送给 AGV 小车上的通信模块，AGV 小车控制器做出响应。如果当前 AGV 小车没有工作任务，则按照预先确定的路线运行到立体仓库毛坯出货口，等待货物并接收货物，再按照预定的路线行驶至呼叫单元毛坯超市入口处，AGV 小车到达毛坯单元入口处与呼叫单元对接成功后，毛坯超市辊道运行，自动将货物推送至生产线毛坯入口，在毛坯超市入口处有 RFID 读写器读出当前货物编号并交由 MES 核对，核对状态如图 6-45 所示。如果货物编号正确，则辊道止挡气缸打开，毛坯进入自动生产线；如果货物不正确，则止挡气缸不动作，毛坯辊道及 AGV 小车车身辊道反方向运行，将货物退回 AGV 小车，AGV 小车将货物原路退回立体仓库。同理，当成品超市有入库按钮按下时，AGV 小车会将入库货物自动运送到立体仓库成品入库口，进行入库。图 6-46 所示为装有成品周转箱的 AGV 小车运行至与立体仓库成品入库辊道对接处进行入库操作。

图 6-45　在毛坯超市入口校验物料信息

图 6-46　AGV 小车与立体仓库成品入库辊道对接

6.5.5　生产线数据管理

1. 工位信息读写

为了实现对生产线上产品生产信息的全程跟踪、实时记录和有效追溯，以及实现对产品的库存管理，在生产线上的每一道工序都布置有 RFID 读写器 RF380R，对应的电子标签 RF340T 安装在承载物料的托盘上，从而形成生产管理系统与现场生产信息的连接通道。

通信处理器选用 RF180C 通信模块，每个处理器可以连接两台读写装置。读写器通过工业以太网接口连接到 RF180C 通信模块上，RF180C 通信模块通过工业以太网接口连接到其他以太网设备接口上，其硬件组态方式如图 6-47 所示。

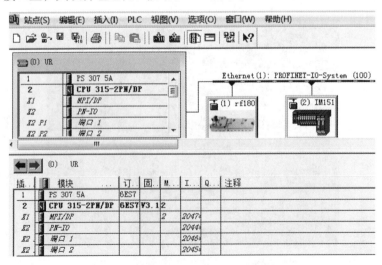

图 6-47　RF180C 通信模块的硬件组态方式

读写器采集生产数据，由 PLC 将采集到的状态数据发送到上位机并接收上位机指令，上位机对生产过程进行统一调度和监控。

图 6-48 所示为读写器往电子标签如 MDS（Mobile Data Service）中写入信息的编程软件监控界面，［DB47. DBB0］=1 为写指令（为 2 是读指令），用于将存储在［DB47. DBW6］指定的数据块数据写入 MDS 中，写入信息长度为［DB47. DBW2］中设定的字节长度。

		地址		符号	状态值	修改数值
1		// Command Start				
2		DB45.DBX	19.1	"MOBY DB".SLG1.command_start	false	true
3		// Ready				
4		DB45.DBX	18.7	"MOBY DB".SLG1.ready	true	
5		// Presence of a MDS				
6		DB45.DBX	18.0	"MOBY DB".SLG1.ANZ_MDS_present	true	
7		// MOBY Command				
8		DB47.DBB	0	"Command".Kanal_1_Befehl[1].command	B#16#01	B#16#01
9		DB47.DBB	1	"Command".Kanal_1_Befehl[1].sub_command	B#16#00	
10		DB47.DBW	2	"Command".Kanal_1_Befehl[1].length	2	2
11		DB47.DBW	4	"Command".Kanal_1_Befehl[1].address_MDS	W#16#0000	
12		DB47.DBW	6	"Command".Kanal_1_Befehl[1].DAT_DB_number	48	48
13		DB47.DBW	8	"Command".Kanal_1_Befehl[1].DAT_DB_address	W#16#0000	
14		DB50.DBB	0		B#16#00	
15		DB50.DBB	1		B#16#10	

图 6-48　写入 MDS 信息的编程软件监控界面

2. MES 与 PLC 的集成

采用 OPC 技术实现上位机 MES 与 PLC 系统之间的通信。PLC 系统和上位机之间需要建立一定的应答机制，以便上位机采集现场数据，跟踪现场信息，依据跟踪结果判断生产工艺参数的合理性，并下发产品动作指令，使得 MES 能对工艺路线控制信息、现场设备故障信息、现场工位缺料信息、现场订单执行进度信息、现场设备操作人员信息等基础数据进行管理。

图 6-49 所示为 MES 与 PLC 系统建立的应答机制，数据通过 RFID 读写器获取并存入指定的数据块 DB 中。当 MES 的计算机成功获取某一工序数据后会给 PLC 反馈信号"1"，托盘进入下一工序。

101.0	MES_ID03.MES_To_Au	BYTE	B#16#00	MES计算机成功获取数据后，给PLC反馈1信号
102.0	MES_ID03.Spare2	BYTE	B#16#00	备用
103.0	MES_ID03.Spare3	BYTE	B#16#00	备用
104.0	MES_ID03.Pallet_No	BYTE	B#16#30	托盘编号
105.0	MES_ID03.Pallet_No	BYTE	B#16#32	托盘编号
106.0	MES_ID03.Pallet_No	BYTE	B#16#39	托盘编号
107.0	MES_ID03.Pallet_St	BYTE	B#16#00	托盘状态
108.0	MES_ID03.Materialc	BYTE	B#16#31	物料编码
109.0	MES_ID03.Materialc	BYTE	B#16#39	物料编码
110.0	MES_ID03.Materialc	BYTE	B#16#30	物料编码

图 6-49　MES 与 PLC 系统建立的应答机制

图 6-50 所示为 MES 对物料的管理信息，通过对 RFID 信息的读写，自动记录加工件工序号、工序实际开始和结束时间、工序具体加工的设备及工位、操作者等生产信息。

图 6-50 MES 对物料的管理信息

3. MES 对生产线的管理

通过传感器、控制器及 MES 的配合，将工序信息写入电子标签或将电子标签的信息传送到 MES，MES 对数据进行分析转发，实现对产品信息的识别、跟踪、查询和追溯。图 6-51 所示为 MES 对自动生产线某一产品的跟踪，其中事件码 MOVE 是移入操作，当前加工件从上一步初加工进入自动检测工序，入站时间是 13 点 25 分。

事件日期	事件码	工作流节点名称	
2014年03月31日 13:25	MOVE	W50-自动检验 1.0	OPCClient

数量	1
上一步工作流节点	W20-初步加工 1.0
当前工作流节点	W50-自动检验 1.0
入站时间	2014年03月31日 13:25
入站操作员	OPCClient
入站接受资源	ID03
本工序累耗时(秒)	0
批号发出时间	2014年03月31日 13:25
出站操作员	OPCClient

图 6-51 加工件进入下一工序动作跟踪

图6-52 所示为人机界面（Human Machine Interface，HMI）上监控的生产线上第七个工位上的工件的 RFID 信息。系统可实时监控当前 RFID 命令与读写状态、标签信息等。

RFID状态监视		2014/12/18 11:25:51

1	command	☐ Error	物料批号	201412020002
4	length	☐ Ready	物料编码	19010100001
		☐ ANZ_MDS_present	物料编号	0198
35	address_MDS	☐ Read	托盘编号	001
996	DAT_DB_number	☐ Write	站号	07
385	DAT_DB_address	☐ MES_feedback	工序	72
		☐ Pass	托盘状态	1

复位	启动读写	模拟上位机	清零		0	2
					反馈状态	反馈计数

ID01	ID02	ID03	ID04	ID05	ID06	ID07	ID08	ID09	ID10	ID11	SET

图 6-52 工件的 RFID 信息

思考与练习

1. 按照《国家智能制造标准体系建设指南》，智能制造系统架构包含哪三个维度？
2. 智能制造全生命周期的内涵是什么？
3. 智能制造有哪三个范式？
4. 试阐述智能制造三个范式的关系。
5. 机器视觉系统一般由哪几部分组成？
6. 同轴光源有什么特性？
7. AGV 的路径导引方式主要有哪几种？各有什么优缺点？
8. 什么是生产现场可视化系统？其作用是什么？
9. 自动生产线由哪几部分组成？各部分的基本功能是什么？
10. 阅读文献，了解数字化生产与智能化生产的关系及发展。

参 考 文 献

[1] 延建林，孔德婧．解析"工业互联网"与"工业 4.0"及其对中国制造业发展的启示［J］．中国工程科学，2015，17（7）：141-144.

[2] 德国联邦教育研究部工业 4.0 工作组．德国工业 4.0 战略计划实施建议［R］．康金城，译．北京：中国工程院咨询服务中心，2013.

[3] 闫敏，张令奇，陈爱玉．美国工业互联网发展启示［J］．中国金融，2016（3）：80-81.

[4] 贺正楚，潘红玉．德国"工业 4.0"与"中国制造 2025"［J］．长沙理工大学学报（社会科学版），2015（3）：103-110.

[5] 工业和信息化部，国家标准化管理委员会．关于印发《国家智能制造标准体系建设指南（2021 版）》的通知：工信部联科〔2021〕187 号［A/OL］．（2021-11-17）［2023-09-18］．https：//www.gov.cn/zhengce/zhengceku/2021-12/09/content_ 5659548. htm.

[6] 王春喜，柳晓菁．传感器及仪器仪表技术发展和标准化现状［J］．自动化博览，2019，36（5）：22-27.

[7] 王伟，张虹．机械 CAD/CAM 技术与应用［M］．北京：机械工业出版社，2015.

[8] 郝勇，钟礼东，等．ANSYS 15.0 有限元分析完全自学手册［M］．北京：机械工业出版社，2015.

[9] 李萌，冉朝光，杨杰．绿色设计在机械产品中的应用［J］．现代制造技术与装备，2015（4）：102-104.

[10] 袁哲俊，王先逵．精密和超精密加工技术［M］．3 版．北京：机械工业出版社，2016.

[11] 杰克逊．微米加工与纳米制造［M］．缪旻，张月霞，李振松，译．北京：机械工业出版社，2016.

[12] 李杰，倪军，王安正．从大数据到智能制造［M］．上海：上海交通大学出版社，2016.

[13] 宋闯，贾乔．3D 打印建模·打印·上色实现与技巧［M］．北京：机械工业出版社，2016.

[14] 安昶玄．3D 打印轻松上手［M］．千太阳，译．北京：机械工业出版社，2016.

[15] 郭琼，姚晓宁．现场总线技术及其应用［M］．3 版．北京：机械工业出版社，2021.

[16] 郭琼，姚晓宁．智能制造概论［M］．北京：机械工业出版社，2021.

[17] 周礼缘，郭琼，陈勇，姚晓宁．一种基于视觉检测与定位的实训系统设计［J］．无线互联科技，2023（14）：78-81.